国家职业技能等级认定培训教材
高技能人才培养用书

车工（初级）

国家职业技能等级认定培训教材编审委员会　组编
　主　编　徐　彬
　副主编　徐　斌
　参　编　袁　静　张　斌　葛嫣雯　张玉东
　主　审　金福昌

本书按照现行《国家职业技能标准 车工》（初级）编写，主要内容包括：车工基础知识、相关工种基础知识、轴类工件加工、套类工件加工、圆锥面加工、成形面加工和表面修饰加工、螺纹加工。机械加工部分每个项目均配有技能训练，书末附有配套的模拟试卷样例和答案，以便于企业培训和读者自测。本书配套多媒体资源，可通过封底"天工讲堂"刮刮卡获取。

本书既可作为各级职业技能鉴定培训机构、企业培训部门的考前培训教材，又可作为读者考前复习用书，还可作为职业技术院校、技工院校的专业课教材。

图书在版编目（CIP）数据

车工：初级/徐彬主编.—北京：机械工业出版社，2021.6
高技能人才培养用书　国家职业技能等级认定培训教材
ISBN 978-7-111-68382-7

Ⅰ.①车… Ⅱ.①徐… Ⅲ.①车削-职业技能-鉴定-教材 Ⅳ.①TG51

中国版本图书馆CIP数据核字（2021）第106912号

机械工业出版社（北京市百万庄大街22号　邮政编码100037）
策划编辑：王晓洁　　责任编辑：王晓洁
责任校对：潘　蕊　　封面设计：马若濛
责任印制：张　博
中教科（保定）印刷股份有限公司印刷
2022年2月第1版第1次印刷
184mm×260mm・12印张・292千字
0001—3000册
标准书号：ISBN 978-7-111-68382-7
定价：49.80元

电话服务　　　　　　网络服务
客服电话：010-88361066　机　工　官　网：www.cmpbook.com
　　　　　010-88379833　机　工　官　博：weibo.com/cmp1952
　　　　　010-68326294　金　书　网：www.golden-book.com
封底无防伪标均为盗版　机工教育服务网：www.cmpedu.com

国家职业技能等级认定培训教材
编审委员会

主　任　李　奇　荣庆华

副主任　姚春生　林　松　苗长建　尹子文　周培植　贾恒旦
　　　　　孟祥忍　王　森　汪　俊　费维东　邵泽东　王琪冰
　　　　　李双琦　林　飞　林战国

委　员（按姓氏笔画排序）
　　　　　于传功　王　新　王兆晶　王宏鑫　王荣兰　卞良勇
　　　　　邓海平　卢志林　朱在勤　刘　涛　纪　玮　李祥睿
　　　　　李援瑛　吴　雷　宋传平　张婷婷　陈玉芝　陈志炎
　　　　　陈洪华　季　飞　周　润　周爱东　胡家富　施红星
　　　　　祖国海　费伯平　徐　彬　徐丕兵　唐建华　阎　伟
　　　　　董　魁　臧联防　薛党辰　鞠　刚

序

新中国成立以来,技术工人队伍建设一直得到了党和政府的高度重视。20世纪五六十年代,我们借鉴苏联经验建立了技能人才的"八级工"制,培养了一大批身怀绝技的"大师"与"大工匠"。"八级工"不仅待遇高,而且深受社会尊重,成为那个时代的骄傲,吸引与带动了一批批青年技能人才锲而不舍地钻研技术、攀登高峰。

进入新时期,高技能人才发展上升为兴企强国的国家战略。从2003年全国第一次人才工作会议,明确提出高技能人才是国家人才队伍的重要组成部分,到2010年颁布实施《国家中长期人才发展规划纲要(2010—2020年)》,加快高技能人才队伍建设与发展成为举国的意志与战略之一。

习近平总书记强调,劳动者素质对一个国家、一个民族发展至关重要。技术工人队伍是支撑中国制造、中国创造的重要基础,对推动经济高质量发展具有重要作用。党的十八大以来,党中央、国务院健全技能人才培养、使用、评价、激励制度,大力发展技工教育,大规模开展职业技能培训,加快培养大批高素质劳动者和技术技能人才,使更多社会需要的技能人才、大国工匠不断涌现,推动形成了广大劳动者学习技能、报效国家的浓厚氛围。

2019年国务院办公厅印发了《职业技能提升行动方案(2019—2021年)》,目标任务是2019年至2021年,持续开展职业技能提升行动,提高培训针对性实效性,全面提升劳动者职业技能水平和就业创业能力。三年共开展各类补贴性职业技能培训5000万人次以上,其中2019年培训1500万人次以上;经过努力,到2021年底技能劳动者占就业人员总量的比例达到25%以上,高技能人才占技能劳动者的比例达到30%以上。

目前,我国技术工人(技能劳动者)已超过2亿人,其中高技能人才超过5000万人,在全面建成小康社会、新兴战略产业不断发展的今天,建设高技能人才队伍的任务十分重要。

机械工业出版社一直致力于技能人才培训用书的出版,先后出版了一系列具有行业影响力,深受企业、读者欢迎的教材。欣闻配合新的《国家职业技能标准》又编写了"国家职业技能等级认定培训教材"。这套教材由全国各地技能培训和考评专家编写,具有权威性和代表性;将理论与技能有机结合,并紧紧围绕《国家职业技能标准》的知识要求和技能要求编写,实用性、针对性强,既有必备的理论知识和技能知识,又有考核鉴定的理论和技能题库及答案;而且这套教材根据需要为部分教材配备了二维码,扫描书中的二维码便可观看相应资源;这套教材还配合天工讲堂开设了在线课程、在线题库,配套齐全,编排科学,便于培训和检测。

这套教材的出版非常及时,为培养技能型人才做了一件大好事,我相信这套教材一定会为我国培养更多更好的高素质技术技能型人才做出贡献!

中华全国总工会副主席
高凤林

前　言

目前，取得职业技能等级证书已经成为劳动者就业上岗的必备条件，也是对劳动者职业能力的客观评价。取得职业技能等级证书不仅是广大从业人员、待岗人员的迫切需要，而且已经成为各级各类普通教育院校、职业学院、技工院校毕业生追求的目标。

2019年1月，新的《国家职业技能标准　车工》实施，对车工提出了新的要求。为此，我们组织专家、学者、高级考评员，根据最新的国家职业技能标准，编写了车工培训教材，本书是初级工培训教材。本书有以下主要特点：

1）以现行国家职业技能标准为依据，以职业技能等级认定要求为尺度，以满足本职业对从业人员的要求为目标，对国家职业技能标准中要求的技能和有关知识进行了详细的介绍。

2）以岗位技能需求为出发点，按照"模块式"教材编写思路确定教材的核心技能模块，以此为基础，构建每一个技能训练项目所需掌握的相关知识、技能训练、模拟考试等结构体系。

本书由徐彬任主编，徐斌任副主编，袁静、张斌、葛嫣雯、张玉东参加编写，全书由金福昌主审。

由于编写时间有限，书中难免存在一些缺点和不足之处，恳请读者批评指正。

编　者

目 录

序
前言

项目1 车工基础知识 … 1
1.1 车床基础知识 … 1
1.1.1 车床车削基本内容 … 1
1.1.2 车床各部分的名称及用途 … 3
1.1.3 车床的常用型号 … 6
1.1.4 车床的润滑及保养方法 … 7
1.1.5 车床卡盘的装卸方法 … 11
1.1.6 车工的安全知识 … 12
1.2 车刀的基础知识 … 13
1.2.1 车刀材料的性能要求 … 13
1.2.2 车刀材料的种类和用途 … 13
1.2.3 常用车刀的种类和用途 … 16
1.2.4 车刀的几何参数及其与车削性能的关系 … 18
1.2.5 车刀的刃磨及角度测量 … 23
1.3 车削加工知识 … 27
1.3.1 车削运动和三个表面 … 27
1.3.2 切削用量的选择 … 28
1.3.3 切削液的选择 … 30
1.3.4 切屑的种类及断屑措施 … 30
1.4 公差配合与技术测量知识 … 34
1.4.1 尺寸公差、几何公差、表面粗糙度的标注方法及含义 … 34
1.4.2 常用计量器具 … 38

项目2 相关工种基础知识 … 42
2.1 钳工基础知识 … 42
2.1.1 划线知识 … 42
2.1.2 锯削、锉削知识 … 43
2.2 电工基础知识 … 48
2.2.1 通用设备、常用电器的种类及用途 … 48

目录

  2.2.2 机床安全用电知识 ·· 53

项目3 轴类工件加工 ·· 55

3.1 轴类工件的加工工艺准备 ·· 55
  3.1.1 车床的调整及使用 ·· 55
  3.1.2 车削轴类工件常用的车刀 ·· 57
3.2 简单轴类工件加工 ·· 63
  3.2.1 轴类工件的装夹方法 ··· 63
  3.2.2 中心钻的选择与钻中心孔的方法 ·· 69
  3.2.3 简单轴类工件的加工 ··· 73
  3.2.4 轴类工件的切断 ·· 75
3.3 简单轴类工件的精度检验与误差分析 ·· 76
  3.3.1 简单轴类工件精度检验 ·· 76
  3.3.2 加工简单轴类工件产生误差的种类、原因及预防方法 ································· 82
3.4 技能训练——台阶轴的加工 ··· 83

项目4 套类工件加工 ·· 86

4.1 套类工件的加工工艺准备 ·· 86
  4.1.1 简单套类工件的加工特点 ·· 87
  4.1.2 麻花钻的基本角度及刃磨方法 ·· 87
  4.1.3 内孔车刀的种类及用途 ·· 89
4.2 套类工件加工 ··· 91
  4.2.1 简单套类工件的装夹方法 ·· 91
  4.2.2 简单套类工件的钻孔、扩孔、镗孔、铰孔的方法 ······································· 94
  4.2.3 内孔加工的关键技术 ··· 101
4.3 简单套类工件的精度检验及误差分析 ··· 104
  4.3.1 简单套类工件的精度检验 ·· 104
  4.3.2 加工简单套类工件容易产生问题的种类、原因及预防方法 ······················· 108
4.4 技能训练——衬套的加工 ·· 110

项目5 圆锥面加工 ··· 112

5.1 圆锥面的加工工艺准备 ·· 112
  5.1.1 常用标准工具圆锥的种类及应用 ··· 112
  5.1.2 车削圆锥面的有关计算公式 ··· 115
5.2 圆锥工件加工 ··· 117
  5.2.1 车削常用圆锥的方法 ··· 117
  5.2.2 铰削圆锥孔 ··· 125
5.3 常用圆锥面的精度检验与误差分析 ·· 126
  5.3.1 圆锥角度的检验方法 ··· 126
  5.3.2 圆锥尺寸的检验方法 ··· 130

5.3.3 车削圆锥面产生废品的种类、原因及预防方法 ………………………… 132
 5.4 技能训练——锥度心轴的加工 ……………………………………………………… 133

项目6 成形面加工和表面修饰加工 …………………………………………………… 136
 6.1 成形面加工 ……………………………………………………………………………… 136
  6.1.1 成形面的加工工艺准备 ………………………………………………… 136
  6.1.2 成形面加工过程 ………………………………………………………… 137
  6.1.3 简单成形面的精度检验与误差分析 …………………………………… 142
 6.2 滚花加工及抛光加工的方法 …………………………………………………………… 144
  6.2.1 滚花 ………………………………………………………………………… 144
  6.2.2 抛光 ………………………………………………………………………… 146
 6.3 技能训练——锥套球体的加工 ……………………………………………………… 146

项目7 螺纹加工 ………………………………………………………………………………… 151
 7.1 螺纹工件的加工工艺准备 ……………………………………………………………… 151
  7.1.1 普通螺纹的种类、用途和相关计算、螺纹标记 ……………………… 151
  7.1.2 螺纹车刀 …………………………………………………………………… 157
 7.2 螺纹工件加工 …………………………………………………………………………… 161
  7.2.1 普通螺纹的车削方法 …………………………………………………… 161
  7.2.2 在车床上使用板牙和丝锥加工螺纹的方法 ………………………… 165
 7.3 普通螺纹的精度检验与误差分析 ……………………………………………………… 169
  7.3.1 螺纹单项测量 ……………………………………………………………… 169
  7.3.2 螺纹综合测量 ……………………………………………………………… 170
  7.3.3 车削普通螺纹产生误差的种类、原因及预防方法 …………………… 172
 7.4 技能训练——螺杆轴的加工 ………………………………………………………… 172

附录 车工（初级）理论知识模拟试卷样例 …………………………………………… 176

附录 车工（初级）理论知识模拟试卷样例答案 …………………………………… 180

附录 车工（初级）操作技能模拟试卷样例 …………………………………………… 180

项目 1　车工基础知识

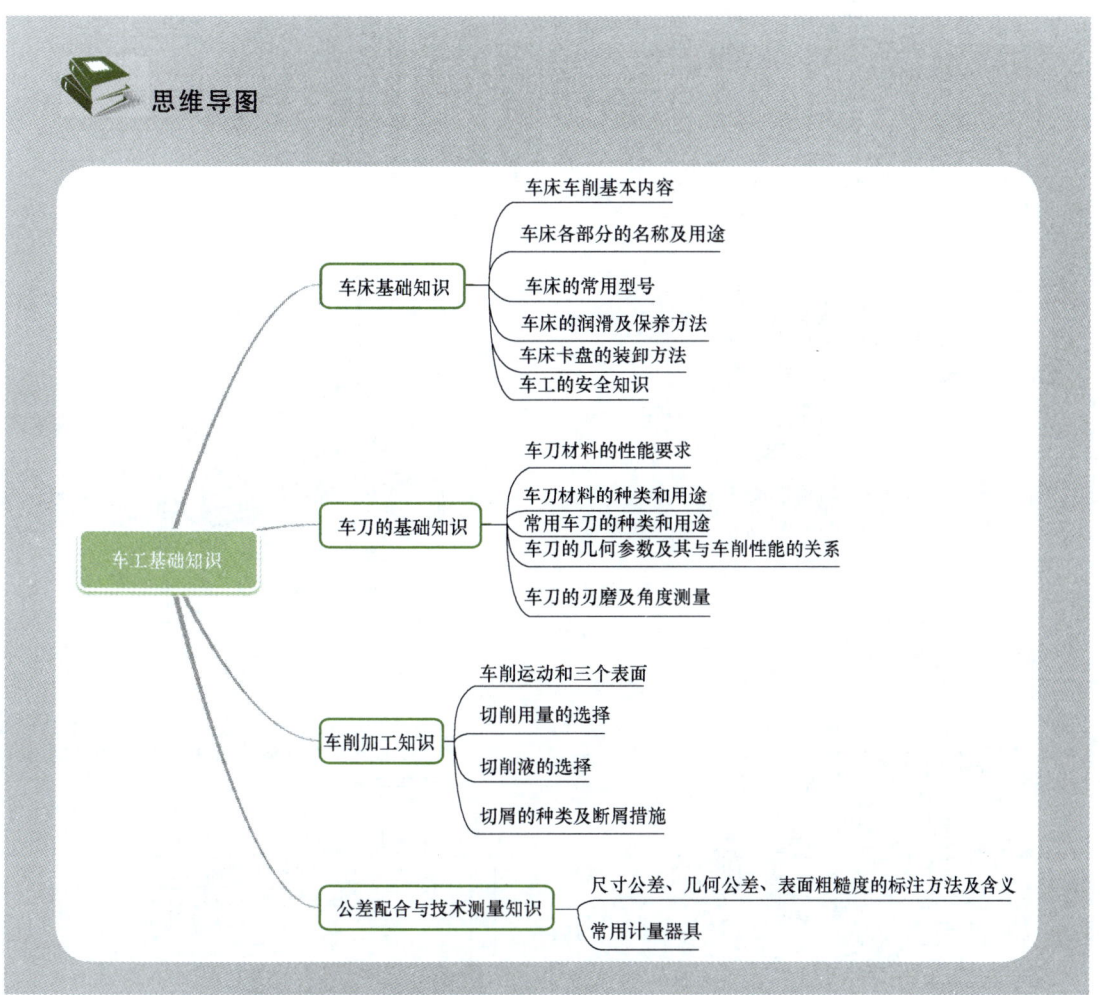

1.1　车床基础知识

1.1.1　车床车削基本内容

车削加工是指在车床上利用工件的旋转运动和刀具的进给运动,加工出各种回转表面、回转体的端面以及螺旋面等。在机械工件的加工过程中,回转表面(如内、外圆柱面,内、外圆锥面，内、外螺旋面及回转成形面等）的加工占有很大的比例，所以在机械加工中，车削加工的应用非常广泛。因此，车床在金属切削机床中所占的比例是很大的。根据不同回转表面的加工需要，应选用不同型号的车床。根据结构来分，常用车床如图1-1所示。

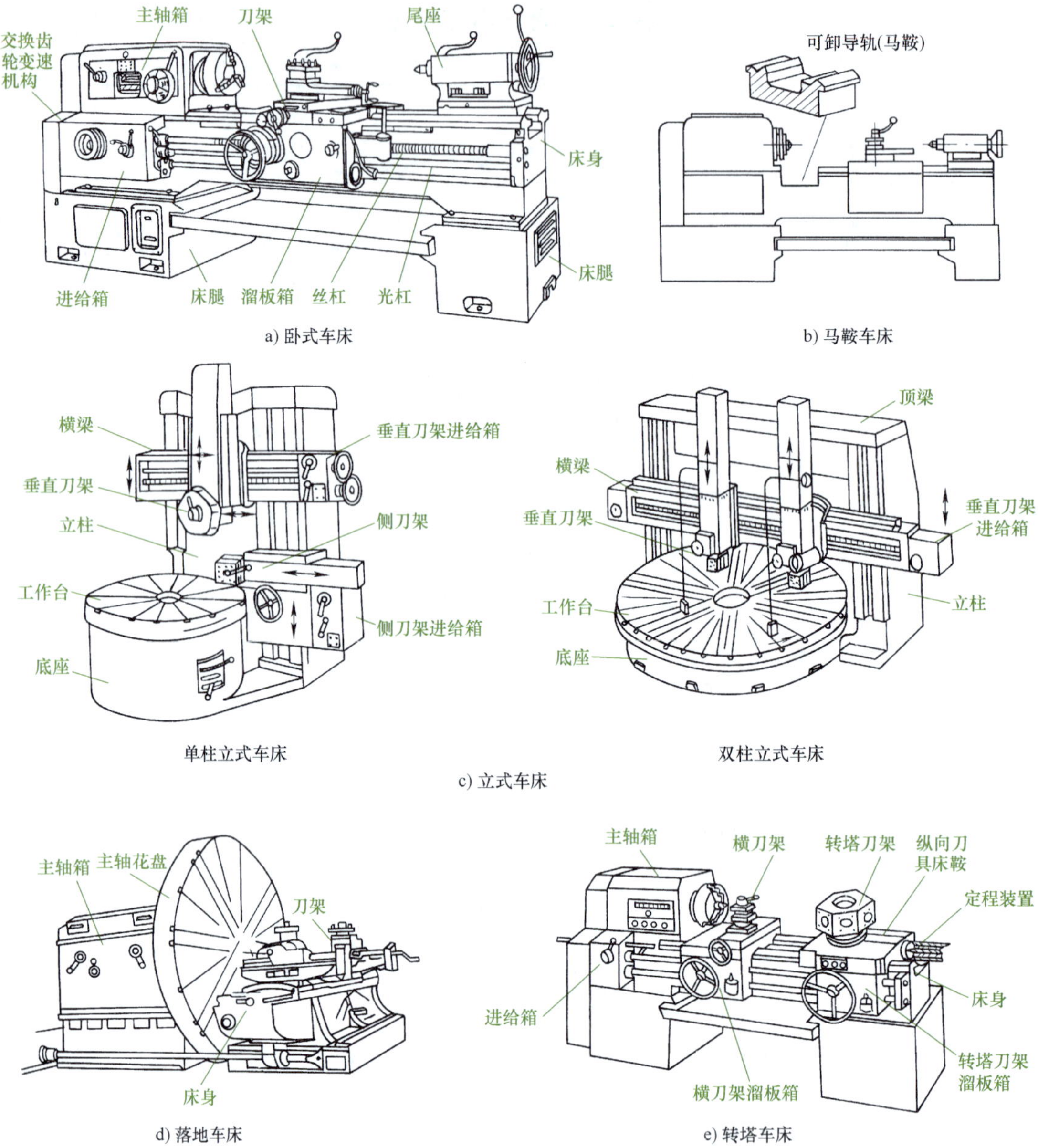

图1-1 常用车床

卧式车床是最常用的一种车床，其工艺范围很广，能进行多种表面的加工，如车外圆、车端面、钻中心孔、钻孔、车孔、铰孔、滚花、车沟槽、切断、车圆锥面、车成形面、车螺纹、攻螺纹、套螺纹、外圆滚压、内孔滚压、旋风车螺纹、同轴靠模车削、仿形车削、绕弹簧等（图1-2）。

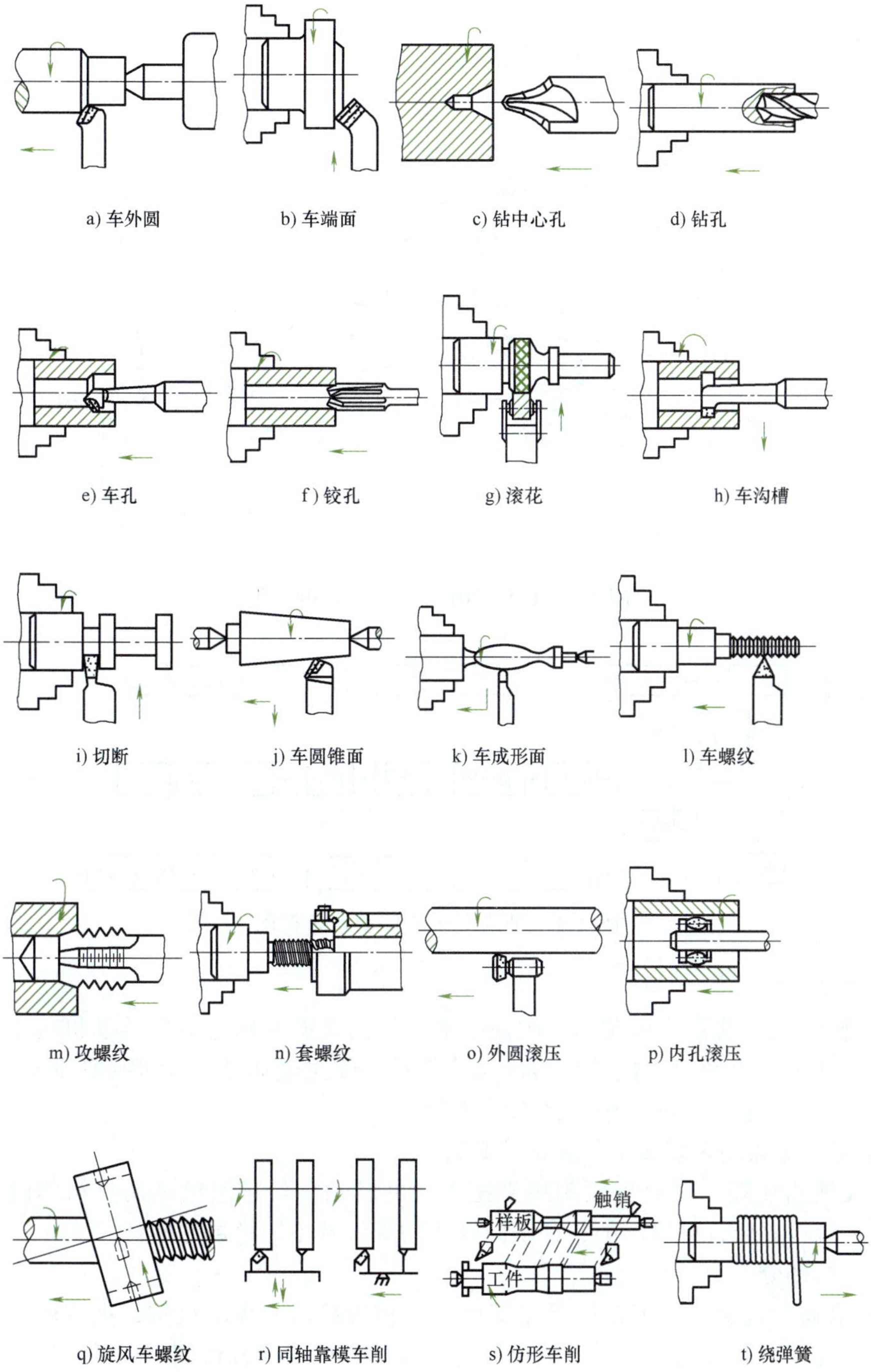

项目1 车工基础知识

a) 车外圆　　　b) 车端面　　　c) 钻中心孔　　　d) 钻孔

e) 车孔　　　f) 铰孔　　　g) 滚花　　　h) 车沟槽

i) 切断　　　j) 车圆锥面　　　k) 车成形面　　　l) 车螺纹

m) 攻螺纹　　　n) 套螺纹　　　o) 外圆滚压　　　p) 内孔滚压

q) 旋风车螺纹　　　r) 同轴靠模车削　　　s) 仿形车削　　　t) 绕弹簧

图 1-2　卧式车床加工基本内容

1.1.2　车床各部分的名称及用途

1. 普通车床各部分的名称及用途

CA6140 型卧式车床的外形如图 1-3 所示，卧式车床的传动系统框图如图 1-4 所示。

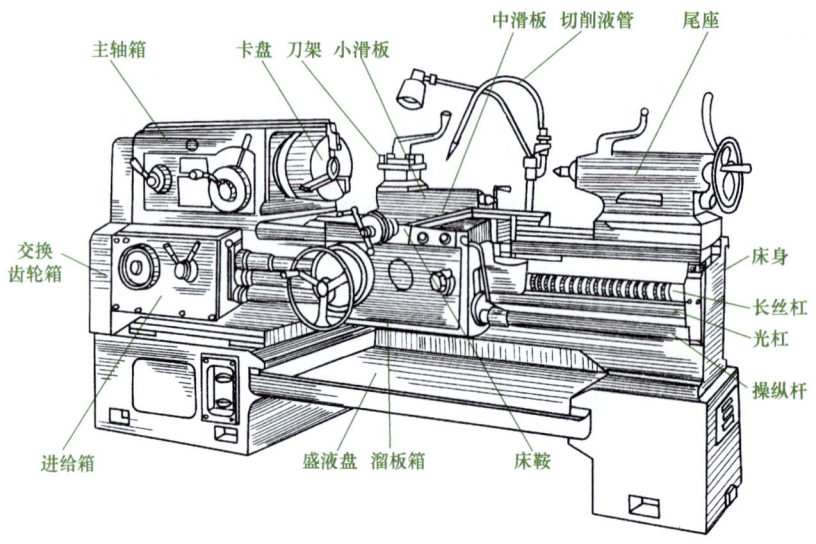

图 1-3　CA6140 型卧式车床的外形

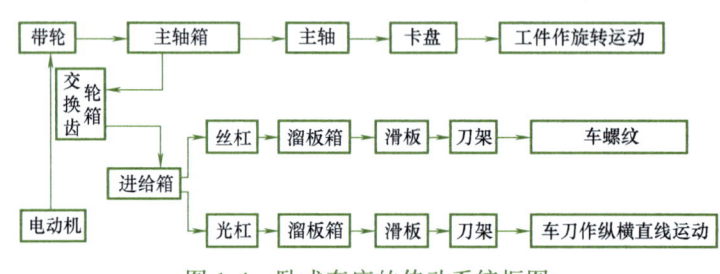

图 1-4　卧式车床的传动系统框图

（1）主轴部分

1）主轴箱。主轴箱固定在床身的左上端，箱内装有主轴及变速传动机构，其功用是支承主轴，并把动力经变速传动机构传递给主轴，使主轴通过卡盘等夹具带动工件转动。改变箱外手柄的位置，可使主轴得到不同的转速。

2）卡盘。卡盘用来装夹工件并带动其转动。

（2）交换齿轮箱　交换齿轮箱用来把主轴的转动传给进给箱。调整箱体内的交换齿轮，并与进给箱配合，可以车削各种不同螺距的螺纹及不同模数的蜗杆。

（3）进给部分

1）进给箱。进给箱固定在床身左端前侧，利用箱内的齿轮机构，把主轴的旋转运动传给丝杠或光杠。改变箱体外手柄的位置，可以使丝杠或光杠得到不同的转速，进而得到不同的螺距和进给量。

2）长丝杠。长丝杠用来车削螺纹及蜗杆，它能通过溜板使车刀按要求的速比作很精确的直线运动。

3）光杠。光杠用来把进给箱的运动传给溜板箱，使车刀按要求的速度作直线进给运动。

（4）操纵杆　操纵杆通过进给箱右边或溜板箱右边的手柄，控制主轴箱上主轴的起动（反转、正转）及停止。

（5）溜板部分

1）溜板箱。溜板箱与床鞍相连，把长丝杠或光杠的运动传给滑板。改变箱体外手柄的位置，经滑板可使车刀作纵向或横向进给运动。

2）床鞍。床鞍用于纵向进给车削工件。

3）中滑板。中滑板用于横向进给车削工件和控制背吃刀量。

4）小滑板。小滑板用于手动纵向进给车削较短工件或车削圆锥面。

5）刀架。刀架用来装夹刀具。

（6）尾座　尾座安装在床身右上端的导轨面上，用来安装顶尖，支顶较长的工件。通过尾座套筒锥孔可以安装各种刀具，如钻头、中心钻、铰刀、攻螺纹和套螺纹工具等。偏移尾座横向位置，使工件装夹在两顶尖之间，可以车削圆锥面。

（7）床身　床身是车床的基础部件，用来支持和装夹车床的各个部件，如主轴箱、进给箱、溜板箱、滑板和尾座等。床身上面有两组精密的导轨，用于滑板部分和尾座沿导轨面的移动。

（8）盛液盘　从切削液泵系统出来的切削液加注到工件后，流下的液体通过盛液盘可以回流到切削液箱内。盛液盘的另一个用途就是储存切屑。

2. 数控车床的组成及各部分用途

数控车床一般由数控系统、包含伺服电动机和检测反馈装置的伺服系统、强电控制柜、车床本体和各类辅助装置组成。

（1）控制介质　控制介质又称信息载体，是人与数控车床之间联系的中间媒介物质，反映了数控加工中的全部信息。

（2）数控系统　数控系统是数控车床实现自动加工的核心，是整个数控车床的灵魂所在。它主要由输入装置、监视器、主控制系统、可编程序控制器、各类输入/输出接口等组成。其中，主控制系统主要由CPU、存储器、控制器等组成。数控系统的主要控制对象是位置、角度、速度等机械量，以及温度、压力、流量等物理量，其控制方式又可分为数据运算处理控制和时序逻辑控制两大类。其中，主控制器内的插补模块就是根据所读入的工件程序，通过译码、编译等处理后，进行相应的刀具轨迹插补运算，并通过与各坐标伺服系统的位置、速度反馈信号的比较，从而控制车床各坐标轴的位移。而时序逻辑控制通常由可编程序控制器（PLC）来完成，它根据车床加工过程中各个动作要求进行协调，按各检测信号进行逻辑判别，从而控制车床的各个部件有条不紊地顺序工作。

（3）伺服系统　伺服系统是数控系统和车床本体之间的电传动联系环节。它主要由伺服电动机、驱动控制系统、位置检测与反馈装置等组成。其中，伺服电动机是系统的执行元件，驱动控制系统则是伺服电动机的动力源。数控系统发出的指令信号与位置反馈信号比较后作为位移指令，再经过驱动系统的功率放大后，驱动电动机运转，通过机械传动装置带动工作台或刀架运动。

（4）强电控制柜　强电控制柜主要用来安装车床强电控制的各种电子元器件，除了提供数控、伺服等一类弱电控制系统的输入电源，以及各种短路、过载、欠电压等电气保护外，主要在PLC的输出接口与车床各类辅助装置的电气执行元件之间起"桥梁连接"的作用，以控制车床辅助装置的各种交流电动机、液压系统电磁离合器等。此外，它也与车床操作台的有关手动按钮连接。强电控制柜由各种中间继电器、接触器、变压器、电源开关、接线端子和各类电气保护元器件等构成。它与一般普通车床的电气部分类似。

（5）辅助装置　辅助装置主要包括自动换刀装置（Automatic Tool ChaWer，ATC）、自动交换工作台机构（Automatic Pallet Changer，APC）、工件夹紧放松机构、回转工作台、液压控制系统、润滑装置、切削液装置、排屑装置、过载和保护装置等。

（6）车床本体　数控车床的本体指其机械结构实体。它与传统的普通车床相比较，同样由主传动系统、进给机构、工作台、床身以及立柱等部分组成，但数控车床在整体布局、外观造型、传动机构、刀具系统及操作机构等方面都发生了很大的变化。

为了满足数控技术的要求和充分发挥数控车床的特点，归纳起来有以下几个方面的变化。

① 采用高性能的主传动及主轴部件，具有传递功率大、刚度高、抗振性好及热变形小等优点。

② 进给传动采用高效率的传动件，具有传动链短、结构简单、传动精度高等特点，一般采用滚珠丝杠副、直线滚动导轨副等。

③ 具有完善的刀具自动交换和管理系统。

④ 在加工中心上一般具有工件自动交换、工件夹紧和放松机构。

⑤ 采用全封闭罩壳。由于数控车床是自动完成加工的，为了操作安全等，一般采用移动门结构的全封闭罩壳，对车床的加工部件进行全封闭。

1.1.3　车床的常用型号

为了便于管理和使用，必须给每种机床规定一个型号。我国目前机床型号的编制，按GB/T 15375—2008《金属切削机床　型号编制方法》实行。

机床型号是机床产品的代号，由汉语拼音字母和阿拉伯数字组成，用以表示机床的类别、使用和结构的特性以及主要规格。例如，CM6140型卧式车床（图1-5）中代号及数字的含义如下：

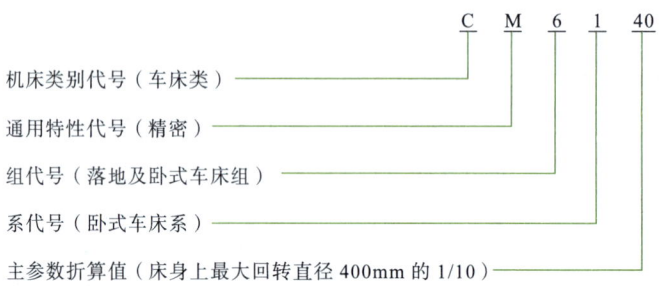

图1-5　车床常用型号

1. 机床的类代号

机床的类代号用大写汉语拼音字母表示，并按其对应的汉字字意读音，如"车床"用"C"表示，读音为"车"。机床的类代号见表1-1。

2. 机床的通用特性代号

机床的通用特性代号用大写汉语拼音字母表示。它代表机床具有的特别性能，如"高精度"用"G"表示，"精密"用"M"表示。在机床型号中，特性代号排在机床类代号的后面。机床的通用特性代号见表1-2。

项目1 车工基础知识

表1-1 机床的类代号

类别	车床	钻床	镗床	磨床			齿轮加工机床	螺纹加工机床	铣床	刨插床	拉床	锯床	其他
代号	C	Z	T	M	2M	3M	Y	S	X	B	L	G	Q
读音	车	钻	镗	磨	二磨	三磨	牙	丝	铣	刨	拉	割	其

表1-2 机床的通用特性代号

通用特性	高精度	精密	自动	半自动	数控	加工中心（自动换刀）	仿形	轻型	加重型	柔性加工单元	数显	高速
代号	G	M	Z	B	K	H	F	Q	C	R	X	S
读音	高	密	自	半	控	换	仿	轻	重	柔	显	速

3. 机床的组、系代号

机床的组、系用两位阿拉伯数字表示，其中，第一个数字代表组代号，第二个数字代表系代号。每类机床按用途、性能、结构分成若干组。例如，车床类分为十个组，用数字"0~9"表示，其中"5"代表立式车床组，"6"代表落地及卧式车床组。在落地及卧式车床组中有10个系，其中"1"表示卧式车床，"2"表示马鞍车床。车床类组、系的划分见表1-3。

4. 主参数代号

机床型号中的主参数用折算值（主参数乘以折算系数）表示，其中主参数代号反映机床的主要技术规格，其尺寸单位为mm。例如，CM6140车床，主参数折算后为40，折算系数为1/10，即主参数（床身上最大回转直径）为400mm。车床主参数及折算系数见表1-4。

5. 机床的重大改进顺序号

当机床的结构、性能有重大改进和提高时，按其设计改进的先后顺序分别用字母A，B，C等表示，附在机床型号的末尾，以示区别于原机床型号。例如，CM6140A表示经过第一次重大改进的最大工件回转直径为400mm的卧式车床。

1.1.4 车床的润滑及保养方法

1. 车床的润滑

要使车床保持正常运转和减少磨损，必须经常对车床的所有摩擦部分进行润滑。根据车床各零部件在不同的受力条件下的工作特点，卧式车床上常用的润滑方式有以下几种：

（1）浇油润滑 车床外露的滑动表面，如床身导轨面，中、小滑板导轨面等，擦干净后用油壶浇油润滑，每班至少一次。

（2）溅油润滑 车床齿轮箱内的零件一般利用齿轮的转动把润滑油飞溅到各处进行润滑。主轴箱体内的润滑油一般三个月更换一次。

（3）油绳润滑 将毛线浸在油槽内，利用毛细管作用把油引到所需要润滑的部位，如图1-6a所示。车床进给箱就是利用油绳润滑的，每班必须给进给箱上部的储油槽加油。

表 1-3 车床类组、系的划分

组		系		组		系	
代号	名称	代号	名称	代号	名称	代号	名称
0	仪表小型车床	0	仪表台式精整车床	5	立式车床	0	
		1				1	单柱立式车床
		2	小型排刀车床			2	双柱立式车床
		3	仪表转塔车床			3	单柱移动立式车床
		4	仪表卡盘车床			4	双柱移动立式车床
		5	仪表精整车床			5	工作台移动单柱立式车床
		6	仪表卧式车床			6	
		7	仪表棒料车床			7	定梁单柱立式车床
		8	仪表轴车床			8	定梁双柱立式车床
		9	仪表卡盘精整车床			9	
1	单轴自动车床	0	主轴箱固定型自动车床	6	落地及卧式车床	0	落地车床
		1	单轴纵切自动车床			1	卧式车床
		2	单轴横切自动车床			2	马鞍车床
		3	单轴转塔自动车床			3	轴车床
		4	单轴卡盘自动车床			4	卡盘车床
		5				5	球面车床
		6	正面操作自动车床			6	
		7				7	主轴箱移动型卡盘车床
		8				8	
		9				9	
2	多轴自动、半自动车床	0	多轴平行作业棒料自动车床	7	仿形及多刀车床	0	转塔仿形车床
		1	多轴棒料自动车床			1	仿形车床
		2	多轴卡盘自动车床			2	卡盘仿形车床
		3				3	立式仿形车床
		4	多轴可调棒料自动车床			4	转塔卡盘多刀车床
		5	多轴可调卡盘自动车床			5	多刀车床
		6	立式多轴半自动车床			6	卡盘多刀车床
		7	立式多轴平行作业半自动车床			7	立式多刀车床
		8				8	异形多刀车床
		9				9	
3	回转、转塔车床	0	回轮车床	8	轮、轴、辊、锭及铲齿车床	0	车轮车床
		1	滑鞍转塔车床			1	车轴车床
		2	棒料滑枕转塔车床			2	动轮曲拐销车床
		3	滑枕转塔车床			3	轴颈车床
		4	组合式转塔车床			4	轧辊车床
		5	横移转塔车床			5	钢锭车床
		6				6	
		7	立式双轴转塔车床			7	
		8	立式转塔车床			8	立式车轮车床
		9	立式卡盘车床			9	铲齿车床
4	曲轴及凸轮轴车床	0	旋风切削曲轴车床	9	其他车床	0	落地镗车床
		1	曲轴车床			1	
		2	曲轴主轴颈车床			2	单能半自动车床
		3	曲轴连杆轴颈车床			3	气缸套镗车床
		4				4	
		5	多刀凸轮轴车床			5	活塞车床
		6	凸轮轴车床			6	轴承车床
		7	凸轮轴中轴颈车床			7	活塞环车床
		8	凸轮轴端轴颈车床			8	钢锭模车床
		9	凸轮轴凸轮车床			9	

表1-4 车床主参数及折算系数

车床	主参数	主参数/折算系数	第二主参数
单轴自动车床	最大棒料直径	1、1/10	
多轴自动车床	最大棒料直径	1、1/10	轴数
多轴半自动车床	最大车削直径	1/10	轴数
回轮车床	最大棒料直径	1	
转塔车床	最大车削直径	1、1/10	
单柱及双柱立式车床	最大车削直径	1/100	
落地车床	最大工件回转直径	1/100	最大工件长度
卧式车床	最大工件回转直径	1/10	最大工件长度
铲齿车床	最大工件直径	1/10	最大模数

（4）弹子油杯润滑　尾座和中、小滑板摇手柄转动轴承处，一般用弹子油杯润滑。润滑时，用油嘴把弹子揿下，滴入润滑油（图1-6b），每班应加油一次。

（5）黄油（油脂）杯润滑　交换齿轮架的中间齿轮一般用黄油杯润滑。润滑时，先在黄油杯中装满工业润滑脂。旋转油杯盖时，润滑脂就会挤入轴承套内（图1-6c），每班旋转一次。

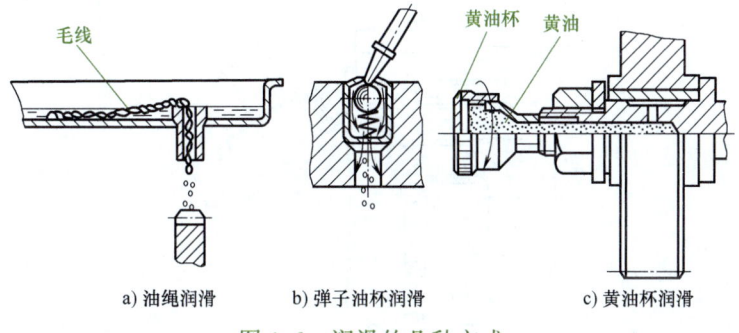

a) 油绳润滑　　b) 弹子油杯润滑　　c) 黄油杯润滑

图1-6　润滑的几种方式

（6）油泵循环润滑　这种方式是依靠车床内的油泵供应充足的润滑油来润滑的。

2. 常用卧式车床的润滑系统

图1-7是CM6140A型卧式车床的润滑系统位置示意图。润滑部位用数字标出，除了图中所注的②处的润滑部位用2号钙基润滑脂进行润滑外，其余部位都使用L-AN46全损耗系统用油。换油时，先将废油放净，再用干净煤油将箱体内部和油绳彻底洗净。注入的油应该用网过滤，油面不得低于油标中心线。

刀架和中滑板丝杠用油枪加油。尾座套筒和丝杠、螺母的润滑可用油枪每班加油一次。由于长丝杠和光杠的转速较高，润滑条件较差，因此必须注意每班加油，润滑油可从轴承座上面的方腔中加入，如图1-8所示。

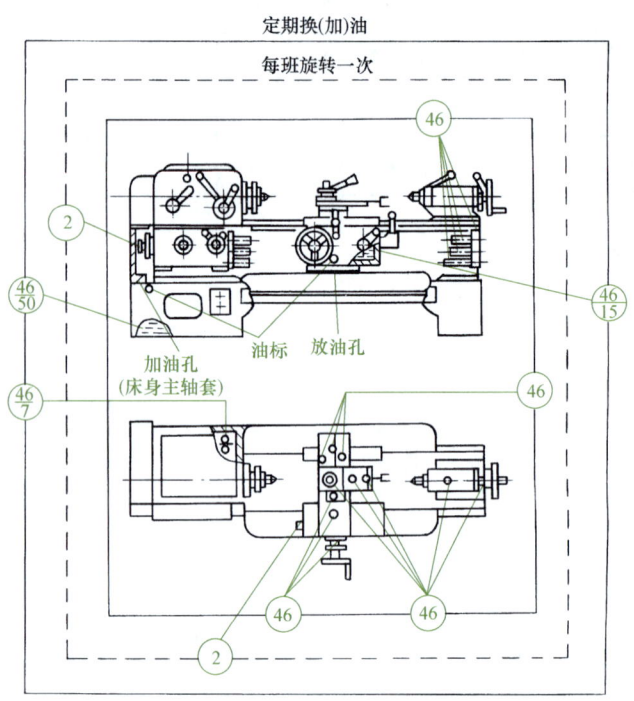

图 1-7　CM6140A 型卧式车床的润滑系统位置示意图

㊻—L-AN46 全损耗系统用油　②—2 号钙基润滑脂　$\frac{46}{15}$—油类/两班制换（添）油天数

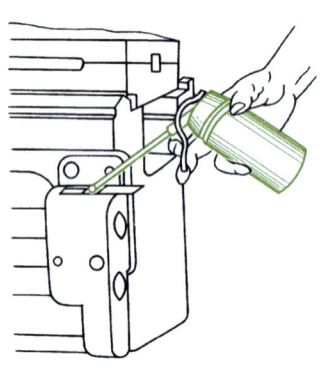

图 1-8　光杠、长丝杠后轴承的润滑

3. 车床日常保养知识

车床保养得好坏，直接影响工件加工质量的好坏和生产效率的高低。为了保证车床的工作精度和延长使用寿命，必须对车床做好日常的保养工作。车床的日常保养是操作人员每天的例行工作，内容主要包括：班前、班后的检查，擦拭设备各个部位和注油保养，使设备经常保持润滑清洁。班内设备有小事故或障碍应及时给予排除，并认真做好交接班记录。保养作业时，必须重视安全，文明操作，并应注意以下事项：

1）保养时，必须首先切断电源，防止触电事故。

2）不要用压缩空气清理机床上的切屑及杂物等，防止切屑、杂物嵌入机床传动部件而发生设备事故。

3）擦洗长丝杠时，先把进给箱上操纵手柄放到光杠位置，然后用手一边转动丝杠，一边用棉纱擦洗螺纹（图1-9）。严禁开机让长丝杠（或光杠）转动擦洗，防止丝杠（或光杠）把棉纱及手指一同卷入，造成严重事故。

4）机床保养完毕后，对各润滑部位必须加注润滑油，以防止机件因干摩擦而损坏。

1.1.5 车床卡盘的装卸方法

在卧式车床上装夹工件，一般使用自定心卡盘和单动卡盘。卡盘与主轴的连接方式通常有两种，一种是螺纹连接方式（如C620型车床），另一种是短圆锥连接盘连接方式（如C1640型车床）。其装卸方法如下：

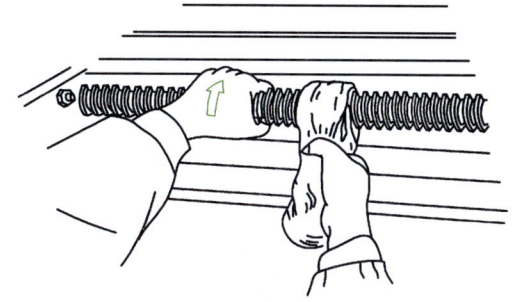

图1-9 长丝杠的保养方法

1. 螺纹连接方式的装卸

（1）安装卡盘

1）把车床主轴的螺纹及肩平面全部擦干净，并加少量润滑油，同时将卡盘连接盘的端面、内孔、螺纹等也擦干净。

2）把车床主轴转速调整到最低。

3）把卡盘旋入主轴螺纹，当连接盘端面即将与主轴肩平面接触时，将卡盘扳手插入卡盘的方孔中并向反转方向用力撞击，待卡盘旋紧后再装上保险装置。

（2）拆卸卡盘

1）将卡盘连接盘上的保险装置（图1-10a）卸下。

2）在操作者对面的卡爪与导轨面之间放一块硬木块或金属棒料，其高度必须使卡爪处于水平位置（图1-10b）。然后将主轴转速调整到最低速度，主轴反转时，卡爪撞击硬木块，使卡盘与主轴松开后应立即停机，再用手慢慢地把卡盘从主轴上旋下，如图1-10c所示。

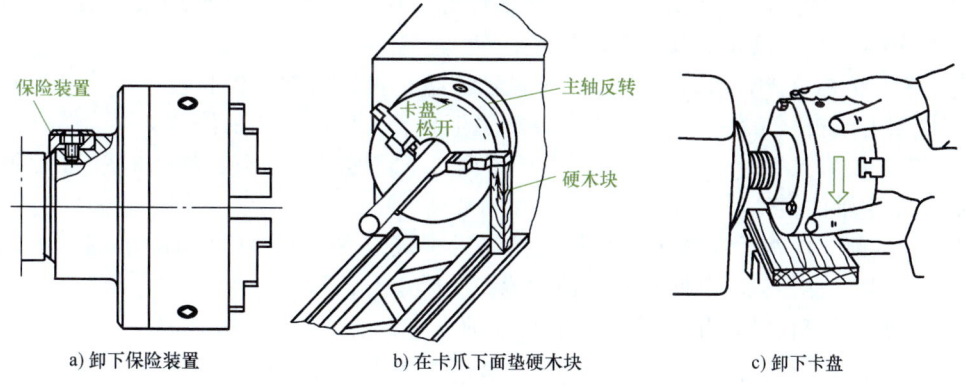

a）卸下保险装置　　　b）在卡爪下面垫硬木块　　　c）卸下卡盘

图1-10 用螺纹连接方式卸下卡盘的方法

2. 短圆锥连接盘连接方式的装卸

（1）安装卡盘　安装时，首先把主轴的外锥面和端面以及卡盘的内锥孔和定位面均擦干净，然后用双手将卡盘提起，并使卡盘上的螺栓对准主轴上的螺栓孔，当卡盘装上后，将装在主轴肩上的圆盘转动一个角度，使螺栓处于圆环的沟槽内，再用扳手拧紧螺母，其操作方法如图 1-11a 所示。

（2）拆卸卡盘　拆卸时，用扳手松开螺母，将圆盘按反方向旋转一个角度，使卡盘上的螺栓处于螺栓孔中，即可把卡盘从主轴上卸下，其操作方法如图 1-11b 所示。

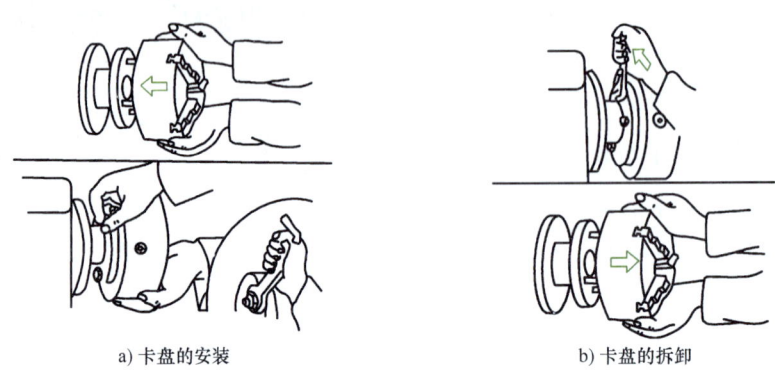

a) 卡盘的安装　　　　b) 卡盘的拆卸

图 1-11　短圆锥连接盘连接方式的卡盘装卸方法

为了保证装卸卡盘时安全，应在卡盘下的导轨面上放一块木板，在主轴孔和卡盘中插入一根圆棒，以防止装卸卡盘时不慎掉下，砸坏机床导轨面。

1.1.6　车工的安全知识

1. 文明生产操作规程

1）开机前，应先检查车床的各机构是否完好、有无防护设备、各转动手柄是否放在空档位置、变速齿轮的手柄位置是否正确，以防开机时因突然撞击而损坏车床。然后低速开机空运转 1～2min，使润滑油散布到各润滑处，并观察运转是否正确，如发现故障，必须待排除后才能继续工作。

2）工作中需要变速时，必须先停机再变速。对于用电动机开、停、换向的车床，不准用正反车操作的方法紧急制动，以免打坏齿轮。刀具磨钝后不允许继续切削，应及时刃磨，否则会增加车床负荷，以致损坏车床。

3）除了车螺纹外，不许用丝杠进行自动进给，以保持丝杠的精度。不许在车床上的任何部位敲击或校直工件，导轨面上不许放置工具、工件或其他物件。

4）装夹较重工件时，应垫上木板保护床面。下班时如不卸下工件，应用千斤顶支承，以保持车床主轴的精度。

5）下班前，应清除车床上的切屑，擦净后按规定在加油部位加上润滑油，并将床鞍摇至床尾一端，将各转动手柄放到空挡位置，关闭电源，清扫场地。

6）待加工件和已加工件应分开放置并摆放整齐，要便于取放和质量检查。

7）工具箱应分类布置，并保持清洁、整齐。要求小心使用的物件要放稳妥，质量小的应放在上面，大的放在下面。

8）图样、工艺卡片等工艺文件应放在便于阅读之处，并保持清洁、完整。

9）所用的工、夹、量具及工件应尽可能靠近和集中在操作者周围的适当位置，并尽量避免操作者取放物件时经常弯腰；应将常用的放得近一些，不常用的放得远一些；用右手拿的放在右边,用左手拿的放在左边;每种物品应放在固定的位置,用后放回原位,切不可乱放。工作地点应经常保持清洁、整齐。

2. 安全生产操作规程

1)工作时应穿好工作服,袖口要扎紧。女工要戴好工作帽,把头发或辫子全部塞入帽内。操作车床时,不允许戴手套。工作时,头不可离工件太近,以防飞屑伤眼。车削崩碎状切屑的工件时,必须戴好防护眼镜。

2)车床开动时,不能测量工件或安装刀具,手和身体不能靠近正在旋转的工件或车床部件。

3)工件和刀具必须装夹牢固,以防飞出发生事故。卡盘必须有保险装置。

4)工件装夹后,卡盘扳手必须随手取下。如果棒料伸出主轴后端过长,应使用料架或挡板。

5)不允许用手去制动转动中的卡盘,不得随意装拆车床的电气设备。清除切屑时,应使用专用的钩子,不能用手直接清除。

1.2 车刀的基础知识

1.2.1 车刀材料的性能要求

车刀的切削部分在很高的切削温度下工作,连续经受强烈的摩擦,并承受很大的切削力和冲击力,所以车刀的切削部分的材料必须具备下列基本性能:

(1)较高的硬度 刀具材料的硬度必须高于工件材料的硬度,只有这样,刀具才能切除工件上多余的金属。目前在室温条件下,刀具材料的硬度应大于或等于60HRC。

(2)较好的耐磨性 刀具材料的硬度越高,耐磨性越好。刀具材料组织中硬质点的硬度越高,数量越多,分布越均匀,耐磨性越好。

(3)足够的强度和韧性 刀具材料的强度一般指抗弯强度,刀具材料的韧性一般指冲击韧度。在切削加工过程中,刀具总是受到切削力、冲击、振动的作用,当刀具材料具有足够的强度和韧性时,就可避免刀具断裂和崩刃。

(4)较好的耐热性 刀具材料的耐热性越好,切削加工时可达到的切削速度越高,越有利于改善加工质量和提高生产率,越有利于延长刀具寿命。

(5)较好的工艺性 工艺性指材料切削加工性、锻造、焊接、热处理等性能。刀具材料具有良好的工艺性,便于刀具的制造。

1.2.2 车刀材料的种类和用途

目前,常用的车刀材料有高速钢、硬质合金、涂层刀具材料和超硬刀具材料。

1. 高速钢

高速钢是指含较多钨、铬、钼等合金元素的高合金工具钢,俗称锋钢或白钢。其特点是:制造简单;有较高的硬度(63~66HRC)、耐磨性和耐热性(600~660℃),有足够的强度和韧性;有较好的工艺性;能承受较大的冲击力;可制造形状复杂的刀具,如特种车刀、铣刀、钻头、拉刀和齿轮刀具等;不能适用于高速切削。常用高速钢的牌号与性能见表1-5。

表1-5 常用高速钢的牌号与性能

类别		牌号	硬度（HRC）	抗弯强度/GPa	冲击韧度/（MJ/m²）	高温硬度（600℃，HRC）
通用高速钢		W18Cr4V	62~66	≈3.34	0.294	48.5
		W6Mo5Cr4V2	62~66	≈4.6	≈0.5	47~48
		W14Cr4VMnRE[①]	64~66	≈4	≈0.25	48.5
高性能高速钢	高碳	9W18Cr4V[①]	67~68	≈3	≈0.2	51
	高钒	W12Cr4V4Mo	63~66	≈3.2	0.25	51
	超硬	W6Mo5Cr4V2Al	68~69	≈3.43	≈0.3	55
		W10Mo4Cr4V3Al[①]	68~69	≈3	≈0.25	54
		W6Mo5Cr4V5SiNbAl[①]	66~68	≈3.6	≈0.27	51
		W2Mo9Cr4VCo8	66~70	≈2.75	≈0.25	55

① 旧标准牌号，仅供参考。

2. 硬质合金

硬质合金是高硬度、难熔的金属碳化物（WC、TiC等）微米数量级的粉末，用Co、Mo、Ni等做黏结剂在高温高压下用粉末冶金的方法烧结而成，有熔点高、硬度高等特点，且含量多，使其常温下硬度可达89~93HRA（相当于74~81HRC）。其耐磨性和耐热性较高，允许切削温度可达800~1000℃，切削速度比高速钢高几倍甚至几十倍，还能加工高速钢刀具难以切削的难加工材料。

硬质合金也有不足之处，即抗弯强度和冲击韧度较高速钢低，脆性大，不耐冲击和振动，刃口不能磨得像高速钢刀具那样锋利，制造也较困难。

根据使用领域及作业条件，硬质合金可分为P、M、K、N、S、H六类。

切削用硬质合金的组别、性能和用途见表1-6。

3. 涂层刀具材料

硬质合金或高速钢刀具通过化学方法或物理方法在其表面上涂一层耐磨性好的难熔金属化合物。其特点是：既能提高刀具材料的耐磨性，又可降低其韧性，适用于高速钢和硬质合金刀具。一般涂层的厚度为5~12μm。一般而言，在相同的切削速度下，涂层高速钢刀具的耐磨性比未涂层的提高2~10倍；涂层硬质合金刀具的耐磨性比未涂层的提高1~3倍。

4. 超硬刀具材料

（1）陶瓷 陶瓷材料的主要成分是Al_2O_3。陶瓷是在高压高温下烧结而成的，其特点是：硬度多在1500HV以上，耐磨性好，耐热性好；脆性大，强度较低，只有一般硬质合金的1/3左右，不能承受冲击负荷，适用于精车、半精车。陶瓷被认为是提高产品质量和生产率的最有希望的刀具材料之一。

表 1-6 切削用硬质合金的组别、性能和用途（摘自 GB/T 18376.1—2008）

组别		基本成分	力学性能			使用领域
类别	分组号		洛氏硬度 (HRA，不小于)	维氏硬度 (HV_3，不小于)	抗弯强度 R_u/MPa，不小于	
P	01	以 TiC、WC 为基，以 Co （Ni+Mo、Ni+Co）做黏结剂 的合金/涂层合金	92.3	1750	700	长切屑材料的加工，如钢、铸钢、长切屑可锻铸铁等的加工
P	10		91.7	1680	1200	
P	20		91.0	1600	1400	
P	30		90.2	1500	1550	
P	40		89.5	1400	1750	
M	01	以 WC 为基，以 Co 做黏结剂，添加少量 TiC（TaC、NbC）的合金/涂层合金	92.3	1730	1200	通用合金，用于不锈钢、铸钢、可锻铸铁、合金钢、合金铸铁等的加工
M	10		91.0	1600	1350	
M	20		90.2	1500	1500	
M	30		89.9	1450	1650	
M	40		88.9	1300	1800	
K	01	以 WC 为基，以 Co 做黏结剂，或添加少量 TaC、NbC 的合金/涂层合金	92.3	1750	1350	短切屑材料的加工，如铸铁、冷硬铸铁、短切屑可锻铸铁、灰口铸铁等的加工
K	10		91.7	1680	1460	
K	20		91.0	1600	1550	
K	30		89.5	1400	1650	
K	40		88.5	1250	1800	
N	01	以 WC 为基，以 Co 做黏结剂，或添加少量 TaC、NbC 或 CrC 的合金/涂层合金	92.3	1750	1450	有色金属、非金属材料的加工，如铝、镁、塑料、木材等的加工
N	10		91.7	1680	1560	
N	20		91.0	1600	1650	
N	30		90.0	1450	1700	
S	01	以 WC 为基，以 Co 做黏结剂，或添加少量 TaC、NbC 或 TiC 的合金/涂层合金	92.3	1730	1600	耐热和优质合金材料的加工，如耐热钢，含镍、钴、钛的各类合金材料的加工
S	10		91.5	1650	1580	
S	20		91.0	1600	1650	
S	30		90.5	1550	1750	
H	01	以 WC 为基，以 Co 做黏结剂，或添加少量 TaC、NbC 或 TiC 的合金/涂层合金	92.3	1730	1000	硬切削材料的加工，如淬硬钢、冷硬铸铁等材料的加工
H	10		91.7	1680	1300	
H	20		91.0	1600	1650	
H	30		90.5	1520	1500	

注：1. 洛氏硬度和维氏硬度中任选一项。
　　2. 以上数据为非涂层硬质合金要求，涂层产品可按对应的维氏硬度下降 30~50。

（2）金刚石　金刚石分为天然金刚石和人造金刚石两种，其中天然金刚石的数量稀少，所以价格昂贵，应用极少。人造金刚石是在高压、高温条件下，由石墨转化而成，价格相对较低，应用较广。金刚石的特点是：硬度极高，可达10000HV，耐磨性很好，摩擦因数是所有刀具材料中最小的；但耐热性较差，抗弯强度低，脆性大。

（3）立方氮化硼　立方氮化硼是由软的立方氮化硼在高压、高温条件下加入催化剂转变而成的。其特点是：硬度仅次于金刚石，为8000~9000HV，耐磨性好，耐热性高，摩擦因数小。立方氮化硼一般在干切削条件下，对钢材、铸铁进行加工。

1.2.3　常用车刀的种类和用途

1. 车刀的种类

车刀按用途不同可分为外圆车刀、端面车刀、切断刀、内孔车刀、圆头车刀和螺纹车刀等，如图1-12所示。

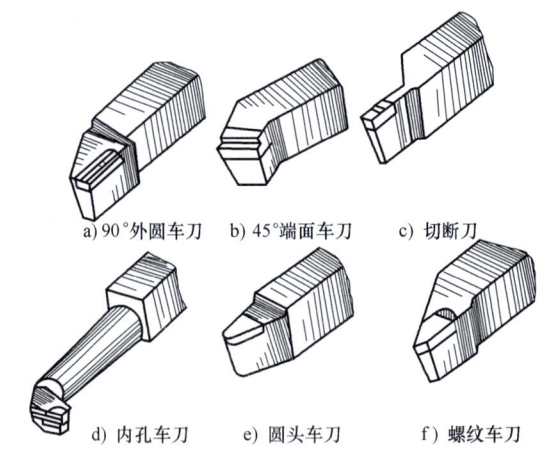

图1-12　车刀的种类

2. 车刀的用途

车刀的基本用途如图1-13所示。

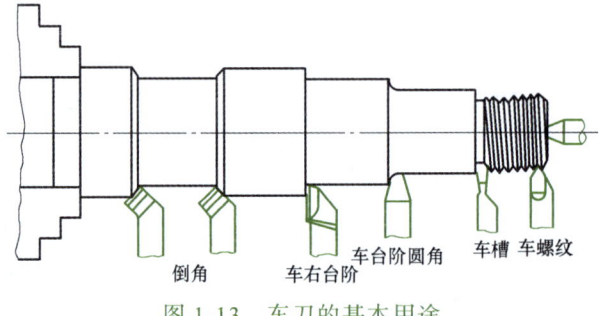

图1-13　车刀的基本用途

（1）90°车刀（偏刀）　用来车削工件的外圆、台阶和端面。

（2）45°车刀（弯头车刀）　用来车削工件的外圆、端面和倒角。

（3）切断刀　用来切断工件或在工件上车槽。

（4）内孔车刀　用来车削工件的内孔。
（5）圆头车刀　用来车削工件的圆角、圆槽或车削成形面工件。
（6）螺纹车刀　用来车削螺纹。

3．可转位车刀

（1）可转位车刀的组成　可转位车刀是使用可转位刀片的机夹式车刀，由刀杆、夹紧机构、刀片及刀垫组成，如图1-14所示。刀片用钝后不重磨，只需松开夹紧装置将刀片转过一个位置，重新夹紧后便可用新的切削刃继续进行切削。当全部切削刃都用钝后才更换新刀片。

（2）可转位车刀的特点

1）刀具寿命高。可转位车刀避免了焊接、刃磨过程产生的热应力影响，硬质合金原有的切削性能不变，刀具的寿命比焊接车刀高一倍左右。

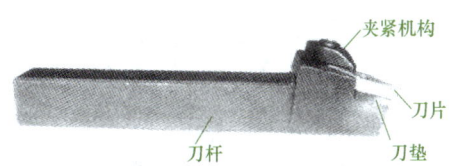

图1-14　可转位车刀的组成

2）生产效率高。刀片转位、更换方便，缩短了换刀、磨刀和调整刀具的时间。

3）有利于新材料、新技术的研制、推广和应用。刀具减少了焊接环节，避免了焊接过程中高温作用的影响，为新型硬质合金的研制、开发和应用创造了条件，涂层刀片也得到了广泛应用。

4）切削性能稳定，适合现代化生产的要求。刀具的几何参数完全由刀片和刀杆上的刀槽保证，可针对性地设计制造出较佳的刀具几何参数，应用于自动化程度高的机床和数控机床上，能获得较佳的切削效果和较高的切削效率，并且不受操作者技术水平的影响。

5）节省刀杆材料，降低刀具成本。焊接车刀的一把刀杆只能焊接一次刀片，而一把可转位车刀的刀杆可使用几十片刀片，可节约大量刀杆材料。

由于具有上述优点，可转位刀具成为刀具发展的一个重要方向，并得到广泛的应用。

（3）可转位车刀的装夹、拆卸

1）可转位车刀刀片的夹紧要求。对硬质合金可转位车刀刀片夹紧形式的要求是夹紧可靠，不允许刀片在切削时发生松动。定位精确，刀片在转位或更换时，刀尖位置的变化在工作精度允许的范围内；结构简单，操作方便，以缩短转位或更换刀片的时间。夹紧元件不应妨碍切屑的流出及切屑流出时不会摩擦损坏夹紧元件。

2）常见的刀片夹紧机构。可转位车刀刀片多利用刀片上的孔进行机械夹固。常见的夹紧机构有：

① 偏心式夹紧机构如图1-15所示。此机构采用了螺纹偏心销。其工作原理是以螺钉部分为转轴，利用螺钉上端的偏心圆柱压紧刀片。特点是元件少，结构简单紧凑，但制造精度要求较高。

② 杠杆式夹紧机构如图1-16所示。

③ 杠销式夹紧机构如图1-17所示。

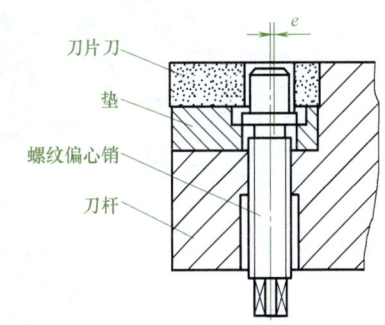

图1-15　偏心式夹紧机构

3）使用硬质合金可转位车刀时的注意事项。装夹刀片时，应使刀片的底面与刀垫接触良好，否则切削时刀片因受力不均而容易碎裂。另外，由于夹紧机构设计时多考虑了切削力对夹紧的作用，因此夹紧刀片时夹紧力不必太大，否则会将刀片夹碎裂并损坏夹紧元件。

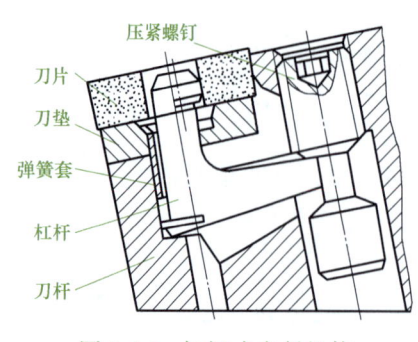

图 1-16 杠杆式夹紧机构

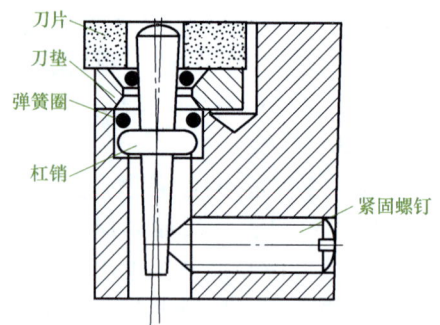

图 1-17 杠销式夹紧机构

刀头的夹紧方式及代号字母表示车刀或刀夹上刀片的夹紧方式,见表 1-7。

表 1-7 夹紧方式及其代号

代号	夹紧方式
C	装无孔刀片,利用压板从刀片上方将刀片夹紧
M	装圆孔刀片,从刀片上方并利用刀片孔将刀片夹紧
P	装圆孔刀片,利用刀片孔将刀片夹紧
S	装沉孔刀片,用螺钉直接穿过刀片孔将刀片夹紧

1.2.4 车刀的几何参数及其与车削性能的关系

1. 车刀的几何参数

(1) 车刀的组成 车刀是由刀头(或刀片)和刀体两部分组成的。其中,刀头是由若干面和切削刃组成的,如图 1-18 所示,担负切削工作,又叫切削部分;刀体用来装夹车刀。

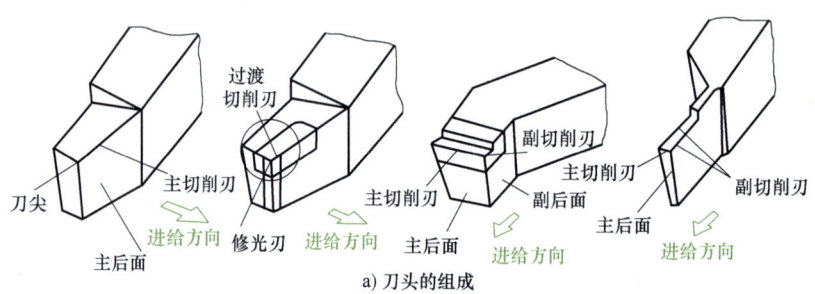

a) 刀头的组成

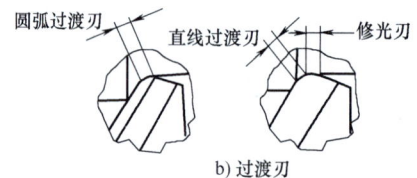

b) 过渡刃

图 1-18 刀头

1）前面。刀具上切屑流过的表面。

2）后面。分主后面和副后面：与工件上加工表面相对的表面称为主后面；与工件上已加工表面相对的表面称为副后面。

3）主切削刃。前面和主后面的相交部位，它担负主要的切削工作。

4）副切削刃。前面和副后面的相交部位，它配合主切削刃完成少量的切削工作。

5）刀尖。指主切削刃与副切削刃的连接处相当少的部分切削刃。为了提高刀尖强度，延长车刀寿命，很多刀具将刀尖磨成圆弧形或直线形过渡刃。圆弧形过渡刃又称刀尖圆弧，一般硬质合金车刀的刀尖圆弧半径 r_ε=0.5～1mm，如图1-19所示。

6）修光刃。副切削刃近刀尖一小段平直的切削刃称为修光刃。装刀时，必须使修光刃与进给方向平行，且修光刃的长度必须大于进给量，才能起修光作用。车刀的组成基本相同，但刀面、切削刃的数量、形式、形状等不完全一样，如外圆车刀是由三个刀面、两条切削刃和一个刀尖组成的；45°车刀就有四个刀面（两个副后面）、三条切削刃和两个刀尖。此外，切削刃可以是直线，也可以是曲线，如车成形面的成形车刀的切削刃就是曲线。

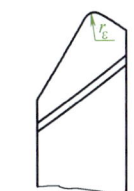

图1-19　刀尖圆弧半径

（2）确定车刀角度的辅助平面　为了便于确定和测量车刀的几何角度，需要假想以下几个辅助平面作为基准，刀具静止参考系如图1-20所示。

1）基面（p_r）。通过切削刃上的某一选定点，垂直于该点切削速度方向的平面。

2）切削平面。通过切削刃且垂直于基面的平面。

3）正交平面（p_o）。通过主切削刃上的选定点并垂直于基面和切削平面的平面。

4）假定工作平面（p_f）。通过切削刃上的选定点，垂直于基面并平行于假定进给运动方向的平面。

5）背平面（p_p）。通过切削刃上的选定点并垂直于基面和假定工作平面（p_f）的平面。

2. 车刀的角度

这里以外圆车刀为例，车刀切削部分的角度如图1-21所示。

（1）在正交平面内测量的角度

1）前角（γ_o）。前面与基面之间的夹角。

2）后角（α_o）。主后面与切削平面之间的夹角。

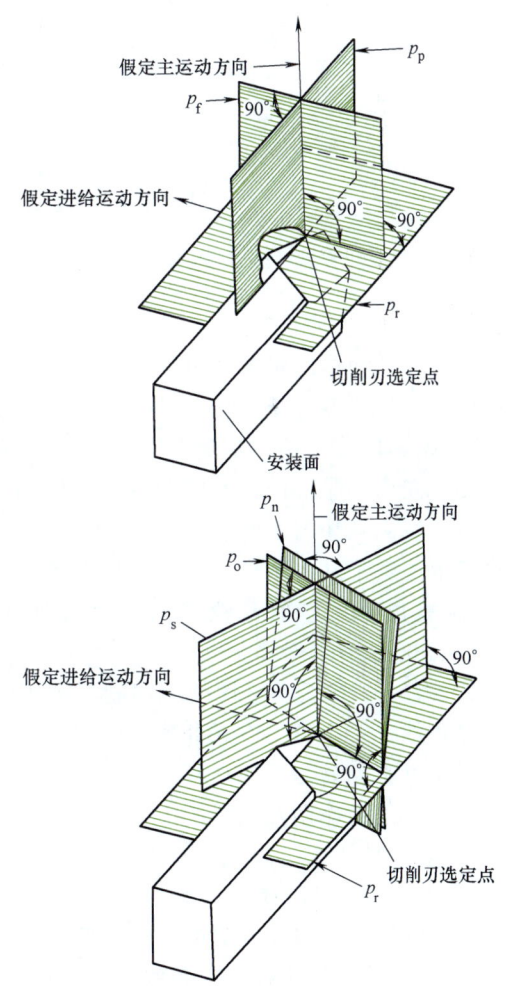

图1-20　刀具静止参考系

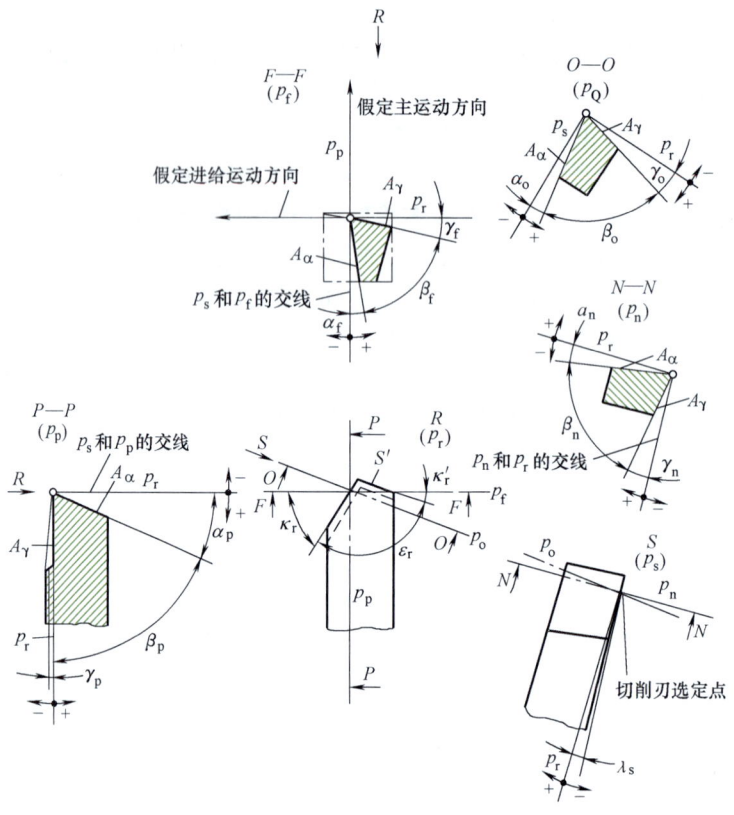

图 1-21 外圆车刀切削部分的角度

（2）在基面内测量的角度

1）主偏角（κ_r）：主切削刃在基面上的投影与进给方向之间的夹角。

2）副偏角（κ_r'）：副切削刃在基面上的投影与进给反方向之间的夹角。

（3）在切削平面内测量的角度　刃倾角（λ_s）：主切削刃与基面之间的夹角。

（4）在副切削平面内测量的角度　副后角（α_o'）：副后面与切削平面之间的夹角。车刀除了上述六个基本角度外，还有两个角度，即：

1）楔角（β_o）。在正交平面内，前面与主后面之间的夹角。楔角的大小可用下式计算：$\beta_o = 90° - \gamma_o - \alpha_o$。

2）刀尖角（ε_r）。主切削刃和副刀削刃在基面内的投影之间的夹角。它影响刀尖强度和散热条件，大小可用下式计算：$\varepsilon_r = 180° - \kappa_r - \kappa_r'$。

3. 车刀角度的作用和选择

（1）前角的作用及选择

1）前角的作用。前角是车刀最重要的一个角度，其大小影响刀具的锐利程度与强度，加大前角，可使刃口锋利，减小切削变形和切削力，使切削轻快；但前角过大，楔角 β_o 减小，会降低切削刃和刀尖的强度，使刀头的散热条件变差，切削时刀头容易崩刃。

2）前角的初步选择。前角的大小应根据工件材料、刀具材料及加工性质选择。

① 工件材料较软时，可取较大的前角；工件材料较硬时，应取较小的前角。

② 车削塑性材料时，可取较大的前角；车削脆性材料时，应取较小的前角。

③ 车削塑性材料的强度较低、韧性较差，前角应取小些；反之，前角可取大些。

3）根据粗精加工选择前角。粗加工时，为了保证切削刃有足够的强度，应取较小的前角；精加工时，为了获得较小的表面粗糙度值，应取较大的前角。车刀前角的参考值见表 1-8。

表 1-8 车刀前角的参考值

工件材料		前角（γ_o）数值	
		高速钢	硬质合金
灰铸铁及可锻铸铁	≤ 220HBW	20°～25°	15°～20°
	> 220HBW	10°	8°
铝及铝合金		25°～30°	25°～30°
纯铜及铜合金（软）		25°～30°	25°～30°
铜合金	粗加工	10°～15°	10°～15°
	精加工	5°～10°	5°～10°
结构钢	R_m ≤ 800MPa	20°～25°	20°～25°
	R_m=800～1000MPa	10°～20°	10°～15°
铸、锻钢件或断续切削灰铸铁		10°～15°	5°～10°

（2）后角的作用及选择

1）后角的作用。后角可减少刀具后面与工件加工表面之间的摩擦，它用来配合前角调整切削刃的锐利程度和强度。

2）后角的选择。

① 粗加工时，为了增加切削刃的强度，应取较小的后角；精加工时，为了减少后面与工件的摩擦，保证加工质量，应取较大的后角。

② 工件材料较硬时，为了使切削刃有足够的强度，后角应取较小值；工件材料较软时，应取较大值。副后角（α'_o）一般和后角取相同的数值（切断刀除外）。

（3）主偏角的作用及选择

1）主偏角的作用。主偏角影响刀尖部分的强度与散热条件，影响切削分力的大小。加大主偏角，刀尖角减小，刀尖部分的强度与散热条件变差，刀具寿命缩短；加大主偏角，背向力减小，进给力增大。

2）主偏角的选择。

① 主偏角的大小首先根据工件的形状选择，如车削台阶轴或不通孔时，主偏角应大于或等于 90°；从工件中间切入时，主偏角一般为 45°～60°。

② 当工件的刚性较好时，为了提高刀具寿命，应取较小的主偏角；当工件的刚性较差时（如车细长轴），为了减小切削时的振动，提高工件的加工精度，须取较大的主偏角（κ_r=90°～93°）。对于大进给量、大背吃刀量的强力车刀，为了减小背向力，一般取较大的主偏角（κ_r=75°）。当工件材料的强度、硬度较高时，为了增加刀尖部分的强度，应取较小的主偏角。

（4）副偏角的作用及选择

1）副偏角的作用。副偏角可减小副切削刃与已加工表面之间的摩擦，影响刀尖部分的强度和散热条件，影响已加工表面的表面粗糙度。

2）副偏角的选择。副偏角的大小主要根据工件的表面粗糙度和刀尖强度要求选择。

① 对于外圆车刀，一般取 $\kappa_r' = 6° \sim 10°$。

② 对于精加工车刀，为了减小已加工表面的表面粗糙度值，副偏角应取得更小些，必要时，可磨出一段 $\kappa_r' = 0°$ 的倒角刀尖（俗称修光刃），修光刃的长度 b_ε 应略大于进给量，即 $b_\varepsilon = 1.2f \sim 1.5f$，如图 1-22 所示。

③ 加工强度、硬度较高的材料时，为了提高刀尖部分的强度，应取较小的副偏角（$\kappa_r' = 4° \sim 6°$）。

④ 工件的刚性较差时，为了减小背向力，避免产生切削振动，应取较大的副偏角。

⑤ 切断时，为了保证刀头的强度，保证重磨后刀头的宽度变化较小，只能取很小的副偏角，即 $\kappa_r' = 1° \sim 2°$。

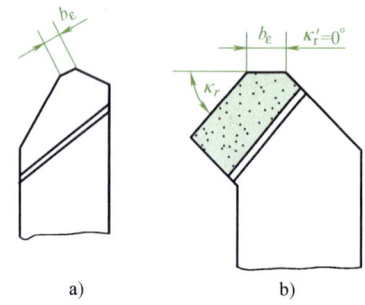

图 1-22　车刀的过渡刃和修光刃

（5）刃倾角的作用及选择

1）刃倾角的作用。刃倾角有正（$+\lambda_s$）、负（$-\lambda_s$）和零（$\lambda_s = 0°$）三种，如图 1-23 所示。当刀尖是主切削刃的最高点时，刃倾角为正值；当刀尖是主切削刃上的最低点时，刃倾角为负值；当主切削刃与基面重合时，刃倾角为零。

① 刃倾角可控制切屑的流出方向。正值的刃倾角可使切屑流向待加工表面（图 1-23a）；负值的刃倾角可使切屑流向已加工表面（图 1-23b）；零度的刃倾角可使切屑以垂直于主切削刃的方向流出，如图 1-23c 所示。

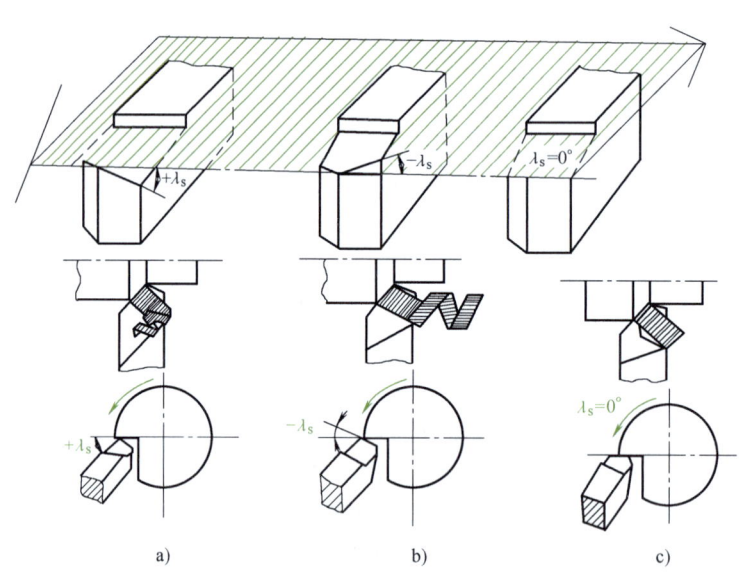

图 1-23　车刀的刃倾角及对切屑的影响

② 刃倾角影响刀尖部分的强度。正的刃倾角可提高工件表面的加工质量，但刀尖的强度较差，不利于承受冲击负荷，容易损坏。

③ 刃倾角影响切削分力的大小。正的刃倾角可使背向力减小而进给力加大；负值的刃倾角可使背向力加大而进给力减小。

2）刃倾角的选择。刃倾角主要根据刀尖部分的要求和切屑的流出方向选择。

① 粗车一般钢材和铸铁时，应取负值的刃倾角，即 $\lambda_s = -5° \sim 0°$。

② 精车一般钢材和铸铁时，为了保证切屑流向待加工表面，应取较小的正值刃倾角，即 $\lambda_s = 0° \sim +5°$。

③ 有冲击负荷或断续切削时，为了保证足够的刀尖强度，应取较大的负刃倾角，即 $\lambda_s = -15° \sim -5°$。

④ 当工件的刚性较差时，应选取正值刃倾角，即 $\lambda_s = +3° \sim +5°$。

1.2.5 车刀的刃磨及角度测量

1. 车刀的刃磨方法

正确刃磨车刀是车工必须掌握的基本功之一。只懂得切削原理和刀具角度的选择知识还是不够的，还要正确地掌握车刀的刃磨技术，否则仍然不能得到合理的切削角度并在生产实践中发挥作用。

车刀的刃磨一般有机械刃磨和手工刃磨两种，其中机械刃磨效率高、质量好、操作方便，在有条件的工厂应用较多；手工刃磨灵活，对设备要求低，目前仍普遍采用。对于一个车工来说，手工刃磨是基础，是必须掌握的基本技能。

（1）砂轮的选择　目前，工厂中常用的磨刀砂轮有两种：一种是氧化铝砂轮，另一种是绿色碳化硅砂轮。刃磨时必须根据刀具材料来决定砂轮的种类。氧化铝砂轮的磨粒韧性好，比较锋利，但硬度稍低，用来刃磨高速钢车刀和硬质合金车刀的刀杆部分。绿色碳化硅砂轮的磨粒硬度高，切削性能好，但较脆，用来刃磨硬质合金车刀。

（2）刃磨的步骤与方法　现以主偏角为 90° 的硬质合金车刀（P10）为例，介绍手工刃磨的步骤。

1）先把车刀前面、后面上的焊渣磨去，并磨平车刀的底平面。磨削时采用粒度为 F24～F36 的氧化铝砂轮。

2）粗磨主后面和副后面的刀杆部分。其后角应比刀片后角大 2°～3°，以便刃磨刀片上的后角。磨削时应采用粒度为 F24～F36 的氧化铝砂轮。

3）粗磨刀片上的主后面和副后面。粗磨出的主后角、副后角应比所要求的后角大 2° 左右，刃磨方法如图 1-24 所示。刃磨时采用粒度为 F36～F60 的绿色碳化硅砂轮。

图 1-24　粗磨主后角、副后角

4）磨断屑槽。为了使切屑碎断，一般要在车刀前面磨出断屑槽。断屑槽有三种形状，即直线形、圆弧形和直线圆弧形。例如，刃磨带有圆弧形断屑槽的车刀，必须先把砂轮的外圆与平面的交角处用修砂轮的金刚石笔（或用硬砂条）修整成相适应的圆弧。又如，刃磨直线形断屑槽，砂轮的交角就必须修整得很尖锐。刃磨时，刀尖可向下或向上移动，如图1-25所示。

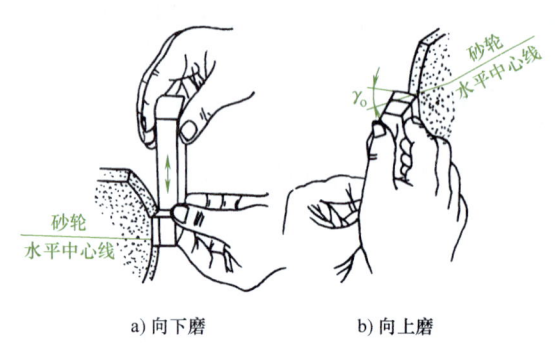

图 1-25　刃磨断屑槽的方法

刃磨断屑槽的注意事项：

① 磨断屑槽的砂轮交角处应经常保持尖锐或具有很小的圆角。当砂轮上出现较大的圆角时，应及时用金刚石笔修整。

② 刃磨时的起点位置应跟刀尖、主切削刃离开一小段距离。绝不能一开始就直接刃磨到主切削刃和刀尖上，而使刀尖和切削刃磨坍。

③ 刃磨时，不能用力过大。车刀应沿刀杆方向上下平稳移动。

④ 磨断屑槽可以在平面砂轮和杯形砂轮上进行。对于尺寸较大的断屑槽，可分粗磨和精磨；对于尺寸较小的断屑槽，可一次磨削成形。精磨断屑槽时，有条件的工厂可在金刚石砂轮上进行。

5）精磨主后角和副后角，其刃磨方法如图1-26所示。刃磨时，将车刀底平面靠在调整好角度的导板上，并使切削刃轻轻靠住砂轮的端面，车刀应左右缓慢移动，使砂轮磨削均匀，车刀刃口平直。精磨时采用粒度为F180～F220的绿色碳化硅杯形砂轮或金刚石砂轮。

6）磨负倒棱。为了使切削刃坚固，加工钢料的硬质合金车刀一般要磨出负倒棱，倒棱的宽度一般为 $b=0.5f～0.8f$；负倒棱的前角为 $\gamma_o=-10°～-5°$。磨负倒棱的方法如图1-27所示。用力要轻，车刀要沿主切削刃的后端向刀尖方向摆动。磨削方法可以采用直磨法和横磨法。为了保证切削刃的质量，最好采用直磨法，采用的砂轮与精磨后面时的相同。

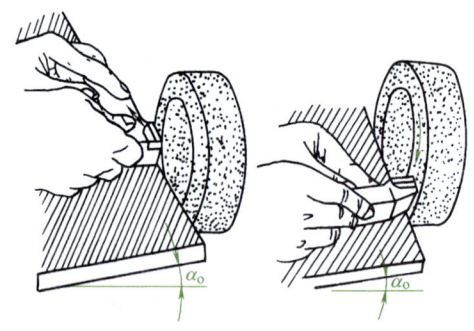

图 1-26　精磨主后角和副后角

7）磨过渡刃。过渡刃有直线形和圆弧形两种。其刃磨方法和精磨后面时基本相同。刃磨车削较硬材料的车刀时，也可以在过渡刃上磨出负倒棱。对于大进给量车刀，可用相同的方法在副切削刃上磨出修光刃，采用的砂轮与精磨后面时相同，如图1-28所示。

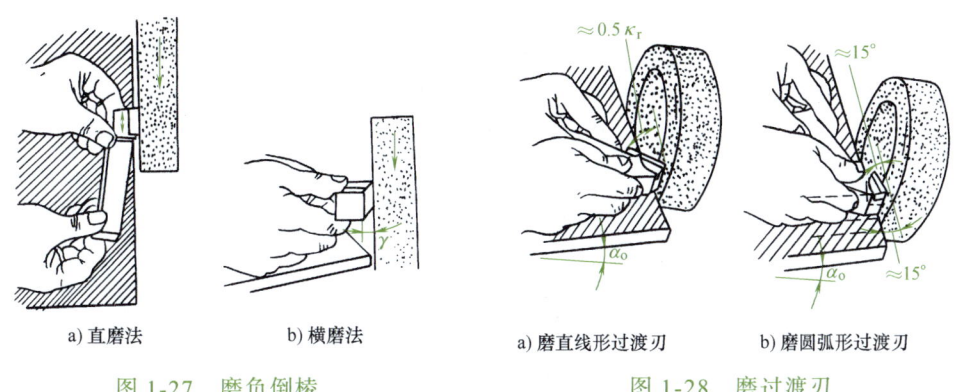

图 1-27 磨负倒棱　　　　　图 1-28 磨过渡刃

2. 车刀的手工研磨

刃磨后的切削刃有时不够平滑光洁，刃口呈锯齿形。使用这样的车刀，切削时会直接影响工件的表面粗糙度，而且会降低车刀寿命。对于硬质合金车刀，在切削过程中还容易产生崩刃现象。所以，对于手工刃磨后的车刀，应用磨石进行研磨，研磨后的车刀应消除刃磨后的残留痕迹。

用磨石研磨车刀时，手持磨石要平稳，如图 1-29 所示。磨石与车刀的被研磨表面接触时，要贴平需要研磨的表面平稳移动，向前推时用力，向回拉时不用力。研磨后的车刀，其切削刃的表面粗糙度应满足要求。

3. 车刀角度的测量

车刀刃磨后，必须测量角度是否合乎要求。其测量方法一般有两种。

（1）用样板测量　用样板测量车刀角度的方法如图 1-30 所示。先用样板测量车刀的后角（α_o），然后检验楔角（β_o），如果这两个角度已合乎要求，那么前角（γ_o）也就正确了，这是因为 $\gamma_o = 90° - (\alpha_o + \beta_o)$。

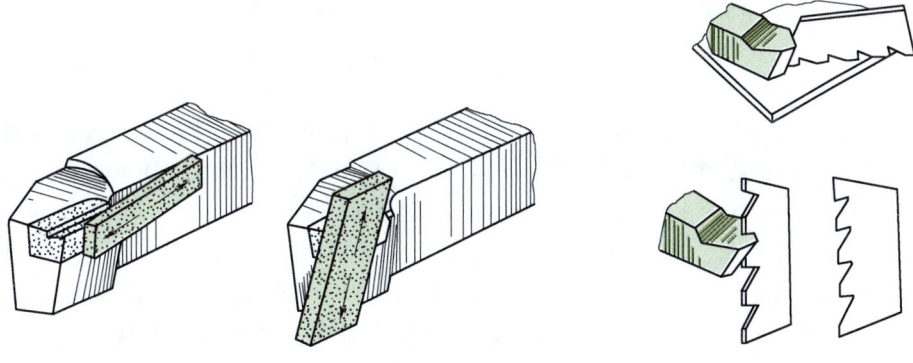

图 1-29 用磨石研磨车刀　　　　　图 1-30 用样板测量车刀角度的方法

（2）用车刀量角器测量　角度要求准确的车刀，可用车刀量角器进行测量，用量角器测量车刀角度的方法如图 1-31 所示。

图 1-32 是用车刀量角器测量车刀角度的主视图和俯视图。其中，角度板既可以借助丝杠螺母升降，也可以绕立柱任意旋转，靠板可以绕轴 A 旋转。

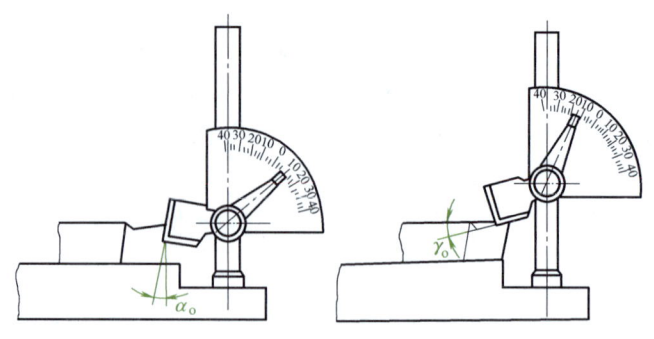

图 1-31　用量角器测量车刀的角度

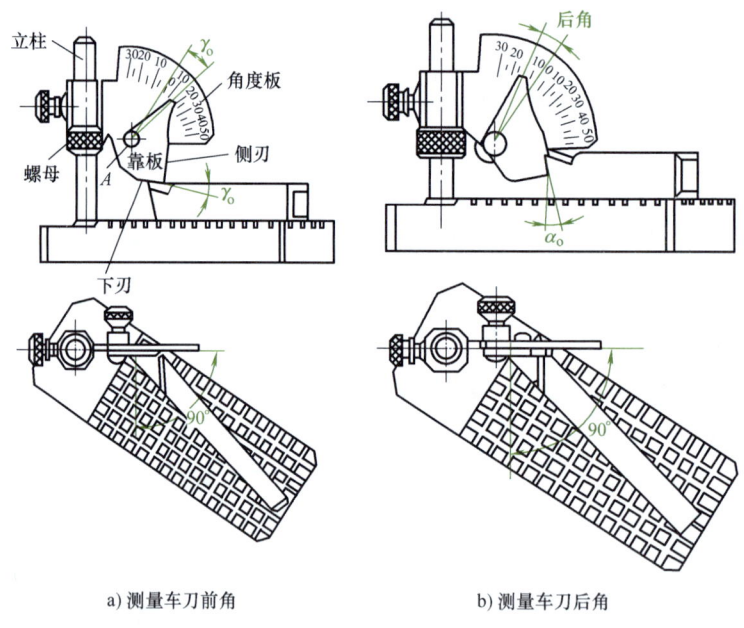

a) 测量车刀前角　　　b) 测量车刀后角

图 1-32　用车刀量角器测量车刀角度的方法

1) 前角（γ_o）的测量。先把车刀放在量角器上，旋转角度板，使图 1-32a 俯视图中的主切削刃和角度板的投影成 90°角；再旋转螺母，调整角度板的高度，使靠板的下刃和前面重合无缝，这时在角度板上可以读出前角（γ_o）的数值。

2) 后角（α_o）的测量。后角的测量方法基本上与前角一样，如图 1-32b 所示。所不同的是，测量后角时，要让靠板的侧刃紧靠在后面上，这时在角度板上可以读出后角（α_o）的数值。车刀的刃倾角、主偏角、副偏角、副后角也可以在上述量角器上测量出来。

4. 刃磨时的注意事项和安全知识

为了保证刃磨质量和刃磨安全，必须做到以下几点：

1) 新装的砂轮必须经过严格检查。未装新砂轮前，要先用硬木轻轻敲击，试听是否有碎裂声。安装时，必须保证装夹牢靠，运转平稳，磨削表面不应有过大的跳动。砂轮的旋转速度应根据砂轮允许的线速度（一般 35m/s）选取，过高会爆裂伤人，过低又会影响刃磨的效率和质量。

2）砂轮磨削表面必须经常修整，使砂轮的外圆及端面没有明显的跳动。平形砂轮一般可用"砂轮刀"进行修整，杯形细砂轮可用金刚石笔或硬砂条进行修整。

3）必须根据车刀材料来选择砂轮种类，否则达不到良好的刃磨效果。

4）刃磨硬质合金车刀时，不能把刀头部分浸入水中冷却，以防止刀片因突然冷却而破裂。刃磨高速钢车刀时，不能过热，应随时用水冷却，以防止切削刃退火。

5）刃磨时，砂轮的旋转方向必须是由刃口向刀体方向转动，以免造成切削刃出现锯齿形缺陷。

6）在平形砂轮上刃磨时，应尽量避免使用砂轮的侧面；在杯形砂轮上刃磨时，不要使用砂轮的外圆或内圆。

7）刃磨时，手握车刀要平稳，压力不能过大，要不断左右移动，一方面使刀具受热均匀，防止硬质合金刀片产生裂纹或高速钢车刀退火；另一方面使砂轮不致因固定磨某一处，而在表面出现凹槽。

8）角度导板必须平直，转动的角度要求正确。

9）刃磨结束后，应随手关闭砂轮机电源。

10）刃磨时，操作者应尽量避免正对着砂轮，应站在砂轮的侧面，这样可以防止磨粒飞入眼内或万一砂轮碎裂飞出伤人。刃磨时，最好戴好防护眼镜，如果磨粒飞入眼中，不能用手去擦，应立即去卫生室清除。

11）刃磨时不能用力过猛，以免由于打滑而磨伤手指。

12）砂轮必须装有防护罩。

13）刃磨用的砂轮，不准磨其他物件。

1.3 车削加工知识

1.3.1 车削运动和三个表面

1. 车削运动

在切削过程中，为了切除多余的金属，必须使工件和刀具作相对切削运动。在车床上用车刀切除工件上多余金属的运动称为车削运动。车削运动可分为主运动、进给运动和辅助运动，如图1-33所示。

（1）主运动 直接切除工件上的切削层，使之转变为切屑，从而形成新表面的运动称为主运动。车削时，工件的旋转运动是主运动。通常主运动的速度较高，消耗的切削功率较大。

（2）进给运动 在切削运动中，能使新的切削层不断地投入切削的运动，叫进给运动。它分为吃刀运动和进给运动。吃刀运动是控制切削刃切入深度的运动，多数情况下是间歇的。进给运动是沿着所要形成的工件表面的运动。切削过程中车刀的纵向或横向移动是进给运动。

（3）辅助运动 为切削创造条件的运动，称为"辅助

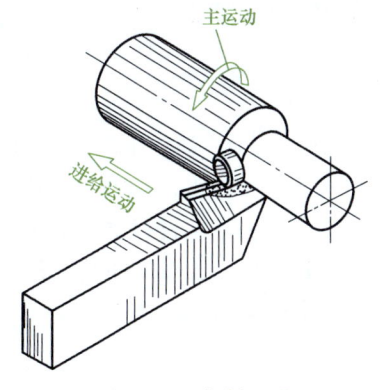

图1-33 车削运动

运动",如进刀、退刀、回程等。在通常情况下,往往使切削运动重复多次(如车削外圆时多次进给),才能得到所需要的精度尺寸。为了重复而进行的切削运动、刀具返回和快速靠近工件等,这些都是辅助运动。

2. 切削过程中工件上的三个表面

在车削工件时,车刀在工件上形成了三个表面,即已加工表面、过渡表面和待加工表面。

(1)已加工表面 已经切去多余金属而形成的新表面。

(2)待加工表面 即将被切去金属层的表面。

(3)过渡表面 车刀切削刃正在车削的表面,它是已加工表面和待加工表面之间的过渡表面。图1-34所示是几种车削加工时,在工件上形成的三个表面。

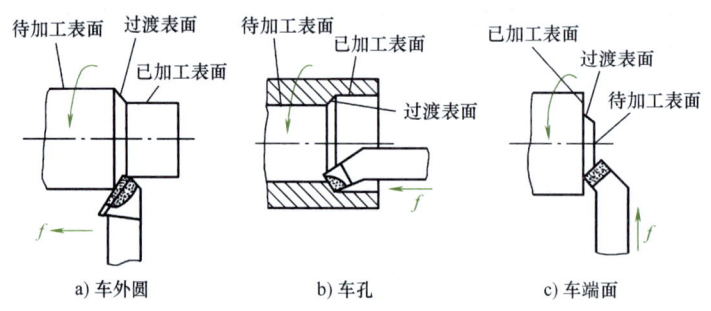

图 1-34 车削过程中工件上形成的表面

1.3.2 切削用量的选择

切削用量是在切削加工过程中的切削速度、进给量、背吃刀量的总称。合理地选用切削用量能有效地提高生产率。

1. 背吃刀量(a_p)

背吃刀量是指在通过切削刃基点并垂直于工作平面的方向上测量的吃刀量,对车削而言是指工件上已加工表面和待加工表面之间的垂直距离,如图1-35所示。

也就是每次车刀切入工件的径向深度(单位:mm)。背吃刀量的计算公式如下

$$a_p = \frac{d_w - d_m}{2} \quad (1\text{-}1)$$

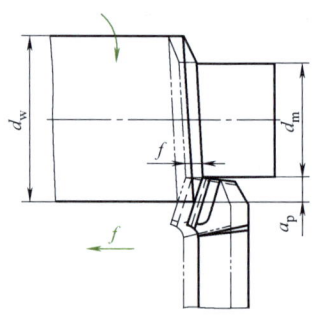

图 1-35 背吃刀量和进给量

式中 a_p——背吃刀量(mm);

d_w——工件待加工表面的直径(mm);

d_m——工件已加工表面的直径(mm)。

[例1] 已知工件的直径为100mm,现用一次进给车削至直径为94mm,求背吃刀量。

解 根据式(1-1)

$$a_p = \frac{d_w - d_m}{2} = \frac{100\text{mm} - 94\text{mm}}{2} = 3\text{mm}$$

2. 进给量（f）

刀具在进给运动方向上相对工件的位移量，可用刀具（或工件）每转（或每行程）的位移量来表达和度量。对车削而言，进给量是指工件每转一转，车刀沿进给方向移动的距离，如图1-35所示。它是衡量进给运动大小的参数（单位：mm/r）。

进给量有纵向进给量和横向进给量两种：沿车床床身导轨方向的是纵向进给量；垂直于车床床身导轨方向的是横向进给量。

3. 切削速度（v_c）

切削速度是指切削刃选定点相对于工件的主运动的瞬时速度，也可以理解为，车刀在1min内车削工件表面的理论展开直线长度（假设切屑无变形或收缩），如图1-36所示。它是衡量主运动大小的参数（单位：m/min）。

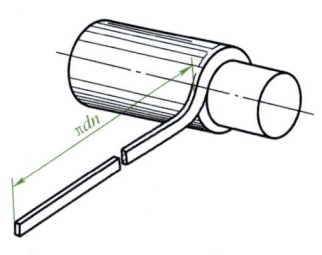

图1-36 切削速度示意图

切削速度的计算公式如下

$$v_c = \frac{\pi d n}{1000} \tag{1-2}$$

式中 v_c——切削速度（m/min）；

d——切削刃选定点（或刀具）的直径（mm）；

n——车床主轴的每分钟转速（r/min）。

车削时，工件作旋转运动，不同直径处的各点切削速度不同。在计算时，应以最大的切削速度为准。如车外圆时就应将工件待加工表面直径代入式（1-2）中计算。

[**例2**] 车削直径为100mm的工件时，车床主轴的转速为300r/min，求切削速度。

解 根据式（1-2），

$$v_c = \frac{\pi d n}{1000} = \frac{3.14 \times 100 \text{mm} \times 300 \text{r/min}}{1000} = 94.2 \text{m/min}$$

在实际生产中，往往是已知工件直径，并根据工件材料、刀具材料和加工性质等因素选定切削速度，再将切削速度换算成车床主轴转速，以便调整机床，这时可把式（1-2）改写成

$$n = \frac{1000 v_c}{\pi d} \tag{1-3}$$

或

$$n = \frac{318 v_c}{d} \tag{1-4}$$

[**例3**] 车削直径为260mm的工件时，选用的切削速度为90m/min，求车床主轴的转速。

解 根据式（1-3），

$$n = \frac{1000 v_c}{\pi d} = \frac{1000 \times 90 \text{m/min}}{3.14 \times 260 \text{mm}} = 110 \text{r/min}$$

1.3.3 切削液的选择

1. 切削液的种类

车削时常用的切削液有乳化液和切削油两大类。

（1）乳化液　乳化液是向乳化油中加入90%~98%（质量分数）的水稀释而成的。这类切削液的比热容较大，黏度小，流动性好，可以吸收大量的热量。使用这类切削液主要是为了冷却刀具和工件，延长刀具寿命，减少热变形。但因其中大量是水，所以润滑和防锈性能较差。

（2）切削油　切削油是由矿物油和少量添加剂组成的，其主要成分是矿物油，少数采用动物油和植物油。这类切削液的比热容较小，黏度较大，流动性差，主要起润滑作用。

2. 切削液选择的方法

切削液选择的一般原则是：

（1）根据加工性质选用

1）粗加工时，加工余量和切削用量较大，产生大量的切削热，因而会使刀具磨损加快，这时应选用以冷却为主的乳化液。

2）精加工时，主要为了保证工件的精度和表面粗糙度，延长刀具寿命，最好选用切削油或高浓度的乳化液。

3）钻削、铰削和深孔加工时，刀具在半封闭状态下工作，排屑困难，切削热不能迅速传散，容易使切削刃烧伤并增大工件的表面粗糙度值。应选用黏度较小的乳化液和切削油，并应加大流量和压力，一方面进行冷却、润滑，另一方面把切屑冲洗出来。

（2）根据工件材料选用　钢件粗加工一般用乳化液，精加工时用切削油。铸铁、铜及铝等脆性材料，由于切屑碎末会堵塞冷却系统，容易使机床磨损，因而一般不加切削液。但精加工时，为了减小表面粗糙度值，可采用黏度较小的煤油或7%~10%（质量分数）的乳化液。切削非铁金属时，不宜采用含硫的切削液，以免腐蚀工件。切削镁合金时，不能用切削液，以免燃烧起火，必要时可使用压缩空气。使用切削液时还必须注意以下几点：

1）乳化液必须用水稀释（水的质量分数一般为90%~98%）后才能使用。

2）切削液必须浇注在切屑形成区和刀头上。

3）硬质合金刀具因其耐热性好，一般不加切削液，必要时也可采用低浓度的乳化液。但切削液必须从开始切削就连续充分地浇注，如果断续使用，硬质合金刀片会因骤冷而产生裂纹。

1.3.4 切屑的种类及断屑措施

1. 切屑的类型

车削时，在车刀切削刃的切割和前面的推挤作用下，被切削的金属层会产生变形、剪切滑移而变成切屑。由于工件材料的性质不同、车削条件不同，车削过程中的滑移变形程度也不相同，因此就产生了以下四种类型的切屑（图1-37）。

（1）带状切屑（图1-37a）　带状切屑是最常见的一种切屑。该切屑呈连续不断的带状或螺旋状，它与前面接触的底面比较光滑，外表面为毛茸状，无明显的裂纹。一般在加工塑性金属材料时，因其背吃刀量较小、切削速度较高、刀具前角较大，在终剪切面上的剪应力未达到工件材料的强度极限，故容易形成这类切屑。形成带状切屑的切削过程较平稳，切削力变化小，因此工件的表面粗糙度值较小。但如果产生连续不断的带状切屑，容易发生事故，应采取断屑措施。

（2）挤裂切屑（图1-37b） 挤裂切屑的内表面有时有裂纹，外表面呈锯齿形。这类切屑大部分是由于切削速度较低，背吃刀量较大，刀具前角较小，导致切屑剪切滑移量较大，在局部地方达到了破裂强度而形成的。

（3）粒状切屑（图1-37c） 如果挤裂切屑整个剪切面上的剪应力超过了材料的破裂强度，裂纹贯穿了切屑的横断面，切屑便呈分离的颗粒状，形成粒状切屑。

（4）崩碎切屑（图1-37d） 切削脆性金属材料时，由于材料的塑性很小，抗拉强度较低，刀具切入后，靠近切削刃和前面的局部金属未经塑性变形就被挤裂或脆断，形成不规则的崩碎切屑。工件材料越硬越脆，刀具前角越小，切削厚度越大，越容易产生这类切屑。崩碎切屑与刀具前面的接触长度较短。切削力、切削热集中在切削刃附近，使刀具容易磨损和崩刃。

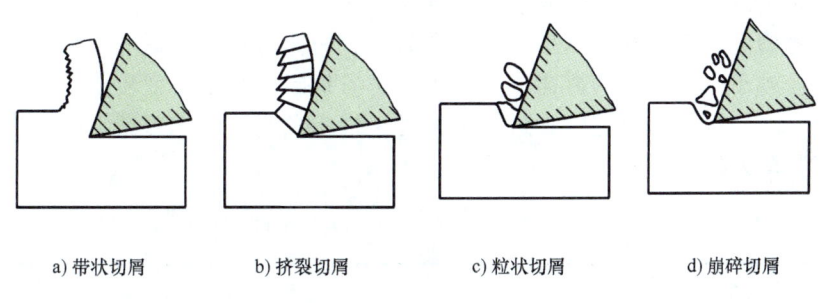

图1-37 切屑的类型

2. 切屑的形状

按切屑形成的过程，切屑分成带状、挤裂状、粒状和崩碎状四类。但在实际生产中，由于工件材料、刀具几何形状和切削用量的不同，所产生的切屑形状也不同。切屑的形状一般有带状切屑、C形切屑、崩碎切屑、螺卷切屑、长螺卷屑、发条状卷屑和宝塔状卷屑等，如图1-38所示。

高速切削塑性金属材料时，若没有采取适当的断屑措施，易形成带状切屑。带状切屑经常会缠绕在工件或刀具上，擦伤工件表面或打坏刀具切削刃，甚至会伤人，所以在车削加工时应尽量避免形成带状切屑。

车削一般的碳钢或合金钢工件时，采用带断屑槽的车刀易形成C形切屑。C形切屑不会缠绕在工件和刀具上，也不容易伤人，是一种较好的屑形。但C形切屑多

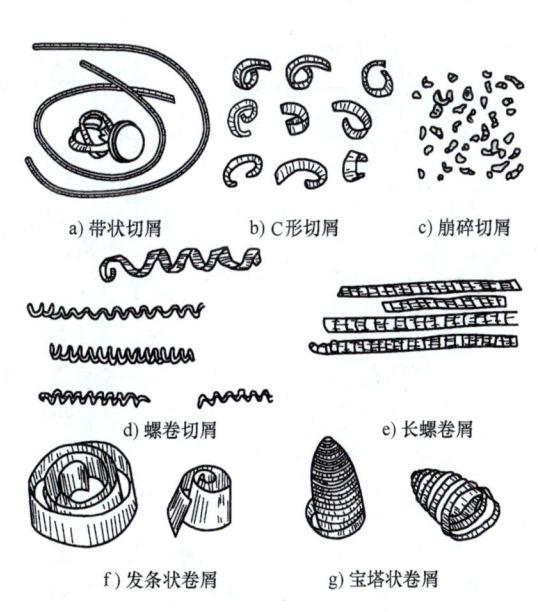

图1-38 切屑的各种形状

数是碰撞在车刀后面或在工件表面上折断,有时会将车刀后面挖出一个凹抗,影响刀头强度。C形切屑的高频率碰撞和折断会影响切削过程的平稳性,对工件的表面质量有一定的影响。所以,精车时希望形成长螺卷屑,使切削过程比较平稳。

长螺卷屑的形成过程比较平稳,清理也方便,在卧式车床车削时是一种比较好的屑形。但形成长螺卷屑时,要求必须严格控制刀具的几何参数和切削用量。

在车床上切断或车槽时,希望切屑直接排出后再卷曲,最后形成宝塔状卷屑。这种切屑也比较安全,既不会缠绕在工件和刀具上,也不会使切屑卷曲堆挤在断屑槽中而造成打刀。车孔时形成宝塔状卷屑也是有利的。

在重型车床上用大背吃刀量、大进给量车削碳钢工件时,切屑又宽又厚,若形成C形切屑则容易损伤切削刃,甚至会飞溅伤人。所以,通常将刀具断屑槽的槽底半径加大,使切屑卷曲成发条状,在工件表面上顶断,并靠自身重力坠落。

3. 切屑的控制

车削塑性金属材料时,根据加工要求来可靠地控制切屑的流向、卷曲和折断,是一个十分重要的问题。影响断屑的因素很多,主要有以下几方面:

(1)断屑槽的宽度　在断屑槽的几何参数中,槽宽对断屑的影响很大。槽宽越小,切屑的卷曲半径越小,切屑上的弯曲应力越大,越易折断。对于硬度较低的工件材料,槽应选得窄些,反之,槽应选得宽些;进给量大时,槽应宽些;背吃刀量大时,槽也应适当加宽。硬质合金车刀的断屑槽尺寸见表1-9。

表1-9　硬质合金车刀的断屑槽尺寸　　　　（单位:mm）

背吃刀量 a_P	断屑槽尺寸				
	0.15~0.3mm/r	0.3~0.45mm/r	0.45~0.7mm/r	0.7~0.9mm/r	
	$l_{Bn} \times c_{Bn}$				
~1	1.5×0.3	2×0.4	3×0.5	3.25×0.5	
1~4	2.5×0.5	3×0.5	4×0.6	4.5×0.6	
4~9	3×0.5	4×0.6	4.5×0.6	5×0.6	

背吃刀量 a_P/mm	进给量 f/(mm/r)				
	0.3	0.4	0.5~0.6	0.6~0.7	0.9~1.2
	r_{Bn}				
2~4	3	3	4	5	6
5~7	4	5	6	8	9
7~12	5	8	10	12	14

直线形
$b_{\gamma 1}=(0.5\sim 0.8)f$
$\gamma_{o1}=-10°\sim -5°$

圆弧形
$c_{Bn}=0.5\sim 1.3$mm(由所取的前角值决定);
断屑槽宽度l_{Bn}是在断屑槽半径r_{Bn}和深度c_{Bn}下形成的自然圆弧

（2）断屑斜角　断屑槽的后棱与主切削刃在前面上的投影所夹的锐角叫断屑斜角，用 $\rho_{B\gamma}$ 表示，如图 1-39 所示。

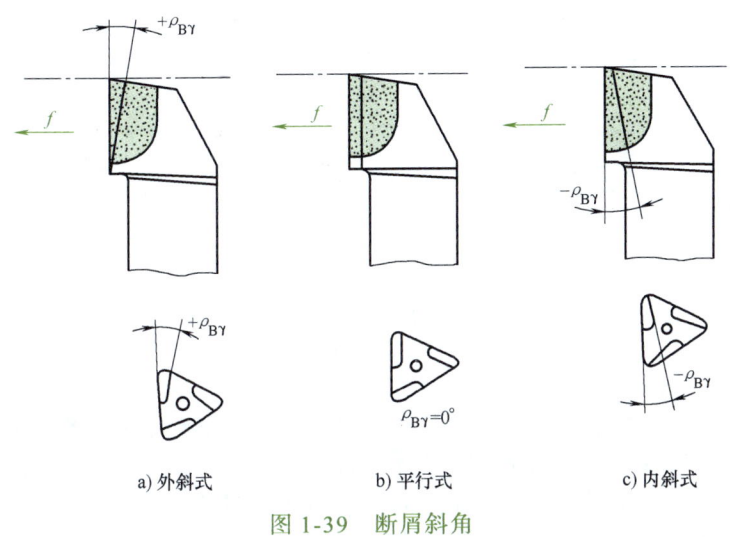

a) 外斜式　　b) 平行式　　c) 内斜式

图 1-39　断屑斜角

1）外斜式（图 1-39a）的主要特点是断屑槽前宽后窄，前深后浅。在靠工件外圆表面处的切削速度最高而槽最窄，切屑最先卷曲，且卷曲半径小，变形大，切屑容易翻到车刀后面上折断，而形成 C 形切屑。切削中碳钢时，一般取断屑斜角 $\rho_{B\gamma}=8°\sim10°$；切削合金钢时，为了增大切屑变形，可取 $\rho_{B\gamma}=10°\sim15°$。在中等背吃刀量时，采用外斜式断屑槽断屑效果较好。

2）平行式（图 1-39b）断屑槽形成的切屑变形量不如外斜式大，切屑大部分是碰到工件的加工表面后折断。切削中碳钢时，平行式的断屑效果与外斜式基本相同，但进给量应略加大些，以增大切屑的附加卷曲变形量。切削合金钢时，为了增大切屑的变形量，一般不采用平行式。

3）内斜式（图 1-39c）内斜式断屑槽的特点是前窄后宽。在外圆表面后面最宽，而在刀尖处最窄。所以切屑常常在刀尖处卷曲成小卷，而在后面卷曲成大卷。当主切削刃的刃倾角 $\lambda_s=3°\sim5°$ 时，切屑容易形成卷得较紧的长螺卷屑，到一定长度后靠自身重力和旋转折断。但形成长螺卷屑的切削用量范围较小，主要适用于半精车和精车，斜角 $\rho_{B\gamma}$ 一般取 $8°\sim10°$。

（3）切削用量　切削用量中对断屑影响最大的是进给量，其次是背吃刀量和切削速度。

1）进给量增大时，切屑的厚度随之增大，切屑上的弯曲应力也随之增大，比较容易断屑。当进给量很小时，切屑厚度也很小，在刃口附近排出而脱离前面，很可能碰不到断屑槽台阶，或者即使相碰，也会因为产生的弯曲应力很小而不足以使切屑折断。所以增大进给量是实现断屑的有效措施之一。

2）背吃刀量主要通过影响出屑角（η）而影响断屑。当背吃刀量很小（图 1-40a）时，切屑在流出过程中很可能碰不到断屑槽台阶，因此不易折断；当背吃刀量较小（图 1-40b）时，切屑虽有可能碰到断屑槽台阶，但因出屑角较大，翻转后的切屑不易碰到障碍物，因此也不易折断；当背吃刀量较大（图 1-40c）时，出屑角小，切屑翻转后碰到车刀后面或工件而较易折断。

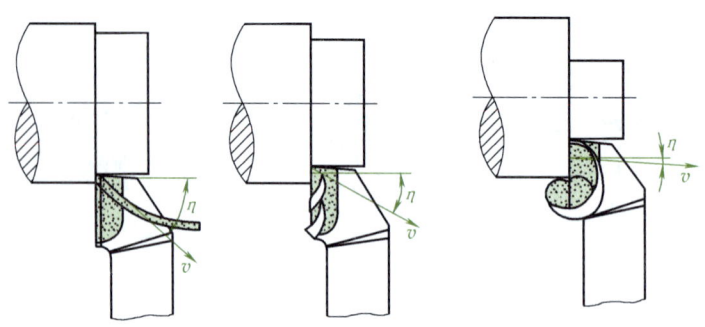

a) 背吃刀量很小，出屑角小　b) 背吃刀量较小，出屑角大　c) 背吃刀量较大，出屑角小

图 1-40　背吃刀量对出屑角的影响

3）切削速度对断屑的影响较小。当进给量和背吃刀量较小时，提高切削速度，切削温度升高，切屑的塑性增大，变形减小，不易断屑。当进给量和背吃刀量较大时，由于断屑槽台阶起主要作用，所以切削速度对断屑的影响就不明显了。

（4）刀具几何角度　主偏角对断屑有较明显的影响，因为主偏角影响切屑厚度和切削宽度。在已选定进给量和背吃刀量的条件下，主偏角越小，则切屑厚度越小，切屑宽度越大，切屑越不易折断。反之，主偏角越大，越容易断屑。因此，在相同的切削条件下，选用较大的主偏角对断屑有利。其次，减小前角后也容易断屑。通常当刃倾角的绝对值加大时，切屑比较容易折断。

（5）工件材料　工件材料是否容易断屑，是由其本身的力学性能决定的。对于切削强度高、塑性大、韧性高的金属材料，如合金钢、不锈钢、纯铜等，较难断屑；对于切削强度低、塑性小、韧性低的金属材料，如灰铸铁、铸铜、易切削钢等，较易断屑。为了达到断屑的目的，可对工件材料进行适当的热处理，使其塑性降低。

（6）切削液　切削液可降低切削温度，使切屑变得硬而脆，容易折断。影响断屑的因素很多，且每种因素都有一定的规律性。但各种因素对断屑的影响不是孤立的，而是互相联系的。必须根据具体的加工对象和条件，合理地选择刀具的几何形状和切削用量，才能得到满意的断屑效果。

1.4　公差配合与技术测量知识

1.4.1　尺寸公差、几何公差、表面粗糙度的标注方法及含义

1. 公差与配合的基本术语

（1）公称尺寸　公称尺寸是设计中给定的尺寸。

（2）实际尺寸　工件加工完成后，通过测量所得的尺寸是实际尺寸，每个工件的实际尺寸一般都是不相同的。

（3）极限尺寸　允许工件的实际尺寸变化的两个界限值，其中较大的一个尺寸称为上极限尺寸，较小的一个尺寸称为下极限尺寸。

（4）尺寸偏差（简称偏差） 尺寸偏差是指某一尺寸减去公称尺寸所得的代数差。尺寸偏差有上极限偏差、下极限偏差和实际偏差。其中，上极限尺寸减公称尺寸所得的代数差，称为上极限偏差；下极限尺寸减其公称尺寸所得的代数差，称为下极限偏差。

（5）尺寸公差（简称公差） 尺寸公差是指允许尺寸变动的量，是上极限尺寸与下极限尺寸所得的代数差，也是上极限偏差与下极限偏差所得的代数差。由于上极限尺寸总是大于下极限尺寸，因此公差总是正值，且不能为零。

（6）尺寸公差带（简称公差带） 公差带是表示公差大小和相对于零线位置的一个区域。公差 = 上极限尺寸 - 下极限尺寸，或公差 = 上极限偏差 - 下极限偏差。

图 1-41 表示了一对互相结合的孔与轴的公称尺寸、极限尺寸、偏差、公差的相互关系。

只画出孔和轴的上、下极限偏差围成的方框简图，称为公差带图，如图 1-42 所示。在公差带图中，零线是表示公称尺寸的一条直线。当零线画成水平线时，正偏差位于零线的上方，负偏差位于零线的下方。

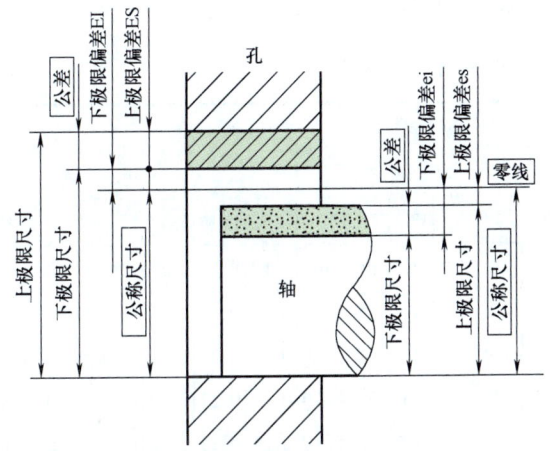

图 1-41 孔和轴的尺寸、尺寸偏差及公差

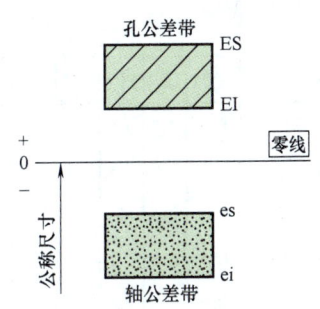

图 1-42 公差带表示法

例如，图 1-43 中轴的各尺寸的数值及含义。

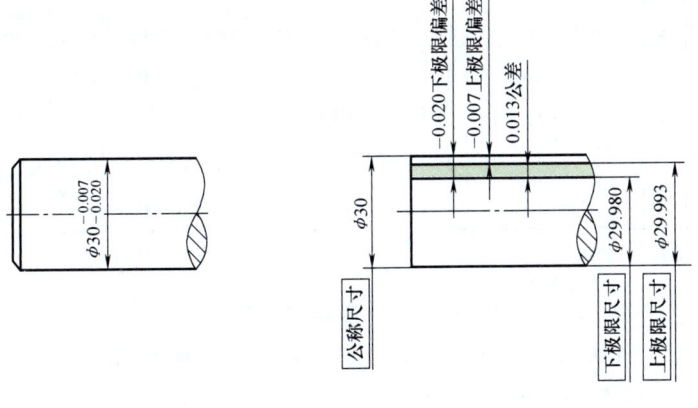

a) 公称尺寸及偏差　　b) 极限尺寸及公差

图 1-43 公称尺寸与极限尺寸

公称尺寸：φ30mm

极限尺寸：上极限尺寸为 φ30mm-φ0.07mm=φ29.993mm

下极限尺寸为 φ30mm-φ0.20mm=φ29.980mm

尺寸偏差：上极限偏差 =φ29.993mm － φ30mm= -0.007mm

下极限偏差 =φ29.980mm － φ30mm=-0.020mm

尺寸公差：公差 = φ29.993mm － φ29.980mm=0.013mm

或 公差 = [-0.007-（-0.020）]mm = 0.013mm

实际尺寸：实际尺寸减去公称尺寸的代数差称为实际偏差。工件尺寸的实际偏差在上、下极限偏差之间均为合格，如图 1-43 所示，轴 φ30mm 的上极限尺寸为 φ29.993mm，下极限尺寸为 φ29.980mm。实际尺寸只要在这两个极限尺寸之间均为合格。

2. 标准公差

（1）标准公差（IT） 标准公差的数值由公称尺寸和公差等级来决定。其中，公差等级是确定尺寸精确程度的等级。标准公差分为 20 级，即 IT01，IT0，IT1，…，IT18。其尺寸精确程度从 IT01 到 IT18 依次降低。标准公差数值见表 1-10。

表 1-10 标准公差数值 （单位：μm）

公称尺寸/mm	标准公差等级																		
	μm											mm							
	IT01	IT0	IT1	IT2	IT3	IT4	IT5	IT6	IT7	IT8	IT9	IT10	IT11	IT12	IT13	IT14	IT15	IT16	IT17	IT18
≤3	0.3	0.5	0.8	1.2	2	3	4	6	10	14	25	40	60	0.10	0.14	0.25	0.40	0.60	1.0	1.4
>3～6	0.4	0.6	1	1.5	2.5	4	5	8	12	18	30	48	75	0.12	0.18	0.30	0.48	0.75	1.2	1.8
>6～10	0.4	0.6	1	1.5	2.5	4	6	9	15	22	36	58	90	0.15	0.22	0.36	0.58	0.90	1.5	2.2
>10～18	0.5	0.8	1.2	2	3	5	8	11	18	27	43	70	110	0.18	0.27	0.43	0.70	1.10	1.8	2.7
>18～30	0.6	1	1.5	2.5	4	6	9	13	21	33	52	84	130	0.21	0.33	0.52	0.84	1.30	2.1	3.3
>30～50	0.6	1	1.5	2.5	4	7	11	16	25	39	62	100	160	0.25	0.39	0.62	1.00	1.60	2.5	3.9
>50～80	0.8	1.2	2	3	5	8	13	19	30	46	74	120	190	0.30	0.46	0.74	1.20	1.90	3.0	4.6
>80～120	1	1.5	2.5	4	6	10	15	22	35	54	87	140	220	0.35	0.54	0.87	1.40	2.20	3.5	5.4
>120～180	1.2	2	3.5	5	8	12	18	25	40	63	100	160	250	0.40	0.63	1.00	1.60	2.50	4.0	6.3
>180～250	2	3	4.5	7	10	14	20	29	46	72	115	185	290	0.46	0.72	1.15	1.85	2.90	4.6	7.2
>250～315	2.5	4	6	8	12	16	23	32	52	81	130	210	320	0.52	0.81	1.30	2.10	3.20	5.2	8.1
>315～400	3	5	7	9	13	18	25	36	57	89	140	230	360	0.57	0.89	1.40	2.30	3.60	5.7	8.9
>400～500	4	6	8	10	15	20	27	40	63	97	155	250	400	0.63	0.97	1.55	2.50	4.00	6.3	9.7

注：1mm 以下无 IT14～IT18

（2）基本偏差 基本偏差用来确定公差带相对零线的大小，也是指上、下两个极限偏差中靠近零线的那个偏差。即当公差带位于零线上方时，基本偏差为下极限偏差；当公差带位于零线下方时，基本偏差为上极限偏差，如图 1-44 所示。

国家标准对孔和轴均规定了 28 个不同的基本偏差。基本偏差代号用拉丁字母表示，大写字母表示孔，小写字母表示轴。

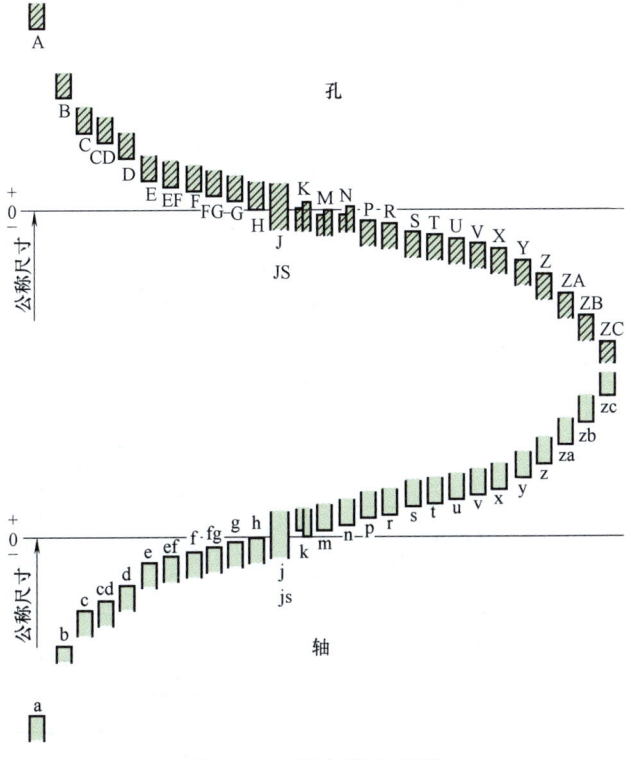

图 1-44 基本偏差系列

根据国家标准 GB/T 1804—2000《一般公差 未注公差的线性和角度尺寸的公差》一般选用"m"级。

3. 配合的类别

公称尺寸相同的、相互结合的孔和轴公差带之间的关系，称为配合。根据使用的要求不同，孔和轴之间的配合有松有紧，因而国家标准规定，配合分为三类，即间隙配合、过盈配合、过渡配合，如图 1-45 所示。

1）间隙配合：具有间隙（包括最小间隙等于 0）的配合称为间隙配合。

2）过盈配合：具有过盈（包括最小过盈等于 0）的配合称为过盈配合。

3）过渡配合：可能具有间隙或过盈的配合称为过渡配合。

4. 几何公差

几何公差与尺寸公差一样，是衡量产品质量的重要技术指标之一。工件机械加工完毕以后，不但

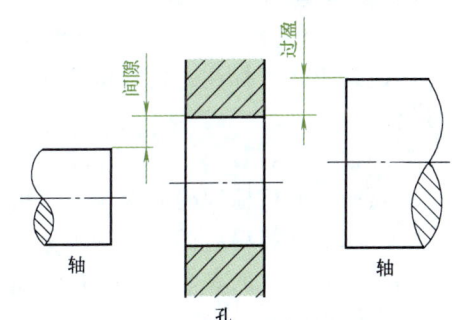

图 1-45 间隙与过盈

尺寸产生误差，工件的实际几何形状、尺寸相对理想的几何形状、尺寸也会产生偏差，即几何公差。在机械加工中，不但对工件尺寸误差进行限制，还必须根据工件的使用要求，规定出合理的几何误差变动范围，以确保工件的使用性能。

（1）几何公差 几何特征符号分为形状、方向、位置和跳动公差四大类，见表 1-11。

表 1-11　几何特征符号

公差类型	几何特征	符号	有无基准
形状公差	直线度	—	无
	平面度	▱	无
	圆度	○	无
	圆柱度	⌭	无
	线轮廓度	⌒	无
	面轮廓度	⌓	无
方向公差	平行度	∥	有
	垂直度	⊥	有
	倾斜度	∠	有
	线轮廓度	⌒	有
	面轮廓度	⌓	有
位置公差	位置度	⊕	有或无
	同心度	◎	有
	同轴度	◎	有
	对称度	≡	有
跳动公差	圆跳动	↗	有
	全跳动	⌰	有

（2）几何公差各项目的意义　国家标准（GB/T 1182—2008）中，几何公差在图样中的标注采用代号标注，代号由几何特征符号、框格、指引线、公差值、基准和其他有关符号组成。

5. 表面粗糙度

（1）表面粗糙度的概念　表面粗糙度是一种微观的几何形状误差。

（2）表面粗糙度的评定　国家标准规定，表面粗糙度以与高度特性有关的评定参数为主，是必须标注的参数，其他是附加评定参数。

表面粗糙度的评定参数有：轮廓的算术平均偏差（Ra）、轮廓最大高度（Rz）。在表面粗糙度的基本评定参数中，Ra 最能客观地反映表面微观的几何形状特征，在具体测量时方法简单、效率高，故国家标准推荐优先选用 Ra。

1.4.2　常用计量器具

1. 游标卡尺

（1）游标卡尺的结构　游标卡尺是车工最常用的中等精度的通用量具，其结构简单、使用方便。游标卡尺的分度值一般分为 0.01mm、0.02mm、0.05mm 和 0.10mm 四种。如图 1-46 所示，主要由尺身和游标等组成。使用时，外测量爪用来测量工件的外径和长度，内测量爪用来测量孔径和槽宽，深度尺用来测量工件的深度和台阶的长度。测量时，移动游标使量爪与工件接触。

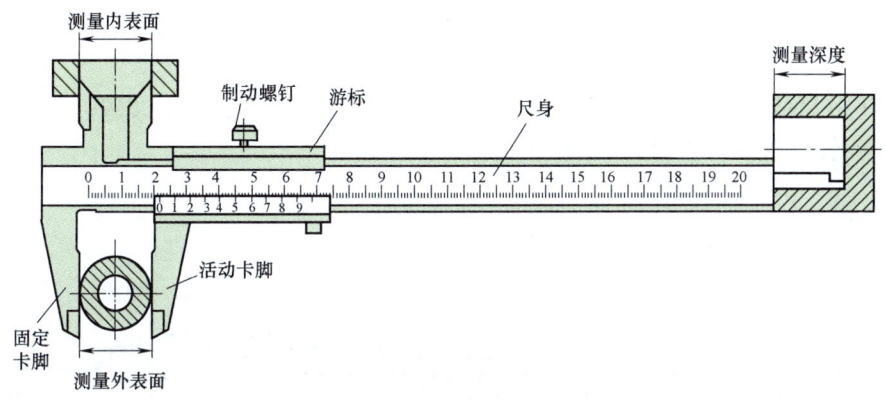

图 1-46　三用游标卡尺

（2）游标卡尺的读数原理　我们以常用的分度值为 0.02mm 的游标卡尺为例。读数原理是游标卡尺的主标尺 49mm 被游标尺 50 等分，游标尺上的每一小格宽度为 0.98mm，而主标尺上的每一小格为 1mm，两者相差 0.02mm。

（3）游标卡尺的读数方法　游标卡尺的读数分为以下三个步骤：

1）读整数。首先读出主标尺上游标"0"线左边的整数毫米值，主标尺上每格为 1mm，即读出整数值。

2）读小数。用与主标尺上某刻线对齐的游标尺上的刻线格数，乘以游标卡尺的分度值，得到小数毫米值，即读出小数部分。

3）整数加小数。最后将两项读数相加，即为被测表面的尺寸。

（4）不同精度的游标卡尺　如图 1-47 所示。

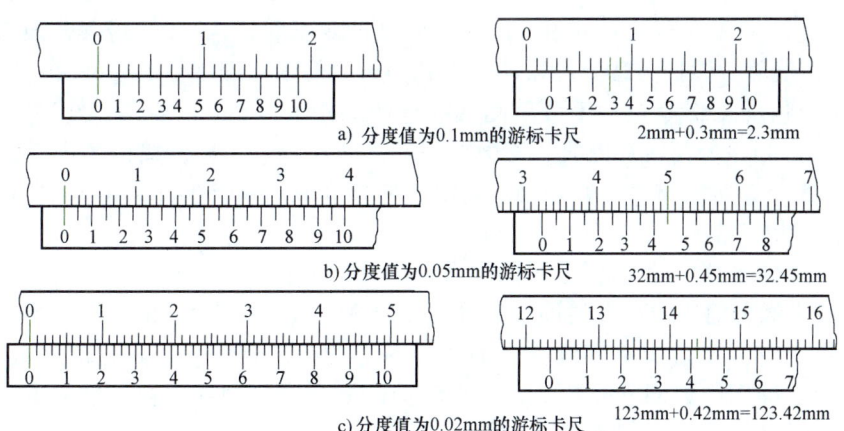

图 1-47　游标卡尺的读数方法

2. 千分尺

千分尺是生产中最常用的精密量具之一,其分度值一般为 0.01mm。为了提高测量精度,测微螺杆的移动量通常为 25mm,因此常用的千分尺测量范围分别为 0～25mm,25～50mm,50～75mm,75～100mm……每隔 25mm 为一档。根据用途的不同,千分尺的种类很多,有外径千分尺、内径千分尺、内测千分尺、深度千分尺、螺纹千分尺和壁厚千分尺等。它们虽然种类和用途不同,但都是利用测微螺杆移动的基本原理。本章先介绍外径千分尺。

(1) 千分尺的结构　外径千分尺由尺架、测砧、测微螺杆、锁紧装置、固定套管、微分筒和棘轮等组成。它的外形和结构如图 1-48 所示。

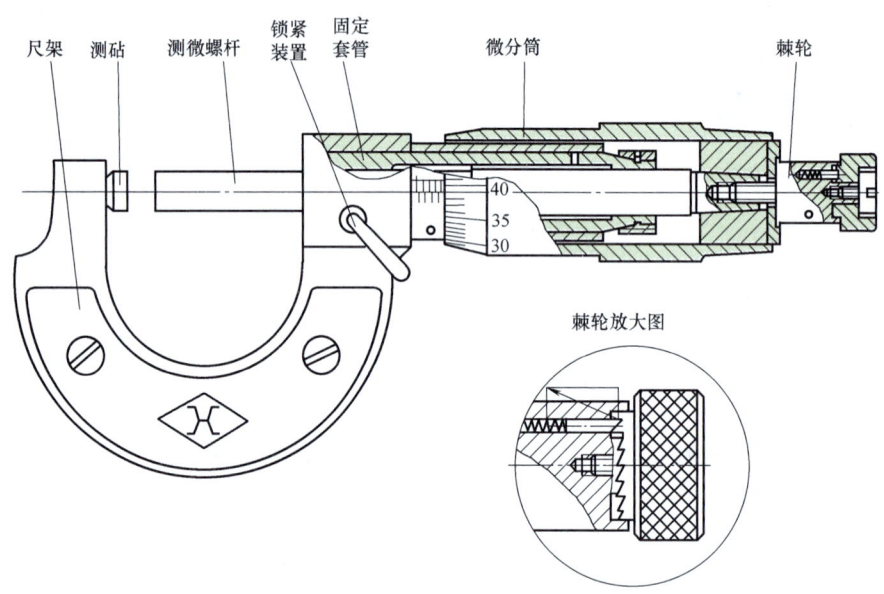

图 1-48　外径千分尺的外形和结构

测量时,为了防止尺寸变动,锁紧装置通过偏心锁紧测微螺杆。千分尺在测量前,必须校正零位。如果零位不准,可用专用扳手转动固定套管。当 "0" 线偏离较多时,可松开紧固装置,使测微螺杆与微分筒松动,再转动微分筒来对准零位。

(2) 千分尺的工作原理　千分尺测微螺杆的螺距为 0.5mm,固定套筒上直线距离每格为 0.01mm。当微分筒转一周时,测微螺杆就移动 0.5mm。微分筒的圆周斜面上共刻 50 格,因此当微分筒转一格时(1/50r),测微螺杆移动 0.5mm/50=0.01mm,所以常用千分尺的测量精度为 0.01mm。

(3) 千分尺的读数方法　千分尺的读数方法分三步:

1) 先读出微分筒边线最近的固定套管的轴向刻度数(应为 0.5mm 的整数倍)。

2) 再读出与固定套管基准线重合的微分筒上的圆周刻度数(转过的格数),并乘以 0.01mm。为了确定小数部分的数值,读数时应从固定套筒中线下侧刻线看起,如果微分筒的旋转位置超过半格,读出的小数应加 0.5mm。

3) 将整数部分和小数部分相加,即为被测工件的尺寸。

图 1-49 是千分尺所表示的尺寸。图 1-49a 为 12.24mm，图 1-49b 为 32.65mm（图中小数部分大于 0.5mm，所以由微分筒圆周刻线上读得 0.15mm 之外，还应加上 0.5mm）。

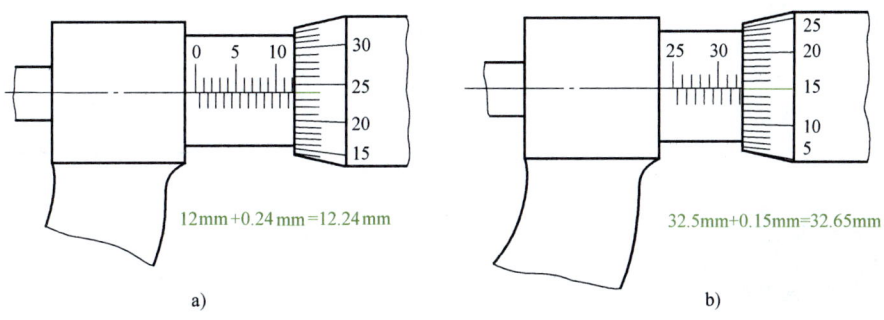

图 1-49 千分尺的读数

项目 2

相关工种基础知识

思维导图

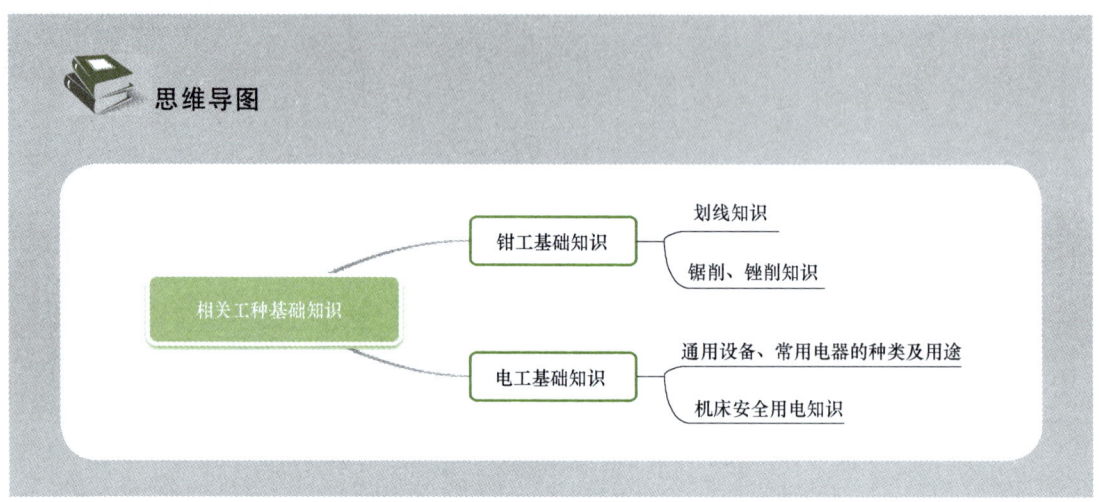

2.1 钳工基础知识

2.1.1 划线知识

1. 划线前的准备工作

划线的质量将直接影响工件的加工质量,要保证划线质量,就必须做好划线前的有关准备工作。

1)清理工件:对于铸、锻毛坯件,应将型砂、毛刺、氧化皮除掉,并用钢丝刷刷净;对于已生锈的半成品需将浮锈刷掉。

2)分析图样,了解工件的加工部位和要求,选择好划线基准。

3)在工件的划线部位,按工件材料不同,涂上合适的涂料。

4)擦干净划线平板,准备好划线工具。

2. 安全文明生产要点

1)熟练掌握各种划线工具的使用方法,特别对一些精密的划线工具。

2)工具要合理放置,左、右手用的工具应分别放置在左、右两边。

3)在较大的工件上划线,在调整时应用起重设备吊置,并在工件下面准备好垫铁等,以保证安全。

3. 划线的步骤

1)看清楚图样,详细了解工件上需要划线的部位;明确工件及其划线的有关部分的作用和要求；了解有关的加工工艺。

2）选定划线基准。

3）初步检查毛坯的误差情况。

4）正确安放工件和选用刀具。

5）划线。

6）详细检查划线的准确性以及是否有线条漏划。

7）在线条上打样冲眼。

划线工作要求认真和细致，尤其是立体划线，往往比较复杂，还必须具备一定的加工工艺和结构知识，才能完全胜任，所以要通过实践锻炼来逐步提高。

2.1.2 锯削、锉削知识

1．锯削

用手锯对材料或工件进行分割或切槽等的加工方法叫锯削。

（1）手锯　**手锯是钳工用来进行锯削的手动工具。它由锯弓和锯条两部分组成。**

1）锯弓。锯弓是用来张紧锯条的，有固定式和可调节式两种，如图2-1所示。固定式锯弓只能安装一种长度的锯条，如图2-1a所示；可调节式锯弓则通过调整可以安装几种长度的锯条，如图2-1b所示。这种锯弓的两端各有一个夹头，锯条上的销孔装进锯弓销子后，再旋紧锯弓上的蝶形螺母就可把锯条拉紧。

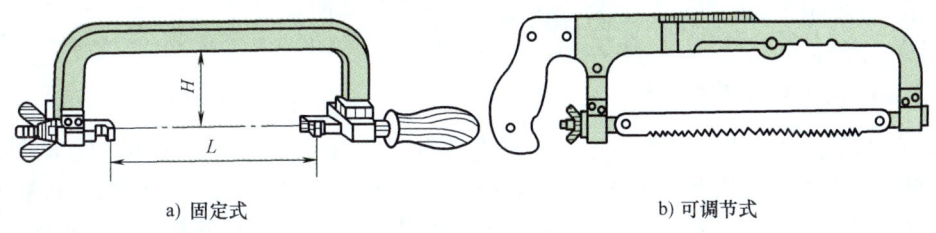

a) 固定式　　　　　　　　b) 可调节式

图2-1　锯弓的构造

2）锯条。锯条一般用渗碳低碳钢冷轧而成，也有用碳素工具钢或合金钢制成的，并经热处理淬硬。**锯条的长度是以两端安装孔的中心距来表示的，钳工常用300mm的锯条。**

① 锯齿的角度（图2-2）。锯条的切削部分是由许多锯齿组成的，相当于一排同样形状的錾子。由于锯割时要求获得较高的工作效率，必须使切削部分具有足够的容屑槽，因此锯齿的后角较大。为了保证锯齿具有一定的强度，楔角也不宜太小。

② 锯路。锯条的许多锯齿在制造时按一定的规则左右错开，排列成一定的形状，称为锯路。锯路有交叉形和波浪形等，如图2-3所示。锯条有了锯路后，使工件上的锯缝宽度大于锯条背的厚度，这样，锯割时锯条既不会被卡住，又能减小锯条与锯缝之间的摩擦阻力，工作就比较顺利，锯条也不致因过热而加快磨损。

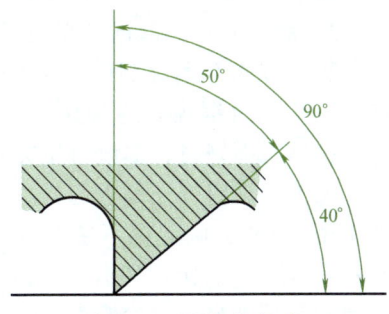

图2-2　锯齿的角度

③ 锯齿的粗细。锯齿的粗细是用锯条上每25mm长度内的齿数多少来表示的，目前有14、18、24和32齿等几种，分别为粗齿、中齿、细齿和极细齿。

（2）锯条的选用　锯削时，锯条的粗细应根据锯削材料的性质（软硬）和锯削面的厚、薄、宽、窄来选择。

粗齿锯条的容屑槽较大，适应锯削软材料和锯削面较大的工件。因为每锯一次的切屑较多，粗齿的容屑槽大，不致因堵塞而影响切削效率。

细齿锯条适于锯削硬材料，因其不易锯入，每锯一次的切屑较少，不致堵塞容屑槽，选用细齿锯条可使同时参加切削的齿数增加，从而使每齿的切削量减少，材料容易被切除，锯削比较省力，锯齿也不易磨损。对于锯削面较小（薄）的工件，如锯削管子和薄板时，必须选用细齿锯条，否则锯齿很容易被钩住以致崩齿。

（3）锯削的方法

1) 锯弓的握法。手握锯弓的姿势如图2-4所示。锯削时，推力和压力主要由右手控制，左手所加压力不要太大，主要起扶正锯弓的作用。

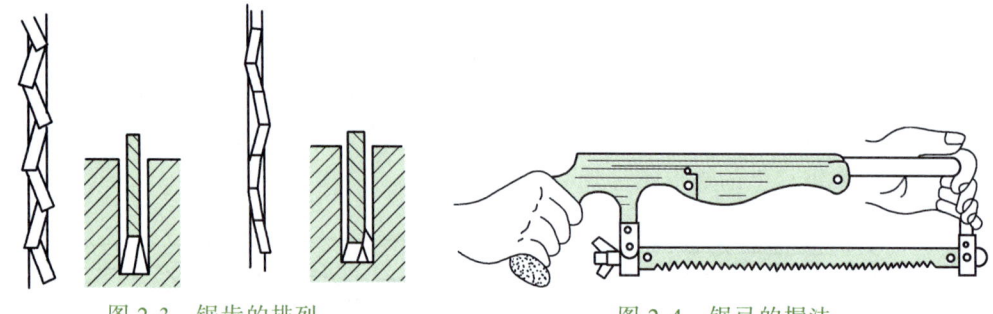

图2-3　锯齿的排列　　　　图2-4　锯弓的握法

2) 锯弓的运动方式。锯弓的运动方式有两种：一种是直线往复运动，此方法适用于锯缝底面要求平直的直槽和薄型工件；另一种是摆动式，锯削时锯弓的两端可自然上下摆动，手锯在回程中，不应施加压力，以免锯齿磨损，这样可减少切削阻力，使操作自然，两手不易疲劳，提高工作效率。

锯割的速度以20~40次/min为宜。锯削软材料时可以快些，锯削硬材料时应该慢些。速度过快，锯条发热严重，容易磨损。必要时可加液冷却，以减轻锯条的磨损。

在锯削时，应使锯条的全部长度都参与切削。若只集中于局部长度使用，则锯条的使用寿命将相应缩短。一般往复长度应不小于锯条全长的2/3。

3) 起锯方式。起锯是锯削工作的开始。起锯质量的好坏，将直接影响锯削的质量。

起锯方式有远起锯（图2-5a）和近起锯（图2-5b）两种。一般情况下采用远起锯较好，因为此时锯齿是逐步切入材料的，锯齿不易被卡住，起锯比较方便。如果采用近起锯，则掌握不好时，锯齿由于突然切入较深的材料，容易被工件棱边卡住甚至崩断。

无论用远起锯还是近起锯，起锯的角度α均要小，以不超过15°为宜。如果起锯角太大（图2-5c），则起锯不易平稳，尤其是近起锯时，锯齿更易被工件棱边卡住。但起锯角也不宜太小，如接近平锯时，由于锯齿与工件同时接触的齿数较多，不易切入材料，经过多次起锯后就容易发生偏离，使工件表面锯出许多锯痕，影响表面质量。

为了起锯平稳和准确，也可用手指挡住锯条，使锯条保持在正确的位置上起锯，如图2-5d所示。起锯时，施加的压力要小，往复行程要短，这样就容易准确地起锯了。

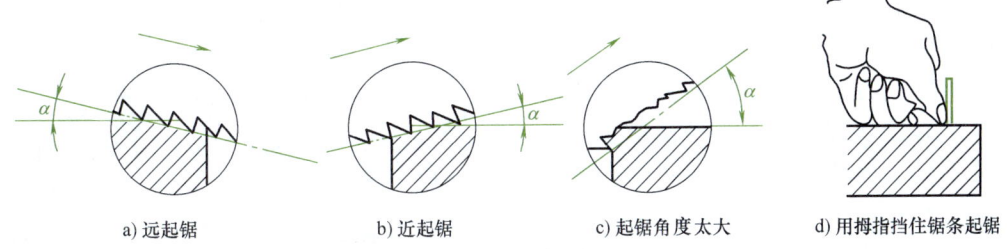

图 2-5　起锯方法

（4）锯削时容易产生的问题　锯削时，由于安装锯条和使用不正确造成锯条损坏，常见的锯条损坏有锯条锯齿崩裂、锯条折断、锯齿过早磨损。而由于操作者的使用不当造成锯缝产生歪斜，将尺寸锯小或超出要求范围。还有在起锯时把工件表面锯坏，影响工件的质量。

2．锉削

用锉刀对工件表面进行切削加工，使工件达到所要求的尺寸、形状和表面粗糙度，这种工作称为锉削。锉削的尺寸精度可达 0.01mm，表面粗糙度可达 $Ra0.8\mu m$。锉削的工作范围较广，可以锉削工件的外表面、内孔、沟槽和各种形状复杂的表面。在现代工业生产条件下，仍有一些不便于机械加工的场合需要锉削来完成，所以锉削仍是钳工的一项重要的基本操作。

（1）锉刀

1）锉刀的构造。锉刀是锉削的刀具。锉刀用高碳工具钢 T12 或 T13 制成，并经热处理淬硬，其硬度应在 62～67HRC。锉刀各部分的名称如图 2-6 所示。

锉刀的规格一般用长度表示，有 100mm（4in）、150 mm（6in）、200 mm（8in）等。圆锉刀的规格以直径大小表示，方锉的规格以方形尺寸表示。

2）锉刀的种类。锉刀共分普通锉、特种锉和整形锉（什锦锉）3 类。

普通锉按其断面形状的不同分为扁锉（板锉）、方锉、三角锉、半圆锉和圆锉 5 种，如图 2-7 所示。

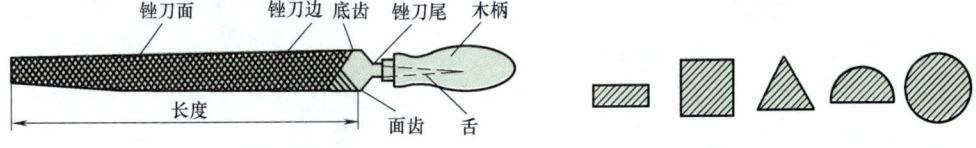

图 2-6　锉刀各部分的名称　　　　图 2-7　普通锉的断面形状

（2）锉刀的选择　每种锉刀都有它适当的用途，如果选择不当，就不能充分发挥它的效能或过早地丧失切削能力。因此，锉削前必须正确地选择锉刀。

锉刀粗细取决于工件加工余量的大小、加工精度和表面粗糙度值的大小、工件材料的性质。粗锉刀适用于锉削加工余量大、加工精度和表面粗糙度要求不高的工件，而细锉刀适用于锉削加工余量小、加工精度和表面粗糙度要求较高的工件。

锉削软材料时，如果没有专用的软材料锉刀，则只能选用粗锉刀。用细锉刀锉软材料时，则由于容屑空间小，很易被切屑堵塞而失去切削能力。

锉刀断面形状的选择，取决于工件加工表面的形状。图 2-8 所示为不同工件加工表面形状所适用的各种锉刀。

（3）锉刀的握法、锉削的姿势和速度 钳工要掌握锉削技能和提高锉削质量，必须要有正确的握持锉刀姿式、正确锉削姿势、合适的锉削力和锉削速度。

1）锉刀的握法。正确地握持锉刀有助于提高锉削质量。锉刀的种类较多，所以锉刀的握法必须随着锉刀的大小、使用的地方不同而改变。较大锉刀的握法如图 2-9 所示。其握法是，用右手握着锉刀柄，柄端顶住拇指根部的手掌，拇指放在锉刀柄上，其余手指由下而上地握着锉刀柄，如图 2-9a 所示。左手在锉刀上的放法有三种，如图 2-9b 所示。两手结合起来握锉姿势如图 2-9c 所示。

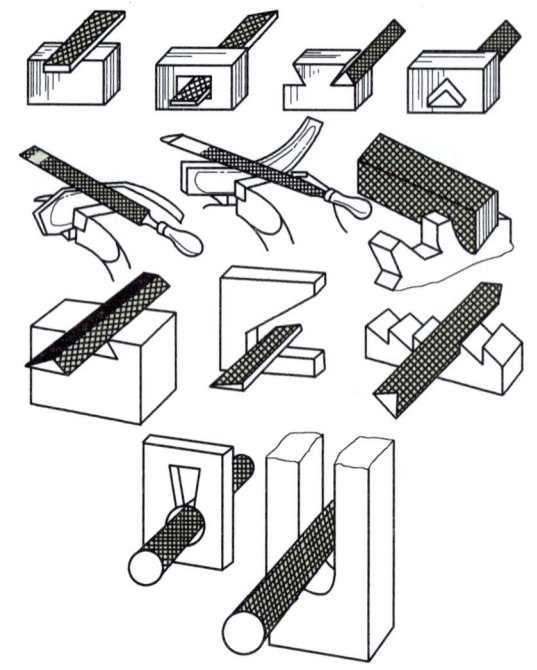

图 2-8　不同表面的锉削

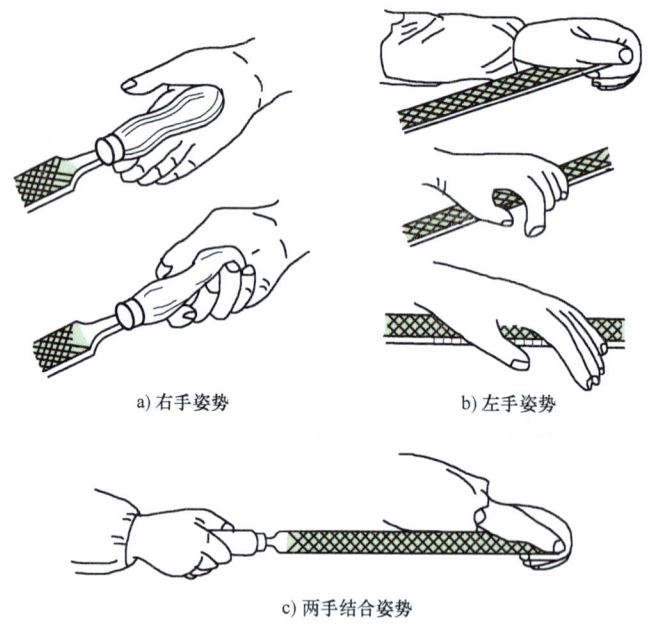

a) 右手姿势　　b) 左手姿势

c) 两手结合姿势

图 2-9　较大锉刀的握法

2）锉削姿势。锉削时，人的站立位置与錾削时相似，站立要自然并便于用力，以能适应不同的锉削要求为准。锉削时，身体的重心要落在左脚上，右膝伸直，左膝随锉削时的往复运动而屈伸。锉刀向前锉削的动作过程中，身体和手臂的运动情况如图 2-10 所示。

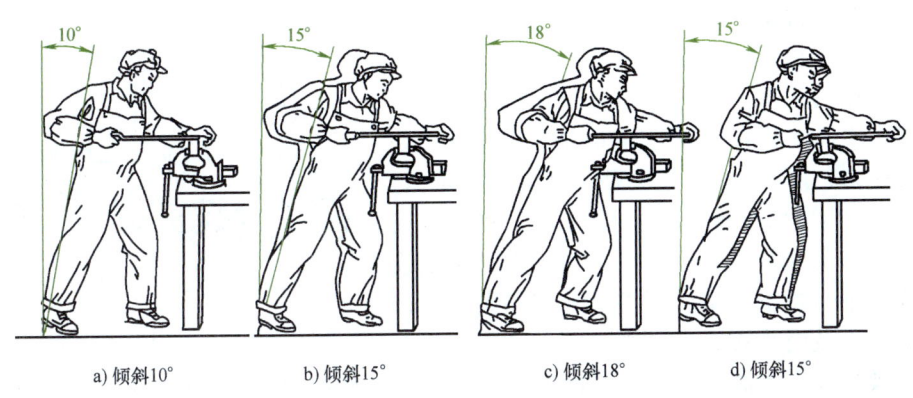

a) 倾斜10°　　b) 倾斜15°　　c) 倾斜18°　　d) 倾斜15°

图 2-10　锉削的姿势

开始时,身体向前倾斜 10° 左右,右肘尽量向后收缩(图 2-10a);最初 1/3 行程时,身体前倾到 15° 左右,左膝稍有弯曲(图 2-10b);锉第二个 1/3 行程时,右肘向前推进锉刀,身体逐渐倾斜到 18° 左右(图 2-10c);锉最后 1/3 行程时,右肘继续向前推进锉刀,身体自然地退回到 15° 左右(图 2-10d);锉削行程结束后,手和身体都恢复到原来姿势,同时,锉刀略提起退回原位。

3)锉削力的运用和锉削速度。推进锉刀时,两手加在锉刀上的压力应保证锉刀平稳而不上下摆动,这样才能锉出平整的平面。锉削速度一般为 30~60 次/min。速度太快,容易疲劳和加快锉齿的磨损。

(4)锉削方法

1)顺向挫(图 2-11):顺着同一方向对工件进行锉削是最普通的锉削方法。锉削后可得到正直的锉痕,比较整齐美观。顺向锉适用于对工件表面的精加工和锉削不大的平面。

2)交叉锉(图 2-12):从两个交叉方向对工件进行锉削。锉削时,锉刀与工件的接触面增大,锉刀容易掌握平稳,从锉痕上还能判断出锉削面的高低情况,容易把平面锉平,但进行到平面将锉削完成之前,须改用顺向锉法,使锉痕变为正直。交叉锉一般用于加工余量较多的粗加工或半精加工。

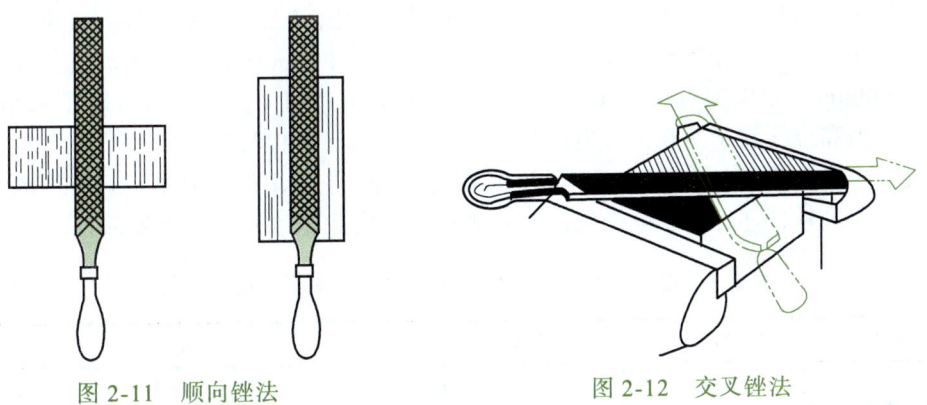

图 2-11　顺向锉法　　　　　　　　图 2-12　交叉锉法

3)推锉(图 2-13):用两手对称地横握持锉刀,用拇指推锉刀顺着工件长度方向进行锉削。这种方法只适合于锉削狭长平面和修正尺寸。

（5）锉削时常见的缺陷

1）工件夹坏。精加工过的表面被台虎钳口夹出伤痕，其原因大多是台虎钳口没有加保护片（钳口为铜或木块等较软的材料）。有时虽有保护片，如果工件较软而夹紧力过大，也会使工件表面夹坏。

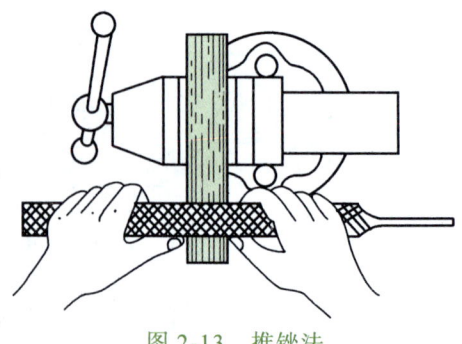

图 2-13　推锉法

2）尺寸和形状不准确。锉削时尺寸和形状尚未准确，而加工余量已经没有了。其原因除了划线不正确或锉削时检查测量有误差外，多半是由于锉削量过大又不及时检查，以致锉过了尺寸界限。此外，由于操作技术不高或选用了中凹的再生锉刀，而使锉刀的平面产生中凸，有时也会造成废品。

3）表面粗糙度。由于表面粗糙度较差而产生废品的原因有以下几种：
① 精加工（精锉）余量太少。
② 在精锉时仍采用较粗的锉刀。
③ 粗锉时，锉痕太深，以致在精锉时也无法去除粗痕。
④ 切屑嵌在锉纹中未及时清除，而把表面拉毛。

2.2　电工基础知识

在使用机床的过程中，有时会遇到一些较小的电气故障，在对机床进行保养，如电器的清洁等时都会与电气元器件接触，所以对车床操作人员来说，适当地了解一些电工常识很有必要。以下介绍一些常用的电气元器件。

2.2.1　通用设备、常用电器的种类及用途

1. 异步电动机

（1）异步电动机的分类　异步电动机的品种繁多，按不同特征可作以下分类。按电动机外壳的不同防护形式，可分为开启式、防护式、封闭式及全封闭式等。按定子铁心外圆尺寸的大小，可分为小型电动机（外圆尺寸为 120～500mm）、中型电动机（外圆尺寸为 500～990mm）和大型电动机（外圆尺寸为 1000mm 以上）。按电动机转子的结构形式，可分为笼型和绕线转子两类。按电源相数可分为三相和单相两类。

（2）异步电动机的参数　三相异步电动机的铭牌上除了标有制造厂名、产品编号、出厂年月、重量外，还标出了电动机的型号规格、额定数据以及一些主要的技术，见表 2-1。

表 2-1　电动机的型号规格、额定数据、主要的技术参数

型号	Y180M2-4	功率	18.5kW	电压	380V
电流	35.9A	频率	50Hz	转速	1470r/min
接法	△	工作方式		防护等级	IP44
产品编号		重量			
×××电动机厂　×年×月					

1)型号。Y系列电动机型号由三部分组成,即产品代号、规格代号与特殊环境代号(GB/T 4831—2016《旋转电机产品型号编制方法》)。

例如,Y180M2-4(图2-14):

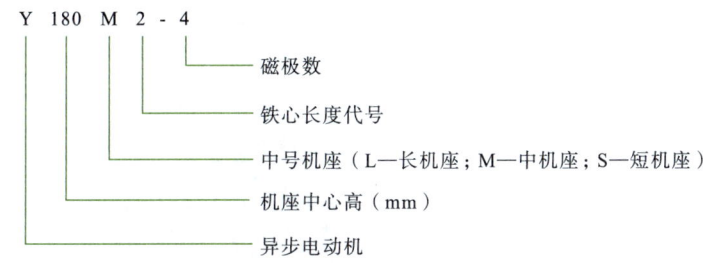

图2-14 Y系列电动机型号

2)额定功率。额定功率是指电动机在额定工作状态下运行时,转轴上所能输出的机械功率,单位为W或kW。

3)额定电压。额定电压是指电动机在额定工作状态下运行时,定子绕组规定使用的线电压,单位为V或kV。根据我国国家标准规定,电动机的电压等级分为220V、380V、3kV、6kV和10kV级,但3kV以上的电动机应用较少。

4)接法。接法是指电动机三相定子绕组的连接方式,一般有△形和Y形两种。图2-15所示为电动机定子绕组接线法。若铭牌上所标电压为380V,接法为△,则表示电动机的额定电压为380V,三框定子绕组应接成△形。

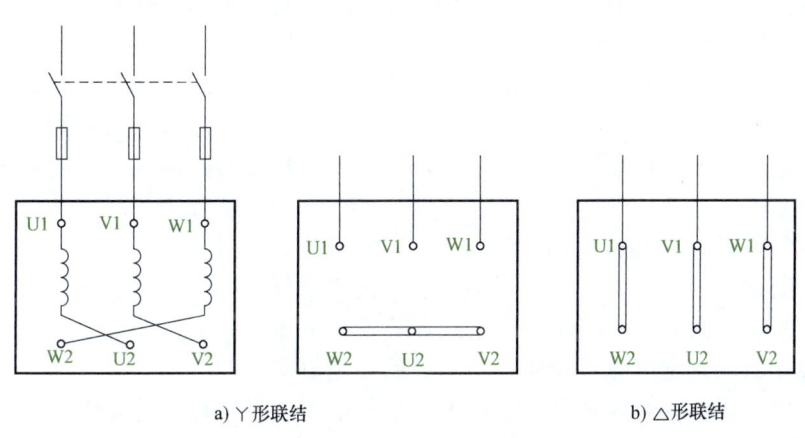

a)Y形联结　　　　b)△形联结

图2-15 电动机定子绕组接法

5)额定电流。额定电流是指电动机在额定工作状态下运行时,电源输入电动机绕组的线电流,单位为A。

6)频率。频率是指输入电动机的交流电频率,单位是赫兹(Hz)。国际上有50Hz和60Hz两种标准的频率,我国采用50Hz频率的交流电。

7)转速。转速是电动机在额定状态下运行时的转速,以每分钟的转数表示。

2. 低压断路器

低压断路器(图2-16)又称为空气开关,目前统一称为低压断路器,是低压配电网络中非常重要的一种电器。它集控制和多种保护功能于一身,除了能接通和分断电路外,还能对电路或电气设备发生的短路、严重过载及欠电压等进行保护，同时也可用于不频繁地起动的电动机。低压断路器具有操作安全、使用方便、工作可靠、安装简单、动作值可调、分断能力强、兼顾多种保护功能、动作后不需要更换元件等优点，因此应用广泛。

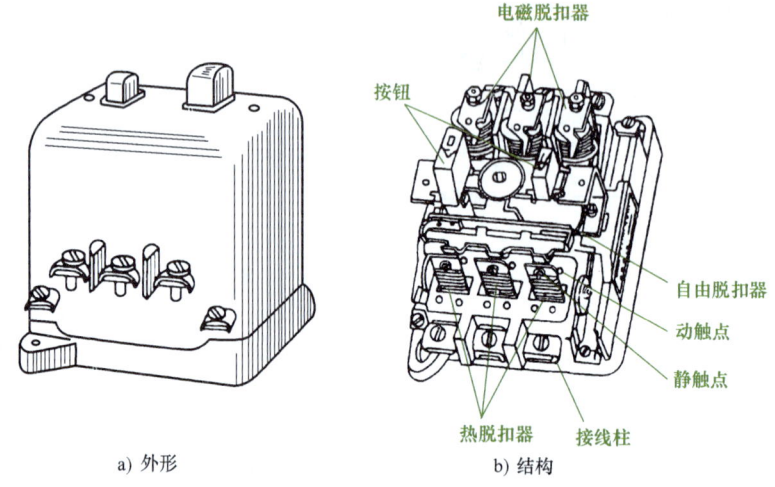

图 2-16 DZ5-20 型低压断路器

（1）低压断路器的分类
1）按极数分：单极、两极和三极。
2）按保护形式分：电磁脱扣器式、热脱扣器式、复式脱扣器式和无脱扣器式。
3）按全分断时间分：一般式和快速式（先于脱扣机构动作，脱扣时间在 0.02s 以内）。
4）按结构形式分：塑壳式、框架式、限流式、直流快速式、灭弧式和漏电保护式。

电力拖动与自动控制电路中常用的低压断路器为塑壳式，如 DZ5 系列和 DZ10 系列为小电流系列，其额定电流为 10～50A；DZ10 系列为大电流系列，其额定电流有 10A、250A 和 600A 三种。

（2）低压断路器的一般选用原则
1）低压断路器的额定工作电压不小于电路额定电压。
2）低压断路器的额定电流不小于电路计算负载电流。
3）热脱扣器的整定电流等于所控制负载的额定电流。
4）电磁脱扣器的瞬时脱扣整定电流大于负载电路正常工作时的峰值电流。

3. 熔断器

熔断器是低压配电系统和电力拖动系统中的保护电器。在使用时，熔断器串联在被保护的电路中。当该电路发生过载或短路故障时，通过熔断器的电流就达到或超过了某一规定值，以其自身产生的热量使熔体熔断而自动切断电路，起到保护作用。

（1）熔断器的分类　按照结构形式分类，熔断器可以分为半封闭插入式、无填料封闭式、有无填料封闭式和自复式四类。

（2）熔断器的结构与主要技术参数　熔断器主要由熔体、安装熔体的熔管和熔座三部分组成。其中，熔体是熔断器的主要组成部分，通常为丝状、片状和栅状。所谓熔体的额定电流，是指长时间通过熔体而不熔断的最大电流值。熔管是熔断器的另一个主要组成部分，它是熔体的外壳，用耐热绝缘材料制成，在熔体熔断时兼有灭弧作用。熔管中可装入不同电流等级的熔体，但装入的熔体额定电流不能大于熔管的额定电流值。熔管的额定电流是由熔管长期工作所允许温升决定的电流值。熔座用来固定熔管和外接引出线。

（3）熔断器的选用　熔断器和熔体用于不同的负载，其选择方法也不同，只有经过正确的选用，才能起到应有的保护作用。

1）根据使用环境和负载性质选择适当类型的熔断器。例如，对于功率较小的照明电路或电动机的简易保护，可采用半封闭式熔断器；在开关柜或配电屏中，可采用无填料封闭式熔断器；对于短路电流相当大或有易燃气体的地方，应采用有填料封闭式熔断器。

2）熔断器的额定电压必须大于或等于电路的额定电压。

3）熔断器的额定电流必须大于或等于所装熔体的额定电流。一般情况下，应按上述情况选择熔断器的额定电流，有时熔断器的额定电流可选大一级的。例如60A的熔体，既可选用60A的熔断器，也可选用100A的熔断器。

4）熔断器的分断能力应大于电路可能出现的最大短路电流。

5）熔断器在电路中，上、下两级的配合应有利于实现选择性保护。

4. 交流接触器

接触器是用来频繁地遥控接通或断开交直流主电路及大功率控制电路的自动控制电器。接触器在电路系统中的主要控制对象是电动机，也可用于控制电路设备、电焊机、电容器组等其他负载。接触器不仅能遥控通断电路，还具有欠电压保护和零电压保护功能，并且具有操作频率高、工作可靠、性能稳定、使用寿命长、维护方便等优点。

交流接触器的种类很多，常用的有CJ0及CJ10等系列，还有产品B系列、3TB等系列。

（1）接触器的分类　接触器按照主触点通过电流的种类可以分为交流接触器和直流接触器。

（2）交流接触器　CJ0系列主要由电磁机构、触点系统、灭弧装置及辅助部件等组成。

1）电磁机构。电磁机构包括线圈、静铁心和动铁心三部分。交流接触器的电磁机构在实际运行过程中，其衔铁不但受到释放弹簧及其他机械阻力的作用，同时还受到交流励磁电流过零时的影响，这些作用和影响都使衔铁有释放的趋势，从而使衔铁产生振动，发出噪声。要消除衔铁的振动和噪声，可以在铁心和衔铁的两个不同端部各开一个槽，槽内嵌装一个用铜、康铜或镍铬合金材料制成的短路环，又称减振环或分磁环。

交流接触器的线圈是利用绝缘性能较好的电磁线绕制而成的，是电磁机构动作的能源，一般并联在电源上，线圈的匝数多、阻抗大、额定电流较小。因构成磁路的铁心存在磁涡流损耗，故铁心发热是主要的，所以线圈一般做成粗而短的圆筒形且绕在绝缘骨架上，使铁心与线圈之间隔有一定间隙，这样既增加了铁心的散热面积，又能避免线圈受热损坏。

2）触点系统。C0系列交流接触器的触点一般采用双断点桥式触点。动触点桥一般用纯铜片冲压而成，并具有一定的刚性，触点块用银或银基合金制成，镶焊在触点桥的两端；静触点桥一般用黄铜板冲压而成，一端镶焊触点块，另一端为接线座。

5. 继电器

继电器是一种根据电量或非电量（如电压电流、转速、时间、温度等）的变化，接通或断开控制电路，实现自动控制并保护电力拖动装置的电器。继电器一般不用来直接控制较强电流的主电路，而主要用于反映控制信号，因此与接触器相比，继电器触点的分断能力很小，一般不设灭弧装置。

（1）继电器的分类　继电器按输入信号的性质可分为电压继电器、电流继电器、速度继电器、压力继电器等。按工作原理可分为电磁式继电器、感应式继电器、热继电器、晶体管式继电器等。按输出形式可分为有触点和无触点两类。

（2）电磁式继电器（图2-17）　电磁式继电器是应用最早的一种继电器，属于有触点自动切换电器。它广泛应用于电力拖动系统，起控制、放大、保护与调节的作用，以实现控制过程的自动化。电磁式继电器，按吸引线圈的种类可分为交流电磁继电器和直流电磁继电器，按继电器反映的参数可分为中间继电器、电流继电器、电压继电器等。中间继电器是将一个输入信号变成一个或多个输出信号的继电器。它的输入信号为线圈的通电和断电，它的输出信号是触点的动作，不同动作状态的触点分别将信号传给几个元件或回路。

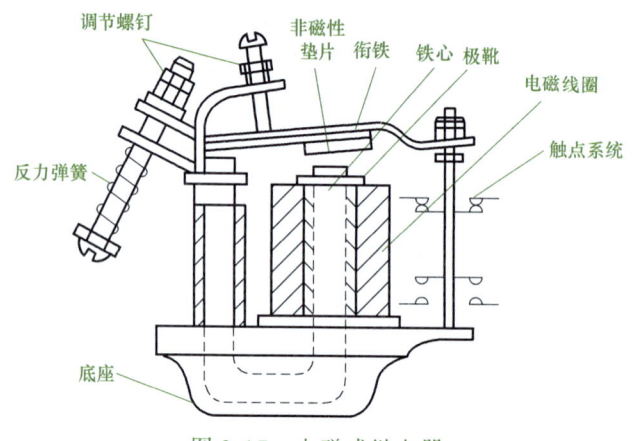

图2-17　电磁式继电器

中间继电器的基本结构及工作原理与接触器完全相同，故称为接触器式继电器。所不同的是，中间继电器的触点对数较多，并且没有主、辅之分，各对触点允许通过的电流大小是相同的，其额定电流约为5A。常用的中间继电器有JZ7、114等系列中间继电器。

（3）电流继电器　根据电流值的大小而动作的继电器称为电流继电器。电流继电器线圈串联在被测量的电路中，此时继电器所反映的是电路中电流的变化，为使串入电流继电器中的线圈不影响电路的正常工作，电流继电器的线圈匝数要少、导线要粗、阻抗要小，这样的线圈功率损耗才小。根据实际应用的要求，电流继电器可分为过电流继电器和欠电流继电器。

（4）热继电器　热继电器是利用电流的热效应来推动动作机构，使触点系统闭合或分断的保护电器，主要用于电动机的过载保护、断相保护、电流不平衡运行保护及其他电气设备发热状态的控制。

热继电器的类型有许多种，其中以双金属片式用得最多。双金属片式热继电器由加热元件、主双金属片、动作机构、触点系统、电流整定装置、复位机构和温度补偿元件等组成。热继电器的双金属片加热方式有直接加热式、间接加热式和复合加热式，其中间接加热式应用最普遍。

6．主令电器

主令电器是自动控制系统中发出指令或信号的操纵电器。由于它专门发号施令，故称主令电器，主要用来切换控制电路，使电路接通或分断，实现对电力拖动系统的控制。常用的主令电器有按钮、位置开关、接近开关等。

（1）按钮　按钮是一种手动操作接通或分断小电流控制电路的主令电器。一般情况下,不直接用它控制主电路的通断,而是主要利用按钮远距离发出手动指令或信号去控制器、继电器等电磁装置,实现主电路的分合、功能转换或电气联锁。按钮的结构一般都由按钮帽、复位弹簧、桥式动触点、静触点、外壳及支柱连杆等组成。按钮根据使用要求、安装形式、操作方式不同,可分为很多种。按钮按静态时触点的分合状况,可分为常开按钮(起动按钮)、常闭按钮(停止按钮)及复合按钮(常开、常闭组合为一体的按钮)。按钮的结构和符号如图 2-18 所示。

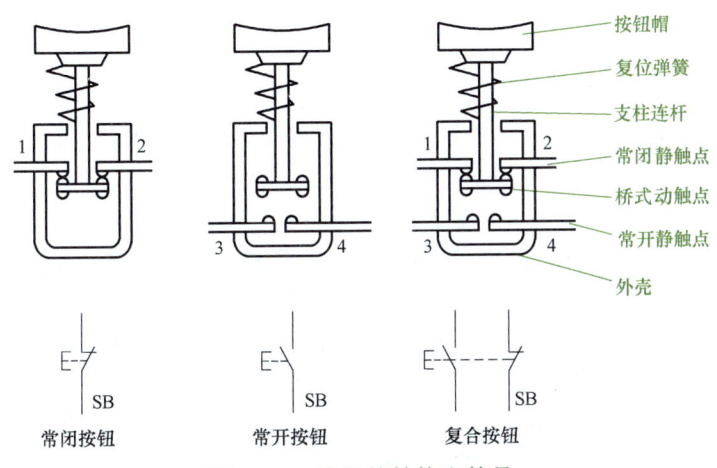

图 2-18 按钮的结构和符号

（2）位置开关　位置开关又称行程开关或限位开关,是一种很重要的小电流主令电器。位置开关利用生产设备某些运动部件的机械位移来碰撞位置开关,使其触点动作,机械信号变为电信号,接通、断开或变换某些控制电路的指令,以实现对机械的电气控制要求。通常这类开关被用来限制机械运动的位置或行程,使运动机械按一定位置或行程自动停止、反向运动、变速运动或自动往返运动等。

不同系列的位置开关的基本结构大体相同,都是由操作头、触点系统和外壳组成的。其中,操作头接收机械设备发出的动作指令或信号,并将其传递到触点系统。触点系统再将操作头传来的指令或信号,通过本身的结构功能变为电信号,输出到有关控制回路,使之做出必要的反应。

位置开关的结构形式很多,但基本以某种位置开关元件为基础,装置不同的操作头以得到各种不同的形式。按其动作及结构可分为按钮式(直动式)、旋转式(滚轮式)和微动式 3 种。按其触点动作方式可分为蠕动型和瞬动型,两种类型的触点动作速度不同。LX111 型位置开关为按钮式(直动式)蠕动型,如图 2-19 所示。

2.2.2　机床安全用电知识

一般工厂车间里都有许多的用电设备、电动机、机床等,机械设备的动力绝大多数是电能,每台机械设备都有自己的电气系统,所以每个职工接触电气设备的机会比较多。为了保证车间机床的安全用电,每位职工都应该掌握一些安全用电知识。

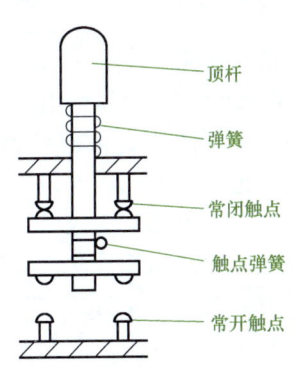

图 2-19 直动式位置开关原理图

1）车间内的电气设备，不要随便乱动。任何人不准随意乱动电气设备和开关。

2）自己经常接触和使用的配电箱、配电板、刀开关、按钮、插座、插头以及导线等，必须保持完好，不得有破损或将带电部分裸露出来。

3）非电工不准拆装、修理电气设备，若发现破损的电线、开关、灯头及插座，应及时与电工联系修理，不得带故障运行。

4）在操作刀开关、磁力开关时，必须将盖盖好，以免在短路时发生电弧或熔丝熔断飞溅伤人。

5）电气设备的外壳，应按有关安全规程进行防护性接地或接零。对于接地或接零的设施，要经常检查，保证连接牢固；接地或接零的导线不应有任何断开的地方。

6）移动某些非固定安装的电气设备时，如电风扇、照明灯、电焊机等，必须先切断电源再移动。导线要收拾好，不得在地面上拖动，以免磨损。

7）使用手电钻、砂轮等手用电动工具时，必须注意如下事项：

① 必须安装剩余电流断路器（漏电保护器），同时工具的金属外壳应进行防护性接地或接零。

② 使用单相的手用电动工具时，其导线、插头、插座必须符合单相三眼的要求；使用三相的手动电动工具时，其导线插头插座必须符合三相四眼的要求，其中一相用于防护性接零。严禁将导线直接插入插座内使用。

③ 操作时应戴好绝缘手套和站在绝缘板上。

④ 不得将工件等重物压在导线上，防止轧断导线发生触电。

8）使用的行灯要有良好的绝缘手柄和金属护罩。灯泡的金属灯口不得外露。引线要采用有护套的双芯软线，并装有"T"形插头，防止插入高电压插座上。行灯的电压一般不得超过36V，在特别危险的场所，如锅炉、金属容器内、潮湿的地沟处等，其电压不得超过12V。

9）不准使用绝缘层损坏的电气设备。

10）不准用电气设备和灯泡取暖。

11）不准私拉乱接电气线路，也不准将电气设备的电源线直接插入插座。

12）熔丝熔断，不准调换容量不符的熔丝。

13）不准擅自移动电气安全标志、围栏等安全设施。

14）不准使用检修中机器的电气设备。

15）工作台上和机床上使用的局部照明灯的电压不得超过36V。

16）进行易产生静电火灾、爆炸事故的操作时必须有良好的接地装置，及时消除聚集的静电。

17）在雷雨天，不要进入高压电杆、铁塔、避雷针的接地导线周围20m之内，以免雷击时发生跨步电压触电。

18）如遇到高压电线断落到地面上，以导线断落点为圆心，周围半径10m以内，禁止人员进入，若已进入，应用单足或并足跳离危险区，不能奔跑，以免发生跨步。

19）发生电气火灾时，应立即切断电源，用砂子、二氧化碳灭火器等灭火。切不可用有导电危险的水或泡沫灭火器灭火。救火时应注意个人防护，身体的任何部分及灭火器材不得与电线电气设备接触，以免发生危险。

20）打扫卫生、擦拭设备时，严禁用水冲洗或用湿布去擦拭，也不要用湿手和金属物去扳带电的电气开关，以免发生断路和触电事故。

项目 3 轴类工件加工

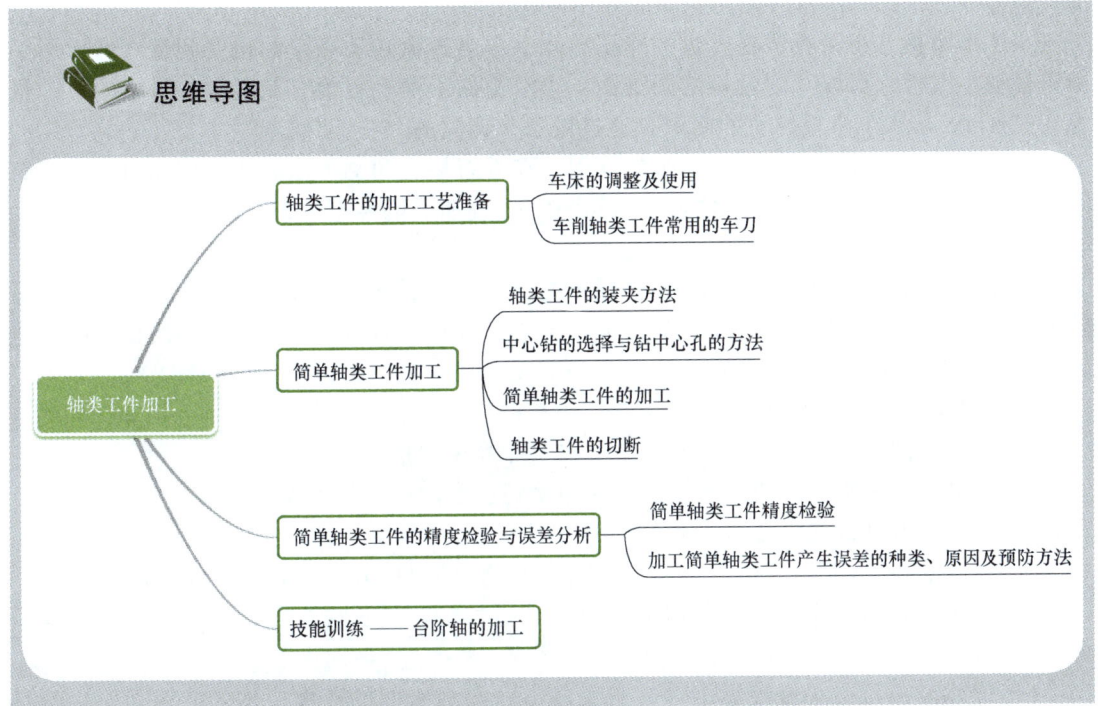

3.1 轴类工件的加工工艺准备

3.1.1 车床的调整及使用

1. 车床的调整

CA6140 型卧式车床主要的传动部件有床鞍、中滑板及刀架等。

（1）床鞍　床鞍装在床身的导轨上，它可沿着床身导轨纵向移动。其中，一根导轨是棱形导轨，它的形状相当于等腰直角三角形的两条直角边；另一根是平导轨。床鞍的前、后都装有压板，压板和床身下导轨面之间的间隙应小于 0.04mm，压板磨损后间隙可以调整。床鞍呈"工"字形，其导轨的端面装有用细毛毡制成的刮板，当床鞍运动时，刮板将落在床身导轨表面上的切屑、灰尘等杂物刮掉，不使杂物侵入导轨表面之间，以减少导轨的磨损。

（2）中滑板　中滑板可沿床鞍上部的燕尾导轨作横向运动。中滑板是由横进给丝杠传动的。为了能调整间隙，调整螺母是由左、右两个螺母组成的。如果螺母磨损后间隙过大，可按照下述方法调整间隙：首先松开左螺母，然后拧动螺钉，将楔形块向上拉，这时左螺母左移，使螺母与丝杠间的间隙减小，间隙调整妥当后，用螺钉将左螺母固定。中滑板燕尾导轨的间隙通过镶条调整。拧动镶条前、后端的调整螺钉，车床就可调整镶条在横刀架内的位置，从而实现间隙的调整。

（3）转盘　转盘装在中滑板的上平面上，其下部的定心圆柱面装在中滑板的孔中，转盘及小滑板可以在中滑板上回转至一定的角度位置。转盘可调整的角度精度是1°。转盘的位置调整好后，拧紧螺母，使转盘紧固在中滑板上。

（4）小滑板　小滑板装在转盘的燕尾导轨上，当转盘转动一定的角度调整好后，用手操作移动小滑板，可以车削较短的圆锥面。小滑板的手柄轴上也有刻度盘，每格的移动量为0.05mm。车床小滑板导轨的间隙是通过镶条来调整的。

（5）方刀架　方刀架装在小滑板的上面。在方刀架的四侧可以夹持四把车刀（或四组刀具）。方刀架体可以转动四个位置（间隔90°），使所装的四把车刀轮流参加切削。

2. 车床的使用

打开总控制开关，然后再把车床电器开关合上，按下车床开关，开机检查各部位的运转情况，一些部位需添加润滑油。检查机床正常和日常保养结束后停机，然后根据图样将工件装夹牢固，装夹必须的刀具。

（1）操作程序注意事项

1）装卸工件后，应立即取下卡盘扳手和工件等浮动物。

2）将机床的尾座、摇柄等按加工需要调整到适当位置，并紧固或夹紧。

3）工件、刀具、夹具必须装夹牢固。

4）使用中心架或跟刀架时，必须调好中心，并有良好的润滑和支承接触面。

5）加工长料时，主轴后面伸出的部分不宜过长，若过长应装上托料架，并挂上危险标记。

6）进刀时，刀要缓慢接近工件，避免碰击；滑板来回的速度要均匀。换刀时，刀具与工件必须保持适当距离。

7）车刀必须紧固，车刀伸出长度一般不超过刀厚度的2.5倍。

8）加工偏心件时，必须有适当的配重，使卡盘重心平衡，车速要适当。

9）对刀调整必须缓慢，当刀尖离工件加工部位40~60mm时，应改用手动进给，不准快速进给直接吃刀。

10）自动进给时，应将小刀架调到与底座平齐，以防底座碰到卡盘。

（2）刻度盘的应用　车削过程中，为了正确和迅速地掌握吃刀量，可以利用中滑板上的刻度盘。中滑板上的刻度盘安装在中滑板丝杠上。当中滑板摇手柄带动刻度盘转一周时，中滑板丝杠也转了一周，这时固定在中滑板上与丝杠配合的螺母沿丝杠轴线方向移动了一个螺距，因此安装在中滑板上的刀架也移动了一个螺距。如果中滑板丝杠螺距为5mm，当摇手柄旋转一周时，中滑板就横向移动5mm。若刻度盘的圆周上等分成100格，当刻度盘转过一格时，中滑板则移动了5mm/100=0.05mm，所以中滑板上的刻度盘转过一格，车刀横向移功的距离可按下式计算

$$K=P/n$$

式中　P——滑板丝杠螺距（mm）；
　　　n——刻度盘圆周上的等分格数。

小滑板刻度盘用来控制车刀纵向移动的距离，它与中滑板刻度盘的刻度原理相同。应用中、小滑板刻度盘时，必须注意以下两点：

1）由于丝杠和螺母之间总有间隙存在，因此转动时会产生空行程（即刻度盘转动而滑板并未移动）。使用时，必须慢慢地把刻度转到所需要的位置（图3-1a）。若多转过几格，绝对不能简单地直接退回多转的格数（图3-1b），必须先向相反方向退回全部空行程，再将刻度转到正确的位置（图3-1c）。

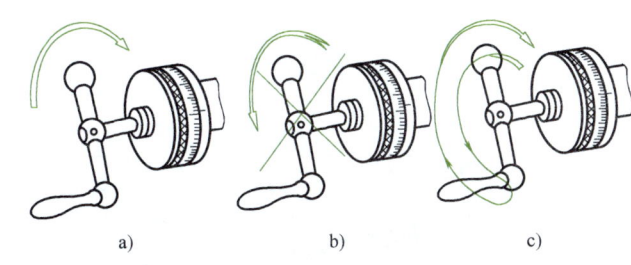

图3-1　消除刻度盘空行程的方法

2）由于工件是旋转的，使用中滑板刻度盘时，车刀横向进给后切除的部分刚好是吃刀量（a）的两倍。因此，要注意当测得工件外圆余量后，中滑板刻度盘控制的吃刀量是外圆余量的1/2。而小滑板刻度盘的刻度值，则直接表示工件长度方向的切除量。

3.1.2　车削轴类工件常用的车刀

1. 外圆车刀

（1）车削轴类工件车刀的种类　轴类工件的车削一般分为粗车外圆和精车外圆两种。其中，粗车外圆就是把毛坯上的多余部分（即加工余量）尽快地车去，这时不要求达到图样或工艺要求的尺寸精度和表面粗糙度。粗车时应留有一定的精车余量。精车外圆是把工件上经过粗车后留有的少量余量车去，使工件达到图样或工艺上规定的尺寸精度和表面粗糙度。

由于粗车外圆与精车外圆的要求不一样，因此使用的车刀也分为外圆粗车刀和外圆精车刀两种。

1）外圆粗车刀。外圆粗车刀应能适应粗车外圆时背吃刀量大、进给量大的特点，主要要求车刀有足够的强度，能一次进给车去较多的余量。常用的外圆粗车刀有主偏角为45°、75°、90°等几种（图3-2）。

选择粗车刀几何角度的一般原则是：

① 为了增加刀头的强度，前角（γ_o）可取小些，后角（α_o）也取小些（5°～7°），刃倾角（λ_s）限0°～3°。

② 主偏角（κ_r）不宜过小，太小容易引起振动。当工件形状允许时，最好取75°左右，因为这时刀尖角较大，能承受较大的切削力，且有利于切削刃散热。

③ 主切削刃应磨有负倒棱，其宽度为$0.5f\sim0.8f$，$\gamma_{o1}=-5°$，以增强切削刃的强度。粗车塑性材料（如钢类）工件时，为了保证切削的顺利进行，切屑能自行折断，应在车刀前面上磨有断屑槽（具体尺寸可参考表1-9）。图3-3所示为比较典型的75°硬质合金粗车刀。

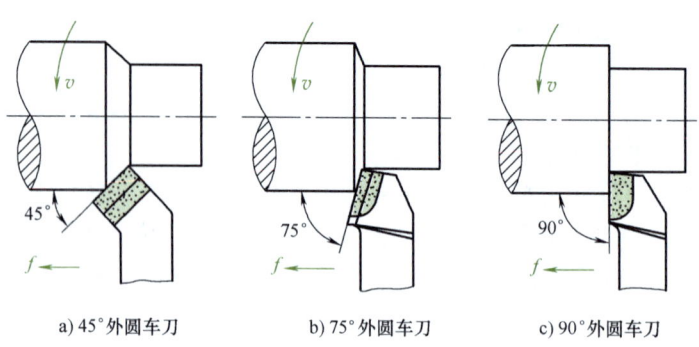

a) 45°外圆车刀　　b) 75°外圆车刀　　c) 90°外圆车刀

图 3-2　外圆粗车刀

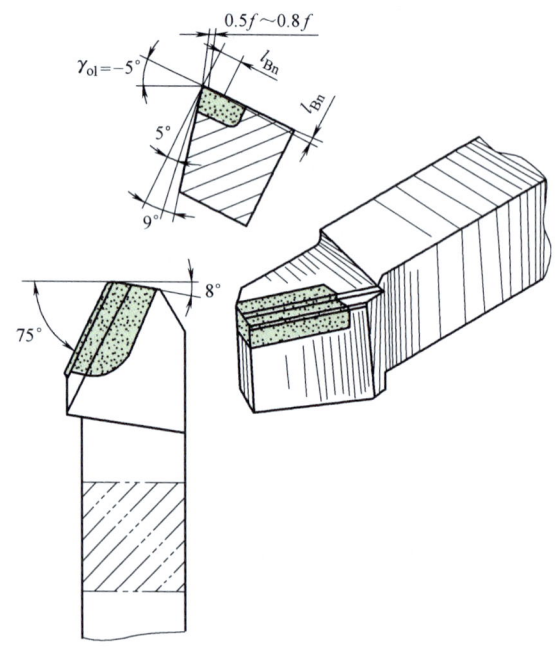

图 3-3　75°硬质合金粗车刀

2) 外圆精车刀。精车外圆时,要求达到工件的尺寸精度和较高的表面粗糙度值。精车时车去的金属较少,所以要求车刀锋利,切削刃平直光洁,刀尖可以修磨出修光部分,并使切屑流向待加工表面。

一般地,选择精车刀的几何角度时可以根据下面的原则:

① 前角(γ_o)应取大些,使车刀锋利,以达到减小切削变形,并使切削轻快的目的。

② 后角(α_o)取得大些,以减小车刀和工件之间的摩擦。精车时车去少量的金属,对车刀的强度要求不高,因此允许取较大的后角(6°~8°)。

③ 取较小的副偏角(κ'_r)或在刀尖处磨修光刃,修光刃的长度一般为 $1.2f$~$1.5f$,以提高工件的表面粗糙度。

④ 采用正刃倾角(λ_s)($\lambda=3°$~$8°$),以控制切屑流向待加工表面。

⑤ 精车塑性材料工件时,在前面应磨有较窄的断屑槽。图 3-4 所示为 90°精车刀。

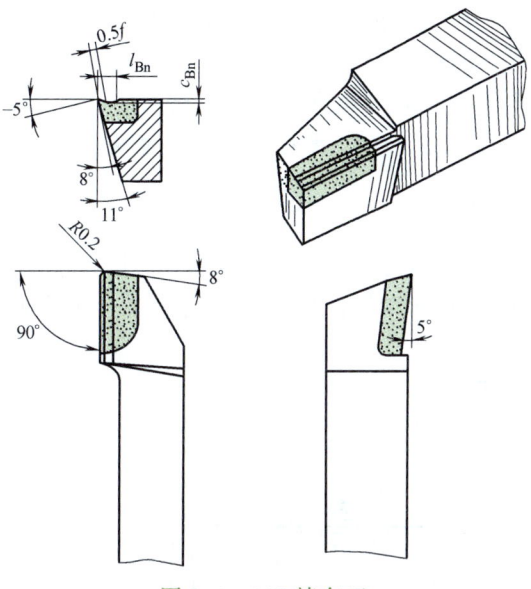

图 3-4 90°精车刀

（2）车刀的装夹 车削端面和台阶时，车刀的装夹要求和方法与装夹外圆车刀时相同。车刀装夹得是否正确，将直接影响切削能否顺利进行和工件的加工质量。因此，装夹车刀后必须保证做到：

1）刃磨角度不变。刀尖严格对准工件中心，才能保证前角和后角不变；刀杆应该与进给方向垂直，以保证主偏角和副偏角不变。否则，车削工件端面中心将会留下凸头并可能损坏刀具，如图 3-5 所示。

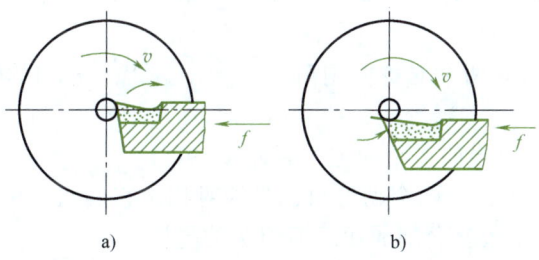

图 3-5 车刀刀尖未对准工件中心使刀尖崩碎

2）有较高的刚度。为了避免产生振动，要求车刀的伸出长度要尽量短，一般不应该超过刀杆厚度的 1~1.5 倍。

3）至少要用两个螺钉压紧车刀，并要轮流拧紧。

车刀对准工件中心的方法：一般是使用垫片使刀尖对准工件的中心。垫片一般用长度等于 150~200mm 的钢片。车工应该自备一套各种厚度的垫片。垫片要垫实，片数要尽量少。正确的垫法是，应该使垫片在刀头一端与四方刀架面垂直于刀杆的边对齐，如图 3-6 所示。

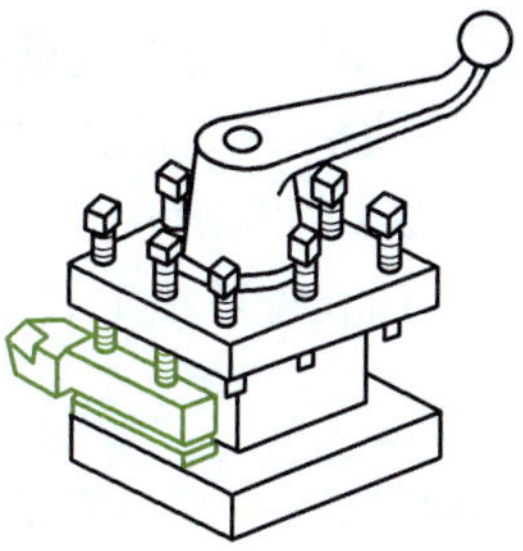

垫片厚度的选择（也就是刀尖对准工件中心高度的确定）可

图 3-6 车刀垫片的使用

以有多种方法。例如，可利用尾座顶尖高度来确定。把床鞍摇到尾座附近，用金属直尺测量后顶尖中心离中滑板横进给燕尾导轨（测量基准）的高度，然后选择适合厚度的垫片来装刀，使垫高以后的刀尖达到相同的高度。当车刀压紧后，按顶尖检验一遍，然后试车端面，观察刀尖是否已经对准中心，否则就要重调垫片的厚度，再检验、试车，直至把车刀装准。

2. 切断刀

通常使用的切断刀都以横向进给为主，前面的切削刃是主切削刃，两侧切削刃是副切削刃。为了减少工件材料的浪费和保证切断时能切到工件的中心，切断刀的主切削刃较窄，刀头较长。

（1）高速钢切断刀（图3-7）

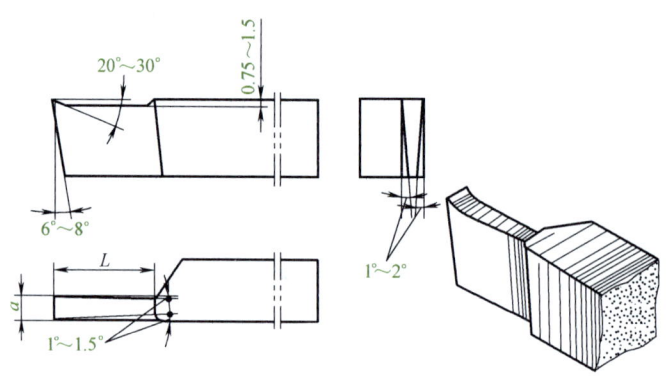

图3-7 高速钢切断刀

1）前角。切断中碳钢料时，$\gamma_o=20°\sim 30°$；切断铸铁时，$\gamma_o=0\sim 10°$。

2）主后角。$\alpha_o=6°\sim 8°$。

3）副后角。切断刀有两个对称的副后角 $\alpha'_o=1°\sim 2°$。它们的作用是减小刀具副后面与工件两侧面的摩擦。

4）主偏角。切断刀以横向进给为主，因此 $\kappa_r=90°$。

5）副偏角 $\kappa'_r=1°\sim 1.5°$，两个副偏角也必须对称。它们的作用是减小副切削刃与工件两侧面的摩擦。副偏角太大就会削弱切断刀刀头的强度。

6）刀头宽度。刀头不能磨得太宽，以免浪费工件材料及引起振动，但磨得太窄又容易使刀头折断。刀头宽度与工件直径有关，具体可根据下面的经验公式计算

$$a \approx (0.5\sim 0.6)\sqrt{D}$$

式中 a——刀头宽度（mm）；

D——工件待加工表面直径（mm）。

7）刀头的长度。刀头长度（L）不宜太长，长度越长越容易引起振动和使刀头折断。刀头的长度可按下式计算

$$L=h+2\sim 3$$

式中 L——刀头长度（mm）；

h——切入深度（mm）。切断实心工件时，切入深度等于工件半径，如图3-8所示。

为了使切削顺利，切断刀的前面应该磨出一个浅的断屑槽，其深度一般为 0.75～1.5mm，但长度应超过切入深度。断屑槽过深，会削弱刀头的强度，使刀头容易折断。切断时，为了防止切下的工件端面有一个小凸头，以及确保有孔工件不留毛刺，可以把主切削刃略磨斜些，如图 3-9 所示。

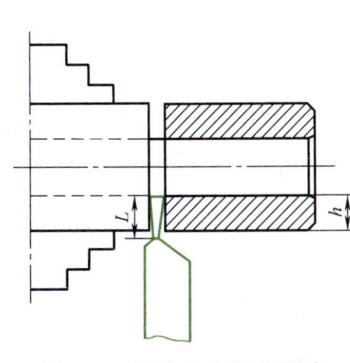

图 3-8　切断刀的切入深度

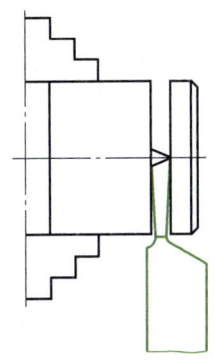

图 3-9　斜刃切断刀

（2）硬质合金切断刀　由于高速切削的普及，硬质合金切断刀的应用也越来越广泛。一般切断时，由于切屑和槽宽相等，容易堵塞在槽内。为了使切削顺利，可把主切削刃两边倒角或把主切削刃磨成"人"字形，如图 3-10 所示。由于高速切断时产生的热量很大，为了防止刀片脱焊，必须加注足够的切削液。当切削刃磨损后，发热脱焊现象更为严重，因此必须注意及时修磨切削刃。为了增加刀头的支承强度，可把切断刀的刀头下部做成凸圆弧形。

（3）机械夹固式切断刀　机械夹固式切断刀具有节约刀杆材料和换刀方便等优点。这种形式的切断刀可以解决刀头脱焊问题，现已广泛使用。图 3-11 所示是杠杆式机械夹固切断刀。它是根据杠杆原理来夹紧刀片的。拧紧螺钉，使杠杆压板绕销轴转动，以压紧硬质合金刀片。当切削刃磨损修磨后，可用螺钉来调节刀片的伸出长度。刀槽下面有圆弧形（鱼肚形）加强筋，用来增加刀杆的强度。

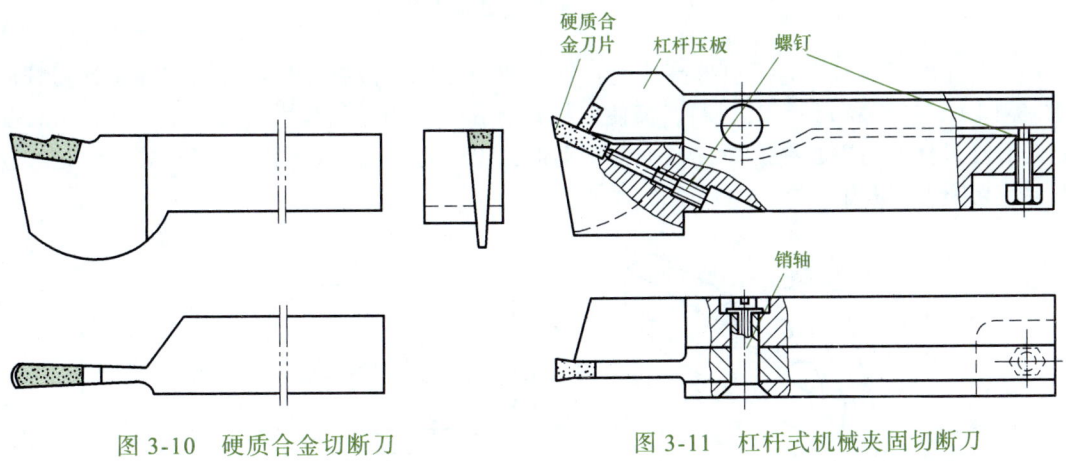

图 3-10　硬质合金切断刀　　　　　图 3-11　杠杆式机械夹固切断刀

图 3-12 所示为瑞典"山特维克"（SAND-VIK）公司生产的弹性夹固式可转位切断刀。片状刀杆可在刀夹中前后移动，以调节刀头的伸出长度，并用压板紧固。片状刀杆用高级

合金弹簧钢制成,它靠开缝的弹性夹把刀片夹住。当需要更换刀片时,用专用的椭圆扳手插入腰形槽中转过一个角度,把弹性夹胀开即可(图3-12b)。为了增加刀杆的装夹稳定性,刀杆和刀夹的接触部分都做成75°的V形。

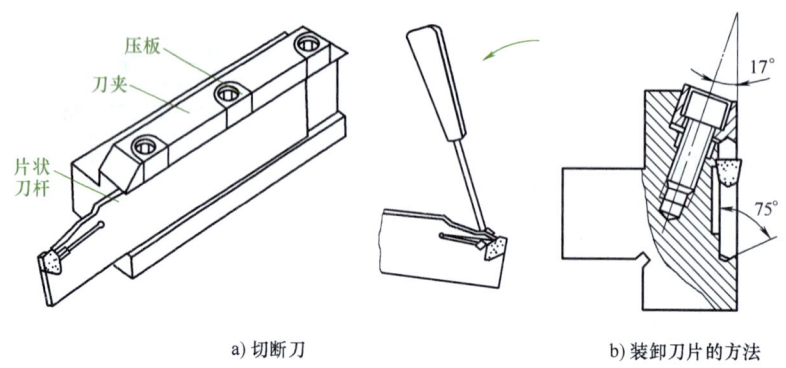

a) 切断刀　　　　　　　　b) 装卸刀片的方法

图3-12　弹性夹固式可转位切断刀

这种切断刀的刀片设计得很特殊(图3-13),它的前面中间有一个"凹坑",切屑可流向中间,使切屑顺利排出,不容易堵在工件槽中。其次,刀片有较大的副后角($\alpha'_o=7°$),以减小副切削刃和工件之间的摩擦。为了增加刀片的装夹稳定性,刀片底部做成120° V形。

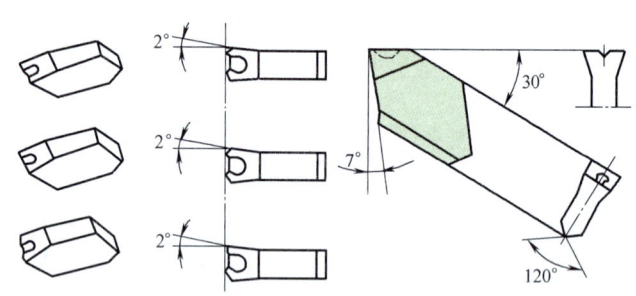

图3-13　刀片的几何形状

(4)弹性切断刀　为了节省高速钢材料,切断刀可以做成片状,再安装在弹性刀杆内(图3-14)。这样既节约刀具材料,又使刀杆富有弹性。当进给量太大时,由于弹性刀杆受力变形时刀杆弯曲中心在上面,刀头会自动退让出一些,因此切削时不容易扎刀,这样就不会使切断刀折断了。

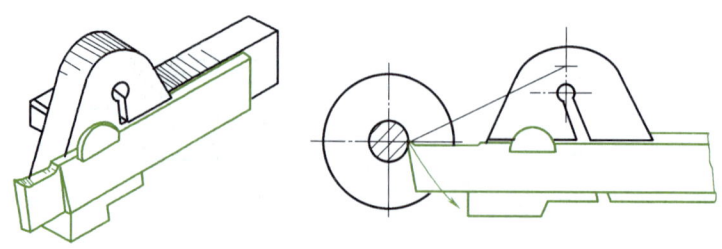

图3-14　弹性切断刀

（5）反切刀　切断直径较大的工件时，因刀头很长、刚性差，容易引起振动，可采用反切断法，即用反切刀，使工件反转（图3-15）。这样切断时的切削力与工件的重力方向一致，不容易引起振动。并且，切屑从下面排出，不容易堵塞在工件槽中。在使用反切断法时，卡盘与主轴的连接部分必须装有保险装置，否则卡盘会因反转从主轴上脱开而造成事故。

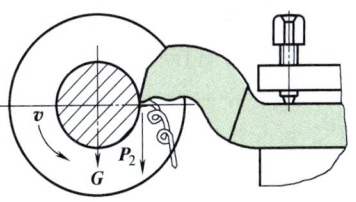

图3-15　反切断法和反切刀

3.2　简单轴类工件加工

3.2.1　轴类工件的装夹方法

工件装夹就是将工件在机床或夹具中定位、夹紧的过程。由于工件的形状、大小和加工数量不同，因此可采用不同的装夹方法。

1. 在自定心卡盘上装夹工件

自定心卡盘的结构形状如图3-16所示。自定心卡盘是用连接盘安装在车床主轴上的。当扳手方榫插入小锥齿轮的方孔中转动时，小锥齿轮就带动大锥齿轮转动。大锥齿轮的背

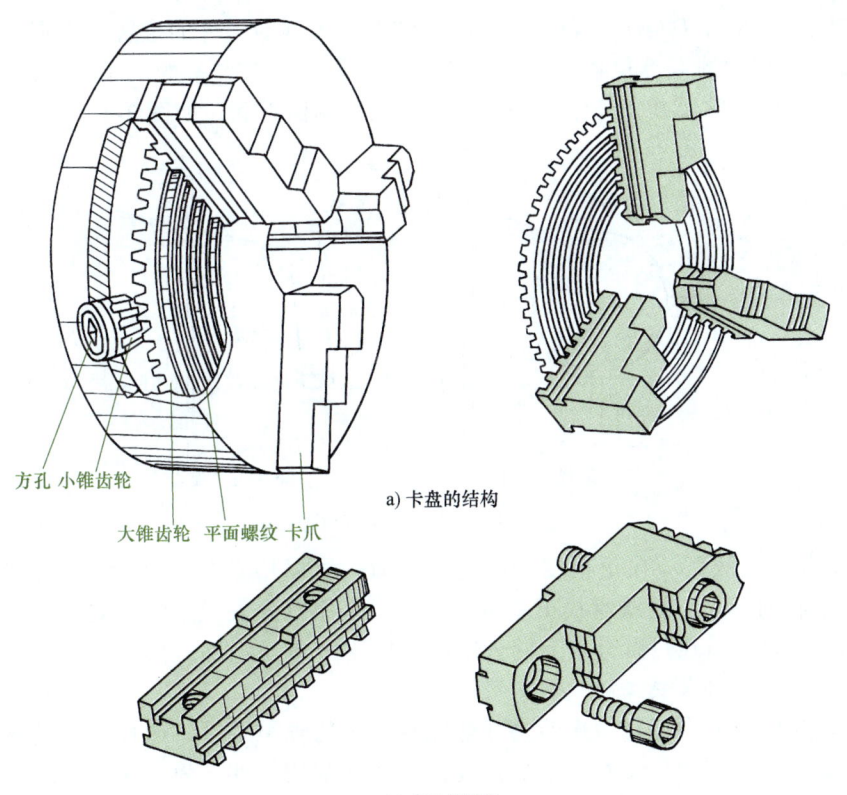

a) 卡盘的结构

b) 卡爪的结构

图3-16　自定心卡盘的结构形状

面是一平面螺纹，三个卡爪背面的螺纹与平面螺纹啮合，因此当平面螺纹转动时，就带动三个卡爪同时作向心或离心移动。

自定心卡盘一般有正、反两副卡爪或一副正、反都可使用的卡爪，各卡爪都有编号，在安装卡爪时应按顺序安装。还有一种装配式卡盘，只要拆下卡爪上的螺钉，即可调向或换装软卡爪。

2. 在单动卡盘上装夹工件

单动卡盘有 4 个各不相关的卡爪，如图 3-17 所示。每个卡爪的后面有一半内螺纹与丝杆啮合。丝杆的一端有一方孔，用来安插扳手方榫。当用扳手转动某一丝杆时，与它啮合的卡爪就能单独移动，以适应工件不同大小的需要。

在单动卡盘上装夹工件时，每次都必须仔细找正工件的位置，使工件的旋转轴线与车床主轴的旋转轴线一致。

（1）夹紧方法　装夹工件前，先把 4 个卡爪都张开，使相对的 2 个卡爪间的距离稍大于工件直径，然后把工件装上去。先用一对相对的卡爪夹紧，然后再用另一对相对的卡爪夹紧。4 个卡爪的径向位置可根据卡盘端面上的多圈圆弧线来初步判断是否基本正确，然后再进行找正。

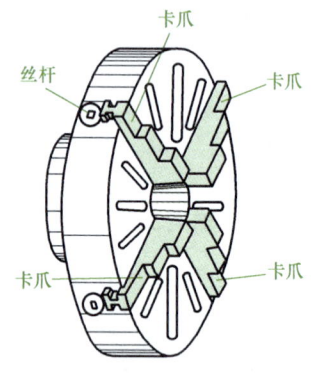

图 3-17　单动卡盘

（2）找正方法

1）用划线盘找正。用划线盘来找正外圆时，先使划针稍离开工件外圆面，然后慢慢地转动主轴，观察针尖与工件表面之间的间隙大小来判断工件的位置。根据间隙的差异量来调整每一对相对的卡爪位置，它的调整量大约是间隙差异量的一半，如图 3-18a 所示。在找正短工件时，除了找正外圆以外，还必须找正端面平面，如图 3-18b 所示。

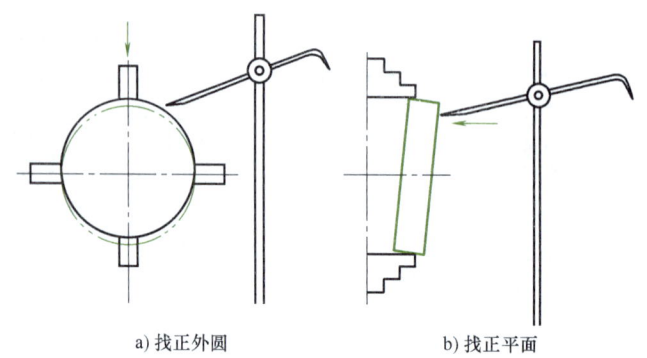

a）找正外圆　　　b）找正平面

图 3-18　用划线盘找正工件

2）用百分表找正。找正精度较高的工件时，可以用百分表来代替划线盘进行找正。找正的方法和内容与用划线盘找正基本相同，只是用百分表找正时，被测表面的径向圆跳动量或轴向圆跳动量通过百分表上的分度值直接读出来，如图 3-19 所示。

3. 在两顶尖之间装夹工件

对于较长的或必须经过多次装夹才能完成加工的轴类工件，如长轴、长丝杠、光杠等细长轴类工件，或工序较多在车削后还要铣削或磨削的工件，为了保证每次装夹时的安装精度（如同轴度要求），可用两顶尖装夹工件。用两顶尖装夹工件方便，工件经过多次装夹后，其轴线的位置是不会改变的，不需要进行找正，装夹精度高。

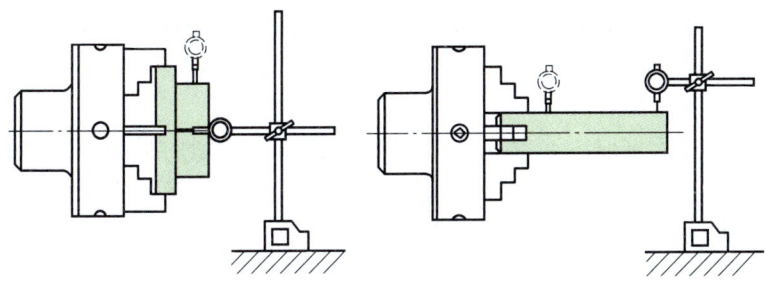

图 3-19 用百分表找正工件

4. 一夹一顶装夹工件

用两顶尖装夹工件虽然精度很高,但刚性较差,影响切削用量的提高。因此,车削一般的轴类工件,尤其是较重的工件时,不能用两顶尖装夹,而应用一夹一顶装夹。

(1) 一夹一顶装夹工件 对于质量较大、加工余量也较大的工件,如果再采用两顶尖装夹的方法来加工,就无法提高切削用量,缩短加工时间了。此时可采取前端用卡盘夹紧,后端用后顶尖顶住的装夹方法。为了防止工件轴向窜动,工件应该轴向定位,即在卡盘内部安装一个限位支承;也可以利用工件上的台阶限位,如图 3-20 所示。这种装夹方法比较安全,能承受较大的轴向切削力,因此应用得很广泛。

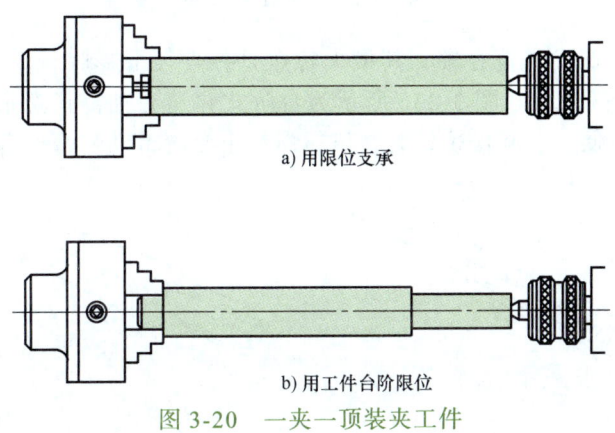

a) 用限位支承

b) 用工件台阶限位

图 3-20 一夹一顶装夹工件

(2) 用反向顶尖不停机装夹工件 对于直径不大于 50mm,长度与最小直径之比小于 12 的轴类工件,精度要求不高,车削外圆后还需经过磨削,可采用反向顶尖不停机装夹工件,如图 3-21 所示。

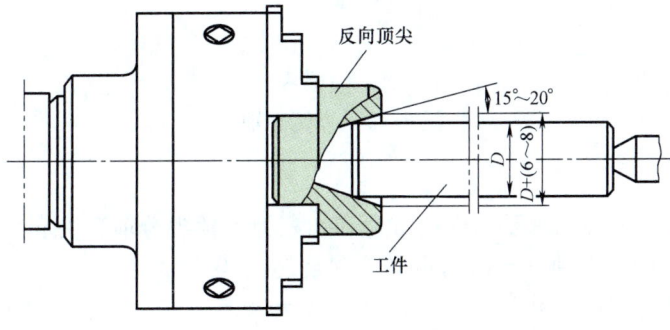

图 3-21 反向顶尖与回转顶尖装夹工件

反向顶尖的锥孔孔口直径应比装夹工件的外圆大 7~8mm，圆锥斜角为 15°~20°，装夹时，要求较高的同轴度，以保证定位精度。反向顶尖的材料可用 T7、T8 钢，淬火硬度至 40~45HRC。

用反向顶尖装夹工件时，是靠反向顶尖和回转顶尖顶紧时的摩擦力来带动工件旋转的，车削时必须注意后顶尖应顶紧，否则会产生滑动，造成"打刀"。反向顶尖的优点是，可以不停机装夹工件，生产率高，但必须注意安全。

5. 其他装夹方法

弹簧夹头和弹簧心轴是一种定心夹紧装置，它既能定心，又能夹紧，是车床上常用的典型夹具。图 3-22a 所示是拉式弹簧夹头，图 3-22b 所示是推式弹簧夹头。

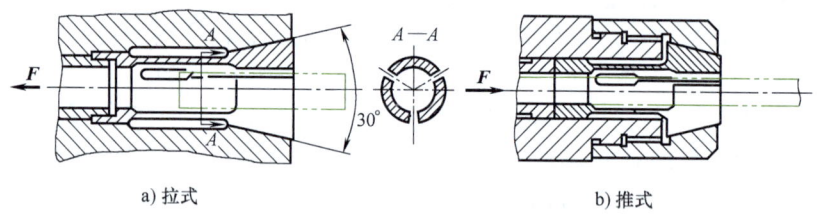

图 3-22 弹簧夹头

图 3-23a 所示是直式弹簧心轴，其最大特点是，直径上膨胀较大（膨胀量可达 1.5~5mm），因此适用范围较大。图 3-23b 所示为台阶式弹簧心轴，其膨胀量为 1~2mm。为了使弹簧外套松下方便，在旋松螺钉时，依靠螺钉小台阶带动弹簧外套一起向外松脱。

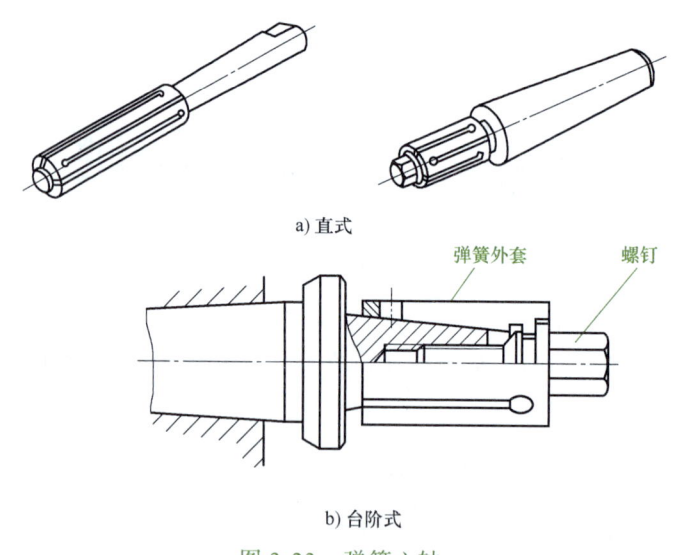

图 3-23 弹簧心轴

6. 顶尖

顶尖的作用是定心、承受工件的重力和切削力。顶尖分前顶尖和后顶尖两类。

（1）前顶尖 插在主轴锥孔内与主轴一起旋转的叫前顶尖，如图 3-24a 所示。前顶尖随同工件一起转动，与中心孔无相对运动，不发生摩擦。有时为了准确和方便，也可以在自定心卡盘上夹一段钢材，车成 60° 顶尖来代替前顶尖，如图 3-24b 所示。

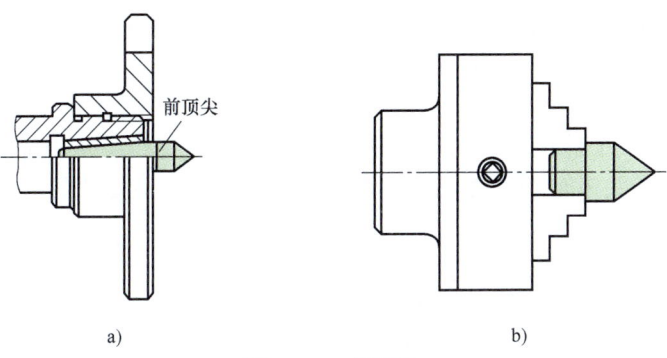

图 3-24 前顶尖

该前顶尖在卡盘上拆下后，再应用时必须再将锥面车一刀，以保证顶尖锥面的旋转轴线与车床主轴的旋转轴线重合。插入主轴孔的前顶尖在每次安装时，必须把锥柄和锥孔擦干净，以保证同轴度。拆下主轴孔内的前顶尖时，可用一根棒料从主轴孔内后端把它顶出。

（2）后顶尖 插入车床尾座套筒内的顶尖叫后顶尖。后顶尖又分为固定顶尖（图 3-25）和回转顶尖（图 3-26）两种。

在车削时，固定顶尖与工件中心孔产生滑动摩擦而发生高热。在高速切削时，碳钢顶尖和高速钢顶尖往往会退火，如图 3-25a 所示。因此，目前多数使用镶硬质合金的顶尖，如图 3-25b 所示。固定顶尖的优点是定心正确而刚性好；缺点是工件和顶尖是滑动摩擦，发热较大，过热时会把中心孔或顶尖"烧坏"。因此，它适用于低速加工精度要求较高的工件。支承细小工件时可用反顶尖，如图 3-25c 所示。

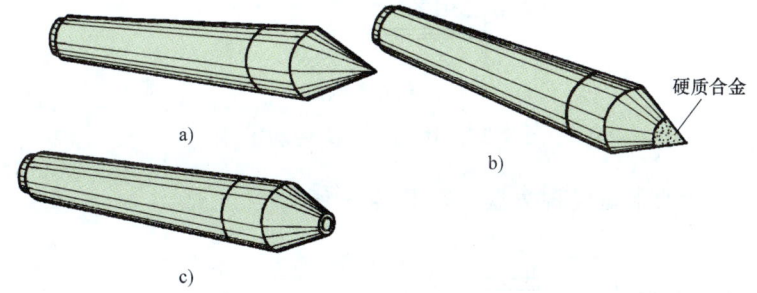

图 3-25 固定顶尖

为了避免后顶尖与工件中心孔摩擦，应常使用回转顶尖，如图 3-26 所示。这种顶尖把顶尖与工件中心孔的滑动摩擦改成顶尖内部轴承的滚动摩擦，能承受很高的旋转速度，克服了固定顶尖的缺点，因此目前应用很广。但回转顶尖存在一定的装配累积误差，以及当滚动轴承磨损后，会使顶尖产生径向摆动，从而降低加工精度。

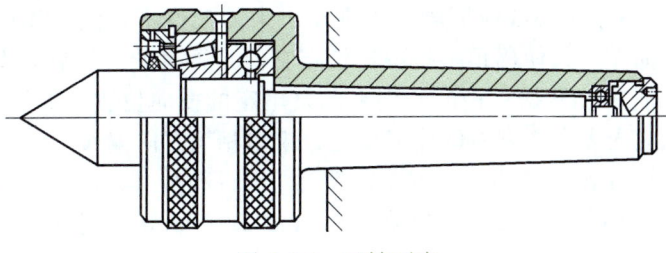

图 3-26 回转顶尖

安装后顶尖之前,必须把锥柄和锥孔擦干净。要拆下后顶尖时,可以摇动尾座手轮,使尾座套筒缩回,由丝杠的前端将后顶尖顶出。

7. 工件的传动

如图 3-27 所示,工件由插在主轴和尾座锥孔内的顶尖支承并定位后,由安装在主轴上的拨盘通过鸡心卡头来带动工件旋转。鸡心卡头的一端装有方头螺钉,用来紧固工件。

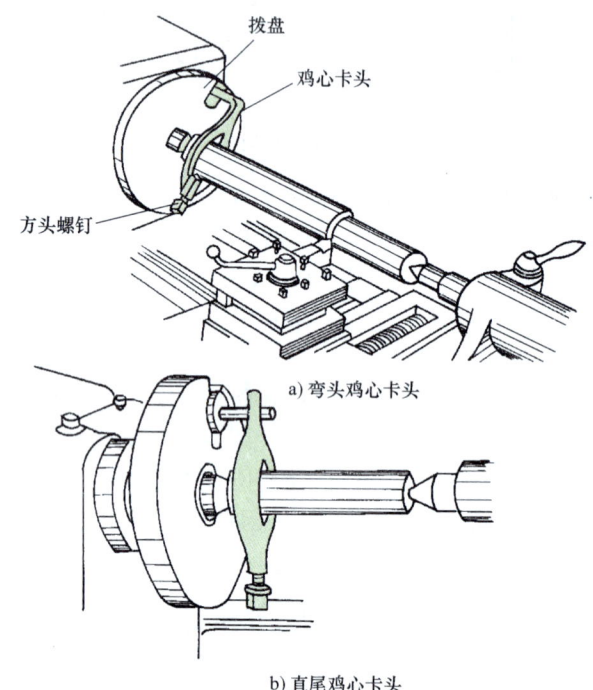

图 3-27 用鸡心卡头传动工件

有时也可用自定心卡盘代替拨盘,如图 3-28 所示。

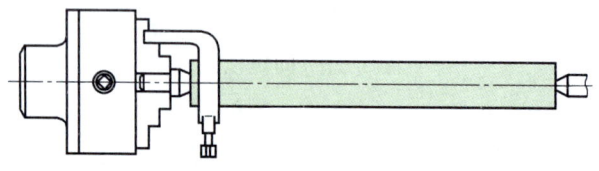

图 3-28 用自定心卡盘代替拨盘

8. 用两顶尖装夹工件时的注意事项

1)前后顶尖与主轴中心线应同轴,否则车出来的工件不是圆柱体而是圆锥体。调整时,可先把尾座推向车头,使用顶尖接触,检查它们是否对准。然后装上工件,车一刀后再测量工件两端的直径,根据直径的差别来调整尾座的横向位置。如果工件右端直径大,左端小,那么尾座应向操作者方向偏移;反之,应向相反方向偏移。

偏移时最好用百分表来测量,如图 3-29 所示。测量时,以百分表测头接触工件右端。如果两端直径相差 0.1mm,那么尾座应偏移 0.1mm/2=0.05mm,这个偏移量可以从百分表中读出。

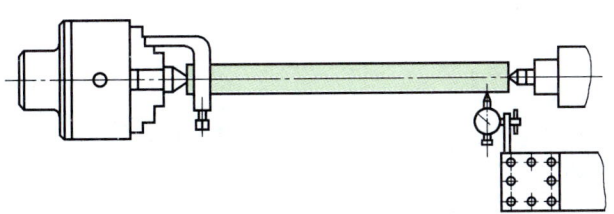

图 3-29 用百分表测量尾座的偏移量

2）尾座套筒在不影响车刀切削的前提下，尽量伸出得短些，以提高刚性，减少振动。

3）中心孔的形状应正确，安装前应清除中心孔内的切屑等异物。如果用固定顶尖，应在后顶尖中心孔内加注工业润滑脂（即黄油）。

4）两顶尖与工件中心孔之间的配合必须松紧适宜，不能太松或太紧。如果顶得松，工件无法正确定中心，车削时就容易振动；如果顶得过紧，细长的工件会变形。对于固定顶尖，会增加摩擦，容易"烧坏"顶尖和中心孔；对于回转顶尖，容易损坏顶尖内部的滚动轴承。所以在车削过程中，必须随时注意顶尖以及靠近顶尖的工件部分摩擦发热的情况。当发现温度过高时，必须加黄油或润滑油进行润滑，并适当调整松紧。

3.2.2 中心钻的选择与钻中心孔的方法

用两顶尖装夹工件，必须先在工件端面钻出中心孔，利用中心孔来装夹工件。

1. 中心孔的类型

国家标准 GB/T 145—2001 规定，中心孔有 A 型（不带护锥）、B 型（带护锥）、C 型（带螺孔）和 R 型（弧形）四种。

2. 各种类型中心孔的用途

A 型中心孔由圆柱孔和圆锥孔组成。其中，圆锥孔用来与顶尖配合，锥面是定中心、夹紧，承受切削力和工件重力的表面。圆柱孔一方面用来保证顶尖与锥孔密切配合，使定位正确；另一方面用来储存润滑油。因此，圆柱孔的深度是以顶尖尖端不可能与工件相碰来确定的。定位圆锥孔的角度一般为 60°，重型工件用 90°。

B 型中心孔带有 120° 的保护锥孔，定位锥面不易碰坏，以免影响加工精度，常用在需要多次装夹加工的工件上。

C 型中心孔的内部有螺纹孔，是为了在加工完轴后，能够把需要和轴固定在一起的其他工件固定在轴线上。

R 型中心孔的形状与 A 型中心孔相似，只是将 A 型中心孔的 60° 圆锥改成圆弧面。这样与顶尖锥面的配合变成线接触，在装夹轴类工件时，能自动纠正少量的位置偏差。

四种类型的中心孔的形状和尺寸见表 3-1。

中心孔的公称尺寸是圆柱孔的直径 D，可根据工件的质量或外径查标准选用。

3. 钻中心孔的方法

当中心孔的公称尺寸小于或等于 6mm 时，可以直接用中心钻钻出。为了适应各种标准中心孔加工的需要，中心钻有三类，它们的结构形状如图 3-30 所示。

表 3-1　四种类型的中心孔的形状和尺寸（摘自 GB/T 145—2001）（单位：mm）

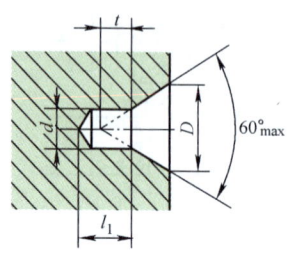
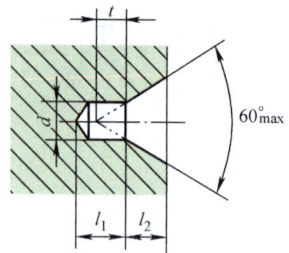

A 型

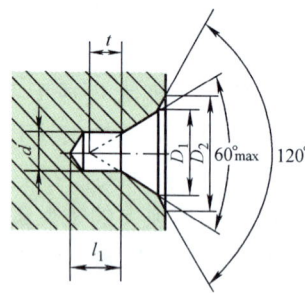
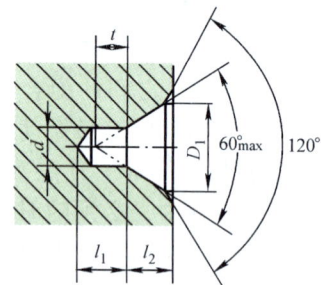

B 型

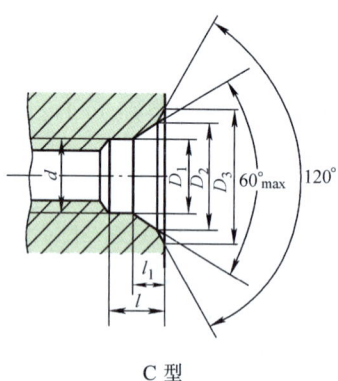
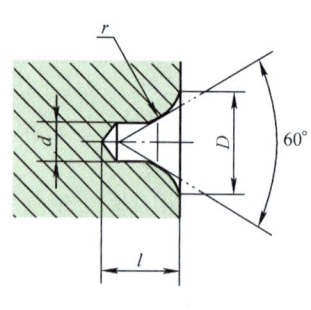

C 型　　　　　　　　　　　　　R 型

A 型							
d	D	l_2	t 参考尺寸	d	D	l_2	t 参考尺寸
(0.50)	1.06	0.48	0.5	2.50	5.30	2.42	2.2
(0.63)	1.32	0.60	0.6	3.15	6.70	3.07	2.8
(0.80)	1.70	0.78	0.7	4.00	8.50	3.90	3.5
(1.00)	2.12	0.97	0.9	(5.00)	10.60	4.85	4.4
(1.25)	2.65	1.21	1.1	6.30	13.20	5.98	5.5
1.60	3.35	1.52	1.4	(8.00)	17.00	7.79	7.0
2.00	4.25	1.95	1.8	10.00	21.20	9.70	8.7

（续）

| \multicolumn{10}{c}{B 型} |
d	D_1	D_2	l_2	t 参考尺寸	d	D_1	D_2	l_2	t 参考尺寸
1.00	2.12	3.15	1.27	0.9	4.00	8.50	12.50	5.05	3.5
（1.25）	2.65	4.00	1.60	1.1	（5.00）	10.60	16.00	6.41	4.4
1.60	3.35	5.00	1.99	1.4	6.30	13.20	18.00	7.36	5.5
2.00	4.25	6.30	2.54	1.8	（8.00）	17.00	22.40	9.36	7.0
2.50	5.30	8.00	3.20	2.2	10.00	21.20	28.00	11.66	8.7
3.15	6.70	10.00	4.03	2.8					

| \multicolumn{12}{c}{C 型} |
d	D_1	D_2	D_3	l	l_1 参考尺寸	d	D_1	D_2	D_3	l	l_1 参考尺寸
M3	3.2	5.3	5.8	2.6	1.8	M10	10.5	14.9	16.3	7.5	3.8
M4	4.3	6.7	7.4	3.2	2.1	M12	13.0	18.1	19.8	9.5	4.4
M5	5.3	8.1	8.8	4.0	2.4	M16	17.0	23.0	25.3	12.0	5.2
M6	6.4	9.6	10.5	5.0	2.8	M20	21.0	28.4	31.3	15.0	6.4
M8	8.4	12.2	13.2	6.0	3.3	M24	26.0	34.2	38	18.0	8.0

| \multicolumn{10}{c}{R 型} |
d	D	l_{min}	r max	r min	d	D	l_{min}	r max	r min
1.00	2.12	2.3	3.15	2.50	4.00	8.50	8.9	12.50	10.00
（1.25）	2.65	2.8	4.00	3.15	（5.00）	10.60	11.2	16.00	12.50
1.60	3.35	3.5	5.00	4.00	6.30	13.20	14.0	20.00	16.00
2.00	4.25	4.4	6.30	5.00	（8.00）	17.00	17.9	25.00	20.00
2.50	5.30	5.5	8.00	6.30	10.00	21.20	22.5	31.50	25.00
3.15	6.70	7.0	10.00	8.00					

注：1. 括号内的尺寸尽量不采用。
2. 尺寸 l_1 取决于中心钻的长度，此值不小于 t 值。
3. 表中同时列出了 D 和 l_2 尺寸，制造厂可任选其中一个尺寸。
4. 尺寸 d 和 D_1 与中心钻的尺寸一致。

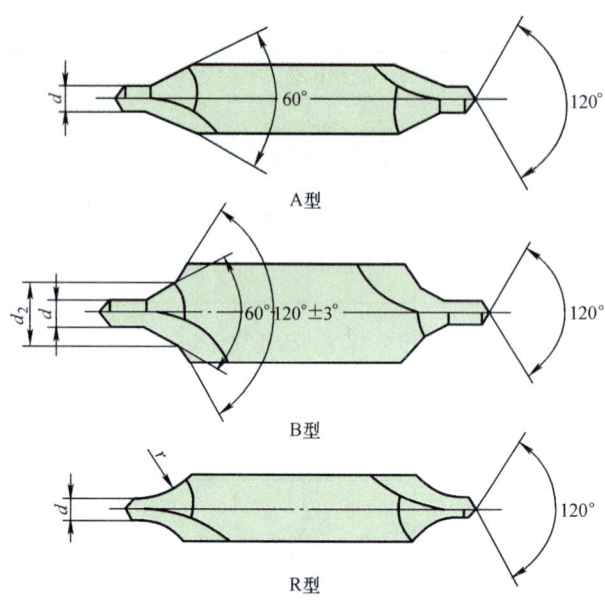

图 3-30　三类中心钻的结构形状

在车床上钻中心孔，常用两种方法：

（1）在直径小于车床主轴内孔直径的棒料上钻中心孔　这时应尽可能把棒料伸进主轴内孔中，用来增加工件的刚性。经过找正、夹紧后把端面车平；把中心钻装夹在钻夹头中夹紧，当钻夹头的锥柄能直接与尾座套筒上的锥孔结合时，直接装入便可使用。如果锥柄小于锥孔，就必须在它们中间增加一个过渡锥套才能结合上。中心钻安装完毕，开机使工件旋转，均匀地摇动尾座手轮来移动中心钻实现进给。待钻到所需的尺寸后，稍停留，使中心孔得到修光和圆整，然后退刀，如图 3-31 所示。

（2）在直径大于车床主轴内孔直径，并且长度又较长的工件上钻中心孔　这时只靠一端用卡盘夹紧工件，不能可靠地保证工件的位置正确。要使用中心架来支承车平端面和钻中心孔，如图 3-32 所示。

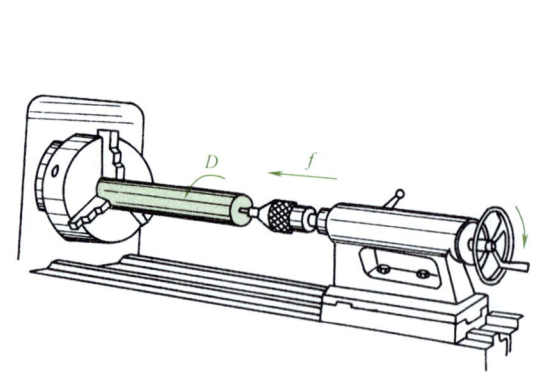

图 3-31　在卡盘上钻中心孔

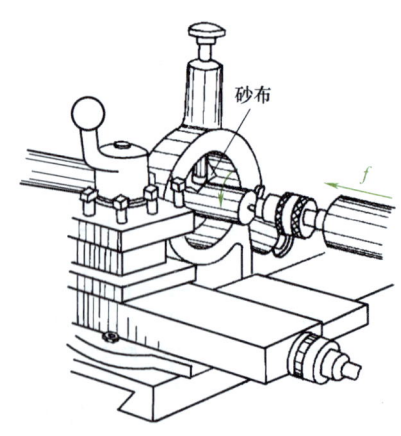

图 3-32　在中心架上钻中心孔

4. 钻中心孔时的注意事项

（1）防止中心钻折断　中心钻的圆柱部分的直径较小，当切削力过大时容易折断。中心钻的折断原因和预防方法见表3-2。

表3-2　中心钻的折断原因和预防方法

原　因	预　防　方　法
中心钻与工件的旋转轴心不一致，使中心钻受力后弯曲折断	找正尾座轴线，使之和主轴轴线重合
工件端面不平，中心处有凸起，使中心钻不能定心而折断	重新把凸起部分车平
中心钻已磨损，强行进给	修磨中心钻
工件的转速太低，进给太快	提高工件的转速，降低进给速度
切屑堵塞	注入充足的切削液

（2）掌握中心孔的钻削深度　在钻中心孔时，要注意控制钻孔深度才能获得正确的中心孔。当中心孔的深度钻得正好时，既能保证中心孔与顶尖的定心锥面紧密结合，又不会使顶尖端和工件相碰，这时定心准确，如图3-33a所示。当中心孔钻得过深时，顶尖与中心孔不能用锥面结合，定心不准，如图3-33b所示。还有一种情况，因为中心钻的圆柱部分修磨后太短，以致加工出来的中心孔的圆柱部分太短，当这个孔与顶尖相配时，顶尖就在圆柱孔的底面上，顶尖的锥面也不能与中心孔的锥面相配合，定心也不准，如图3-33c所示。如果出现这些情况，不能通过控制钻孔深度来解决问题，需要更换中心钻。

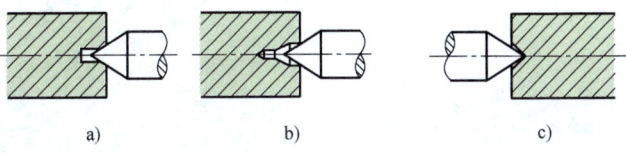

图3-33　中心孔深度的影响

3.2.3　简单轴类工件的加工

车削台阶轴时，总是既要车削外圆，又要车削环形端面。因此，既要保证外圆的尺寸精度，又要保证台阶长度尺寸。当车削两个直径相差不大的相邻台阶时，可用90°偏刀车削外圆，利用车削外圆进给到所控制的台阶长度终点位置，自然得到台阶面。用这种方法车削台阶时，车刀装夹后的主偏角必须等于90°，如图3-34a所示。

如果相邻两个台阶直径相差较大，就要用两把刀分几次车出。可先用一把 $\kappa_r < 90°$ 的车刀粗车，然后用一把90°偏刀（装夹后的 $\kappa_r=93°\sim95°$）分几次清根。清根时应该留够精车时外圆和端面的加工余量。精车外圆

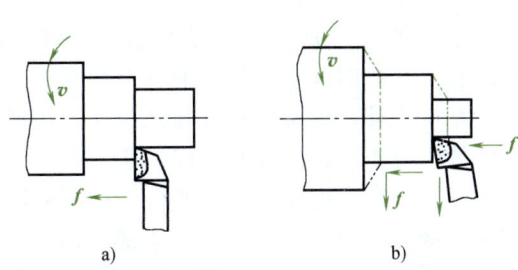

图3-34　台阶车削法

到台阶长度后，停止纵向进给，手摇横进给手柄使车刀慢慢地均匀退出，在端面精车一刀。至此一个台阶加工完毕，如图 3-34b 所示。

准确地控制被车台阶的长度是车削台阶的关键。控制台阶长度的方法有多种。

1. 用刻线控制

一般地，选最小直径圆柱的端面作为统一的测量基准，用金属直尺、样板或内卡钳测量出各个台阶的长度（每个台阶的长度应从同一个基准计算）。然后使工件慢转，用车刀刀尖在量出的各个台阶位置处，轻轻车出一条细线。以后车削各个台阶时，就按这些刻线控制各个台阶的长度，如图 3-35 所示。

2. 用挡铁定位

在车削数量较多的台阶轴时，为了迅速、正确地掌握台阶的长度，可以采用挡铁定位来控制被车台阶的长度。用这种方法控制长度比较准确，如图 3-36 所示。挡铁 1 固定在床身导轨的某一个适当位置上，例如与图上的台阶 a_3 的台阶面轴向位置一致。挡铁 2 和 3 的长度分别等于台阶 a_3 和 a_2 的长度。开始车削时，首先车削长度为 a_1 的台阶，当床鞍向左进给碰到挡铁 3 时，说明 a_1 已车出；拿去挡铁 3，调好车削下一个台阶的背吃刀量，继续纵向进给车削长度为 a_2 的台阶，当床鞍碰上挡铁 2 时，a_2 台阶就被车出。按这样的步骤和方法继续进行下去，直到床鞍碰到挡铁 1 时，工件上的台阶就全部车削好了。

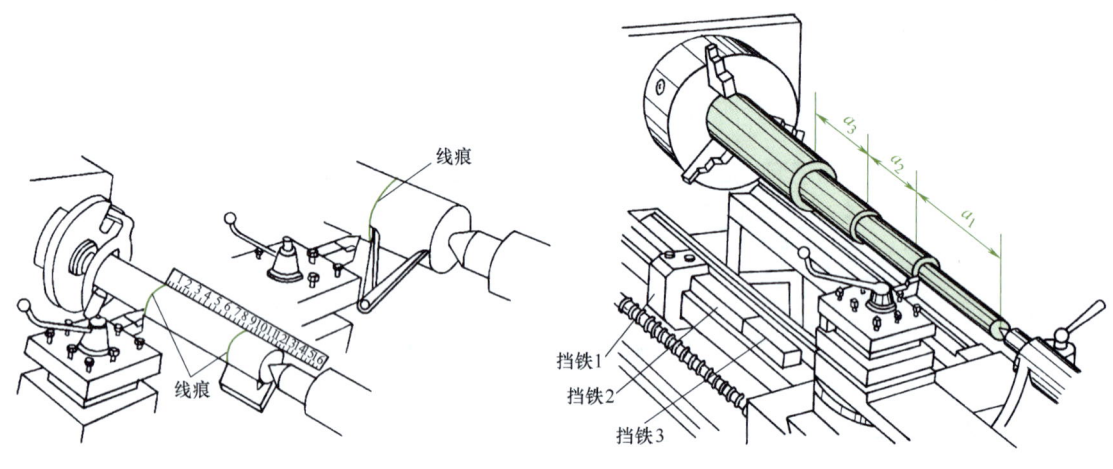

图 3-35　用刻线法控制台阶长度　　　　图 3-36　用挡铁定位车削台阶的方法

这种加工方法可以省去大量的测量时间，用挡铁控制台阶长度的精度可达 0.1～0.2mm，生产率较高。为了准确地控制尺寸，在车床主轴锥孔内必须装有限位支承，使工件无轴向位移。这种用挡铁控制进给长度的方法，只能在有进给系统过载保护机构的车床上才能够使用，否则会使车床损坏。

对于台阶长度相差不大的台阶，可采用圆盘式多位挡铁来控制台阶的长度，如图 3-37 所示。触头的固定挡铁，用两个螺钉固定在床身上。圆盘套在体壳中可以转动。在圆盘上可以装上 4～6 个止挡螺钉，螺钉可以根据工件的长度进行调整。在车削轴上的台阶时，只要转动圆盘使所需要的止挡螺钉头进入工作位置，当止挡螺钉与固定挡铁上的触头相接触时，就是一个长度尺寸。这样，一个挡铁可以控制 4～6 个长度尺寸。

3. 用床鞍刻度控制

台阶的长度尺寸也可利用床鞍的刻度盘来控制。例如，车削台阶 a_3（图3-36所示的工件）时，把床鞍摇到车刀刀尖刚好接触工件端面时，调整床鞍刻度盘的零线，纵向进给在床鞍刻度盘上所显示的长度等于 $a_1+a_2+a_3$；a_3 外圆车削至要求尺寸后，用同样的方法车削 a_2 外圆，这时刻度盘上显示的长度是 a_1+a_2；当 a_2 外圆车削至要求尺寸后，再车削 a_1 外圆，这时刻度盘上显示的长度应是 a_1。这样利用床鞍的刻度盘就可以控制台阶的长度尺寸了。C6140A型车床床鞍的刻度盘1格等于1mm，车削时的长度误差一般在0.3mm左右。对于台阶轴的各外圆直径尺寸，可利用中滑板的刻度盘来控制，其方法与车削外圆时相同。

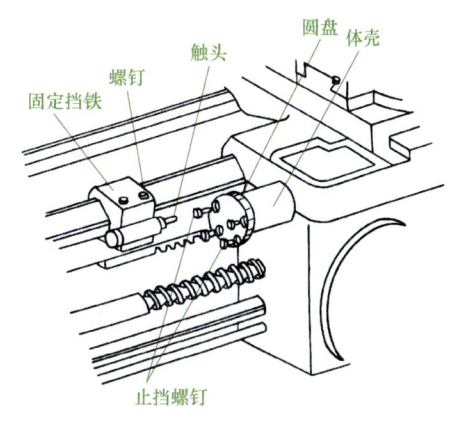

图 3-37　圆盘式多位挡铁

3.2.4　轴类工件的切断

1. 切断时切削用量的选择

（1）背吃刀量 a_p　横向切削时，背吃刀量（a_p）即在垂直于加工端面（已加工表面）的方向所测得的切削层的数值。所以切断时的背吃刀量等于切断刀的刀头宽度。

（2）进给量 f　由于切断刀的刀头强度比其他车刀低，因此应适当地减小进给量。进给量太大时，容易使切断刀折断；进给量太小时，切断刀后面与工件产生强烈的摩擦会引起振动。进给量的具体数值可根据工件和刀具材料来决定，一般用高速钢切断刀切断钢料时，$f = 0.05 \sim 0.1$mm/r；切断铸铁时，$f = 0.1 \sim 0.2$mm/r；用硬质合金切断刀切断钢料时，$f = 0.1 \sim 0.2$mm/r；切断铸铁时，$f = 0.15 \sim 0.25$mm/r。

（3）切削速度 v_c　用高速钢切断刀切断钢料时，$v_c=30 \sim 40$m/min，切断铸铁时 $v_c= 15 \sim 25$m/min；用硬质合金切断刀切断钢料时，$v_c=80 \sim 120$m/min，切断铸铁时，$v_c= 60 \sim 100$m/min。切断时，由于切断刀伸入工件被切削的槽内，切削刃被工件和切屑包围，因此散热效果不佳。为了降低切削区域的温度，应在切断时加注足够的切削液进行冷却。

2. 切断的方法

1）切断毛坯表面的工件前，最好用外圆车刀把工件先车圆或尽量减少进给量，以免造成"扎刀"现象而损坏车刀。

2）手动进刀切断时，摇动手柄应连续、均匀，以避免因切断刀与工件表面存在摩擦，而使工件表面产生冷作硬化现象，进而迅速磨损刀具。如果不得不中途停机，应先把切断刀退出再停机。

3）用卡盘装夹工件切断时，切断位置离卡盘的距离应尽可能接近，否则容易产生振动，或使工件抬起压断切断刀。

4）切断时由一夹一顶装夹的工件，工件不应先完全切断，应卸下工件后再敲断。切断较小的工件时，要用盛具接住，以免切断后的工件混在切屑中或飞出找不到。

5）切断时，不能用两顶尖装夹工件，否则切断后工件会飞出造成事故。

3.3 简单轴类工件的精度检验与误差分析

3.3.1 简单轴类工件精度检验

1. 工件的测量方法

（1）游标卡尺的测量

1）用游标卡尺测量。用游标卡尺测量时，应使量爪逐渐与工件表面靠近，最后轻微接触。游标卡尺可以测量工件的外径、内孔、长度、深度等尺寸。测量外径的方法如图3-38a所示。测量长度的方法如图3-38b所示。测量深度的方法如图3-38c所示。测量内孔的方法如图3-38d所示，但这时必须注意，游标卡尺上读出的尺寸应加上两只量爪的厚度。测量两孔中心距的方法如图3-38e所示，这时游标卡尺上读出的尺寸应加上小孔的两个半径。

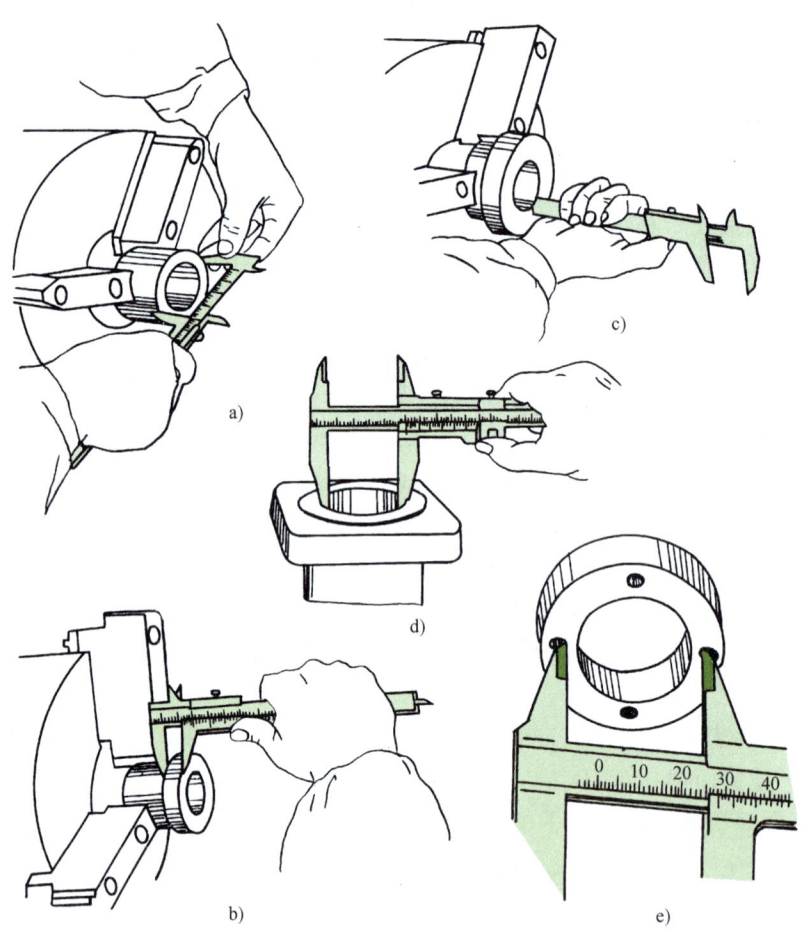

图3-38 游标卡尺的使用方法

2）使用游标卡尺时的注意事项。

① 使用前，应擦净量爪，并将两个量爪闭合，检查主标尺、游标尺"0"线是否重合。若不重合，应在测量后根据零线不重合误差修正读数。

② 测量时，不要用量爪用力压工件，以免量爪变形或磨损，进而降低测量的精度。

③ 游标卡尺仅用于已加工的光滑表面，表面粗糙的工件或正在加工的工件都不宜用游标卡尺测量，以免量爪过快磨损。

（2）千分尺的测量

1）千分尺的测量方法。测量前应检验"0"位，并予以找正，否则可能影响读数的准确性，如图3-39a所示。

① 工件应准确地放置在千分尺测砧和测杆之间，不能偏斜。

② 测量时应握住尺架，先旋转微分筒进行较大的调整，当测杆即将接触工件时，再旋转棘轮进行微调，至发出打滑声再转1～2圈为止，如图3-39b所示。这时，可直接读数或转动制动环，与工件分开后再读数，如图3-39c所示。

③ 测量精密工件时，为了避免千分尺受热变形，影响测量精度，可将千分尺装在固定架上测量，如图3-39d所示。

④ 在车床上测量大直径工件时，千分尺的两个测头应在水平位置上，并要垂直于工件的轴线。测量时，左手握住尺架，右手调整测微螺杆和棘轮，依靠千分尺的自重在工件的直径方向找出最大尺寸，如图3-39e所示。

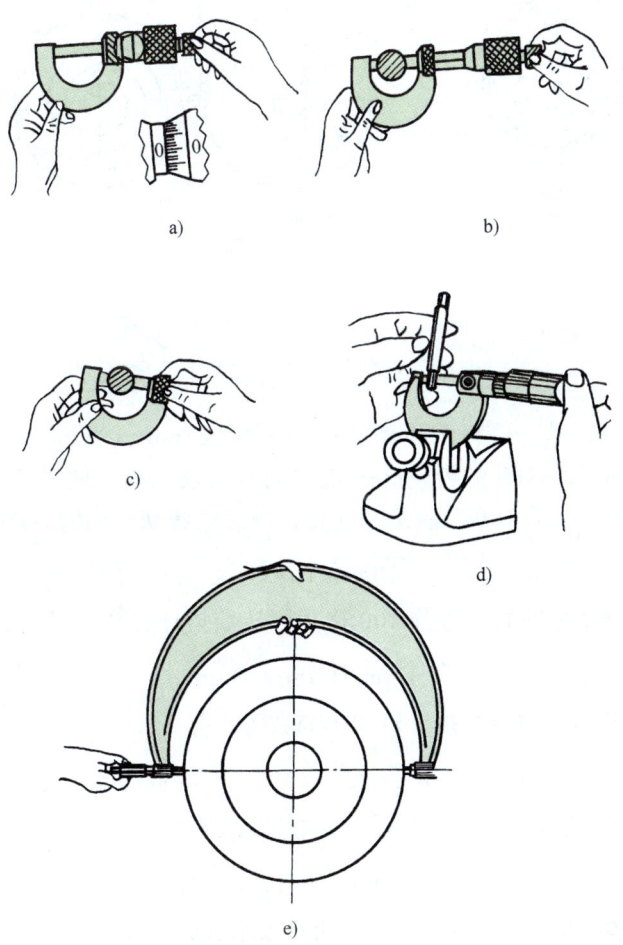

图3-39 用千分尺测量工件的方法

⑤ 可在测量后直接读数,或者转动测微螺杆的锁紧装置,锁紧后与工件分开再读数。

2)使用千分尺时的注意事项。

① 测量前后,均应将千分尺擦拭干净,使用后应涂防锈油,放在盒内妥善保管。

② 不准在旋转的工件上进行测量。

③ 测量时,要注意工件温度的影响,不要直接测量温度在30℃以上的工件。

④ 不准将千分尺先调整好尺寸,当作卡规使用。

⑤ 不准用千分尺测量毛坯面等粗糙面。

(3)钟面式百分表的测量

1)钟面式百分表(分度值为 0.01mm)的结构原理。百分表的外形及结构如图 3-40a 所示,表内装有一组精密传动装置,如图 3-40b 所示,其传动原理是:测杆上铣有齿条,当测杆受外力作用移动时,齿条带动齿轮 z_1,而齿轮 z_2 与齿轮 z_1 同轴,因此齿轮 z_1 转动时由齿轮 z_2 带动齿轮 z_3。指针是安装在齿轮 z_3 轴上的,随齿轮 z_3 转动。齿轮 z_3 同时带动与转数指针同轴的齿轮 z_4 转动。

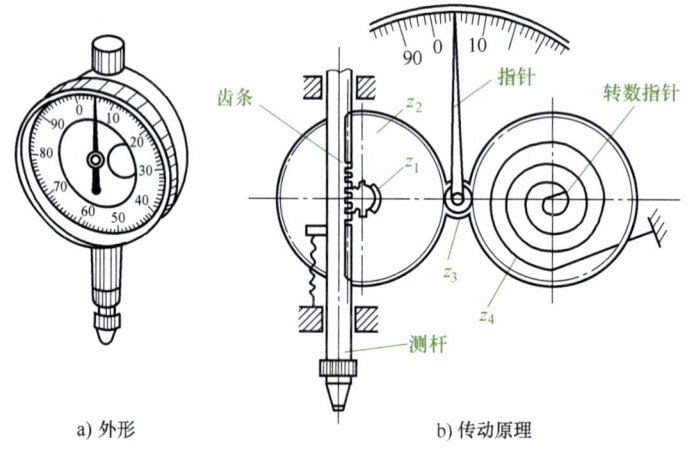

图 3-40 钟面式百分表的外形及结构

百分表的读数原理是:测杆上齿条的齿距为 0.625mm,当 $z_1=16$ 的齿轮转动一周时,带动测杆移动 10mm,$z_2=100$ 的齿轮随齿轮 z_1 同步转动一周,此时 $z_3=10$ 的齿轮转动(即指针转动)周数为 $n_3=z_2/z_3=100/10=10$。可见,当指针转动一周时,测杆移动的距离为

$$10mm/10=1mm$$

若转数指针指示的刻度盘圆周上等分 100 格,则转数指针转动 1 格时,测杆移动

$$1mm/100=0.01mm$$

$z_4=100$ 的齿轮转动(即转数指针转动)周数为

$$n_4=(z_2/z_3)\times(z_3/z_4)=100/10\times10/100=1 \text{ 周}$$

可见,当转数指针转动 1 周时,测杆移动的距离为

$$10mm/1=10mm$$

在转数指针指示的表面圆周上等分 10 格,则转数指针转动 1 格时,测杆移动量为

$$10mm/10=1mm$$

综上所述,百分表的指针刻度每格代表 0.01mm,共有 100 格,所以指针转一周代表 1mm。转数指针的刻度每格代表 1mm,当指针转 1 周时,转数指针才转 1 格,所以转数指针是用来记录指针所转的圈数的。测量时,测杆被推向管内,测杆移动的距离等于转数指针的读数(测出的整数部分)加上指针的读数(测出的小数部分)。

2)钟面式百分表的测量方法 使用百分表时,一般需要将其装在普通表架或专用的磁性表座上,如图 3-40 所示。使用时,应先擦净测头及被测表面,调整指示圈,使指针对准"0"位,转动工件或移动百分表来观察指针的摆动情况,以确定被检验工件的精度。测量时,百分表的测杆必须垂直于被测工件的表面,否则会产生误差,如图 3-41 所示。

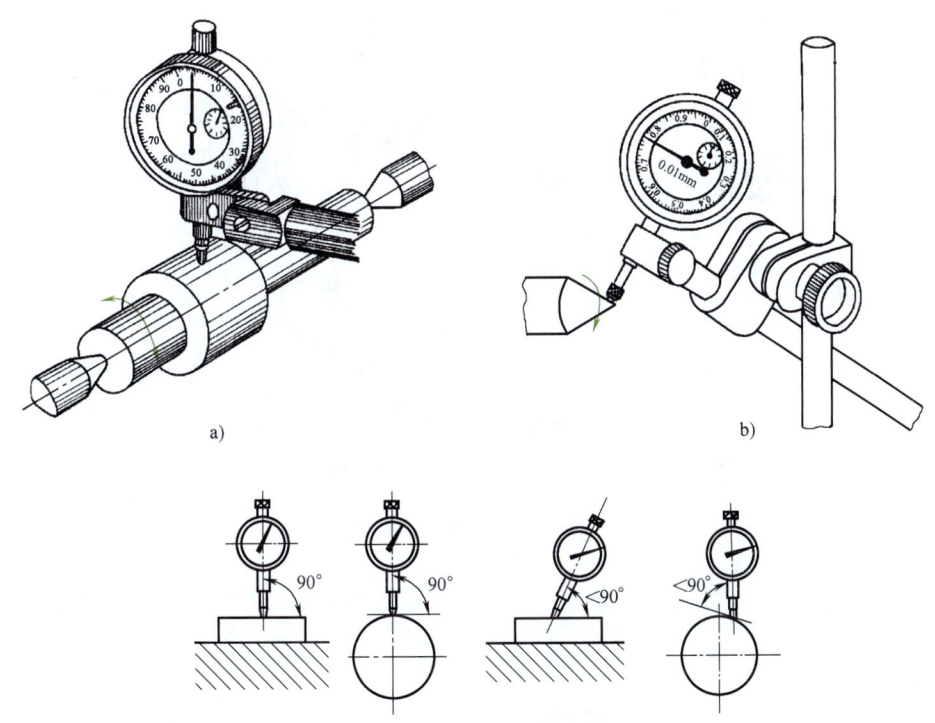

图 3-41 钟面式百分表的使用方法及百分表测头与被测表面的位置

(4)杠杆式百分表的测量

1)杠杆式百分表的结构原理如图 3-42 所示。杠杆测头与扇形齿轮靠摩擦力连接,当杠杆的测头向上(或向下)摆动时,扇形齿轮带动小齿轮 1 转动。在小齿轮 1 的同一轴上装有端面齿轮,于是端面齿轮随之转动,从而带动小齿轮 2 和指针转动,这样就可在表盘上读出读数了。这种百分表的杠杆测头既可以自下向上摆动,也可以自上向下摆动。当需要改变方向时,只要扳动表壳侧面的扳手,通过钢丝使扇形齿轮靠向左面或右面。测量力由钢丝产生,它还可以消除齿轮的啮合间隙。

2)杠杆式百分表的测量方法 杠杆式百分表的用途与一般百分表基本相同。但是,由于杠杆式百分表的测头可以转动,因此比较灵活方便,能完成一般百分表难以测量的轴向圆跳动和径向圆跳动等,如图 3-43 所示。

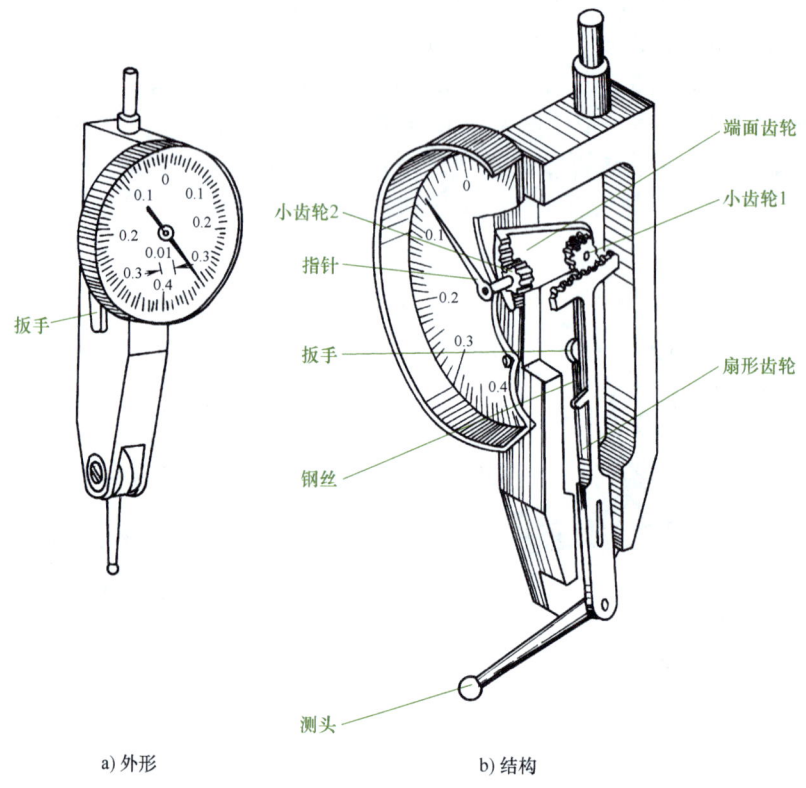

a) 外形   b) 结构

图 3-42 杠杆式百分表

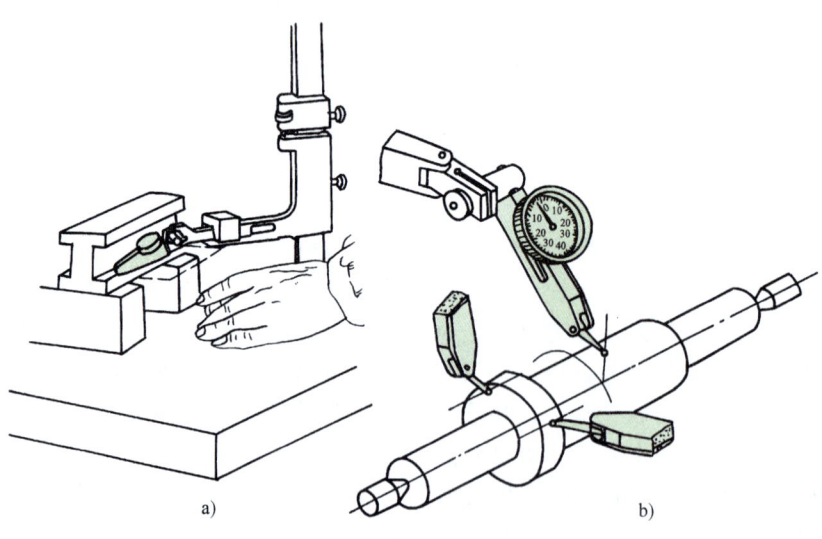

a)   b)

图 3-43 杠杆式百分表的测量方法

必须注意，杠杆式百分表的测杆轴线与被测工件表面的角度 $α$ 不宜过大，如图 3-44 所示。$α$ 角度越小，误差越小。

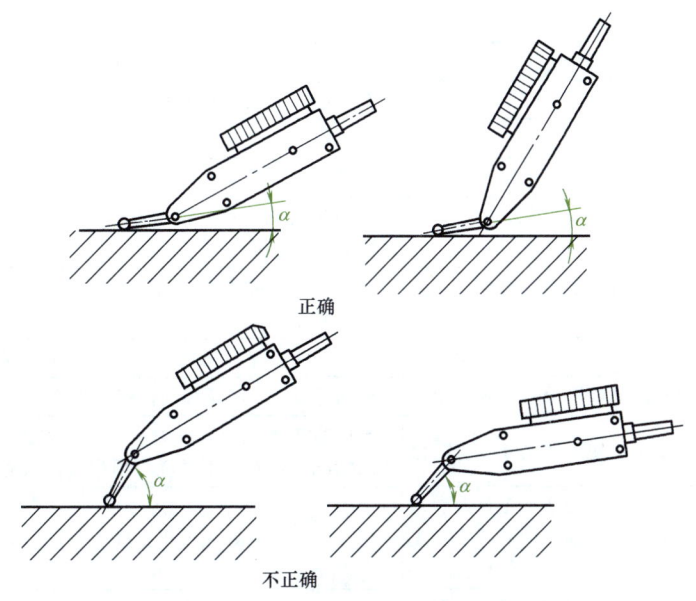

图 3-44　杠杆式百分表测杆的角度

（5）卡规的测量　在成批量生产轴类工件时，若使用千分尺等精密量具测量工件，不仅麻烦，而且会加剧精密量具的磨损，因此常采用卡规。卡规（图 3-45）有两个测量面，尺寸大的一端等于轴颈的上极限尺寸，在测量时应通过轴颈，叫通端。尺寸小的一端，等于轴颈的下极限尺寸，在测量时不应通过轴颈，叫止端。

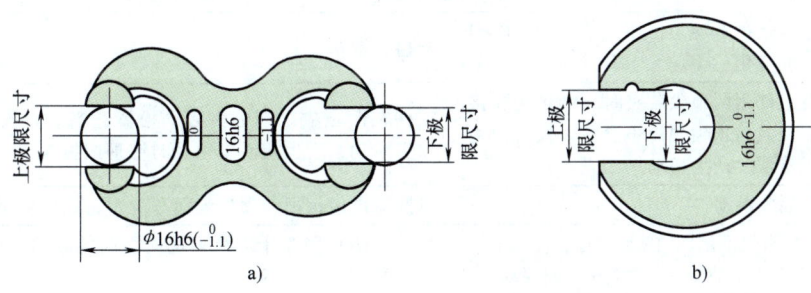

图 3-45　卡规

用卡规检验工件时，如果通端能通过，止端不能通过，说明该工件的尺寸在允许的公差范围内，为合格工件；否则就是不合格的工件。为了使用方便，有些卡规将通端、止端设在卡规的同一个方向。

3.3.2 加工简单轴类工件产生误差的种类、原因及预防方法

车削外圆、切断和车削外沟槽时产生废品的原因及预防措施见表 3-3 和表 3-4。

表 3-3 车削外圆时产生废品的原因及预防措施

废品种类	产生原因	预防措施
毛坯车不到规定的尺寸	毛坯的加工余量不够	车削前，必须检查毛坯是否有足够的加工余量
	工件弯曲没有经过矫直	长棒料必须矫直后才能加工
	工件装夹在卡盘上没有经过校正	工件装夹上卡盘后，必须校正外圆和端面
	中心孔的位置不正确	用两顶尖或一夹一顶的方式装夹工件时，中心孔的位置应保证有加工余量
尺寸精度达不到要求	操作者粗心大意，看错图样或刻度盘使用不当	车削时，必须看清图样上的尺寸和技术要求，正确使用刻度盘，看清格数
	车削时盲目切削，没有进行试切削	根据加工余量算出吃刀量，进行试切削，然后修正吃刀量
	量具本身有误差或测量不正确	使用量具前，必须仔细检查和调整零位，正确掌握测量方法
	切削热的影响，使工件尺寸发生变化	不能在工件温度较高时测量。如要测量，应先掌握工件的收缩情况，或在车削时浇注切削液，以降低工件的温度
产生锥度	用一夹一顶或两顶尖装夹工件时，后顶尖的中心线不在主轴的中心线上（见本表注）	粗车时，必须首先校正锥度。校正方法见"注"
	用小滑板车削外圆时产生锥度，是由于小滑板的位置不正，即小滑板的刻线与中滑板上的刻线没有对准"0"线	使用小滑板车削外圆时，必须先检查小滑板上的"0"线是否与中滑板的"0"线对准
	用卡盘装夹工件纵向进给车削时，产生锥度是由于车床导轨与主轴中心线不平行	调整车床主轴与床面导轨的平行度
	装夹工件时悬臂较长，车削时因切削力影响使前端让开，产生锥度	尽量减小工件的伸出长度，或另一端用顶尖支顶以增加装夹刚性
	刀具中途逐渐磨钝	选用合适的刀具材料，或适当减小切削速度
产生椭圆	车床主轴间隙太大	车削前，检查主轴间隙并调整合适，若主轴因磨损太多而使间隙过大，则需修理主轴和轴承
	毛坯余量不均匀，在切削过程中吃刀量发生变化	分粗、精车
	当工件用两顶尖装夹时，两顶尖孔接触不良或后顶尖顶得不紧，以及所使用的回转顶尖产生扭动	工件在两顶尖之间装夹必须松紧适当。若发现回转顶尖、前顶尖跳动，产生扭动，须及时修理或更换
	前顶尖跳动	更换前顶尖，把前顶尖锥面车一刀，然后装夹工件
表面粗糙度达不到要求	车床刚性不足，如床鞍过松，传动工件（如带轮）不平衡或主轴太松引起振动	消除或防止因车床刚性不足而引起的振动（如调整车床各部分的间隙）
	车刀刚性不足或伸出太长引起振动	增加车刀的刚性和正确装夹车刀
	工件刚性不足引起振动	增加工件的装夹刚性
	车刀的几何形状不正确，如选用过小的前角、主偏角和后角	1. 选择合理的车刀角度（如适当增大前角，选择合理的后角） 2. 用磨石研磨切削刃，减小表面粗糙度
	切削用量选择不当	进给量不宜太大，精车余量和切削速度选择适当

注：图 3-29 中表示尾座偏向操作者，这样工件在靠尾座一端切去的金属多，使直径变小；而靠车头的一端切去的金属少，使直径变大，因此产生锥度。

表 3-4 切断和车削外沟槽时产生废品的原因及预防措施

废品种类	产生原因	预防措施
槽宽不正确	主切削刃的宽度磨得太宽或太窄	根据槽的宽度重磨主切削刃宽度
槽宽不正确	测量不正确	正确测量
沟槽位置不正确	测量和定位不正确	正确定位并仔量测量
沟槽深度不正确	没有及时测量	切槽过程中及时测量
沟槽深度不正确	尺寸计算错误	仔细计算尺寸，对留有磨制余量的工件，切槽时必须把磨削余量考虑进去
切下的工件长度不正确	测量不正确	正确测量
切下的工件表面凹凸不平，尤其是薄工件	刀头的强度不够，主切削刃不平直，吃刀后由于侧向切削力的作用使刀具偏斜，使切下的工件凹凸不平	增加刀头的强度，刃磨时必须使主切削刃平直
切下的工件表面凹凸不平，尤其是薄工件	刀尖圆弧刃磨和磨损不一致，使主切削刃因受力不均而产生凹凸面	刃磨时保证两个刀尖圆弧对称
切下的工件表面凹凸不平，尤其是薄工件	切断刀装夹不正确	正确装夹切断刀
切下的工件表面凹凸不平，尤其是薄工件	刀具角度刃磨不正确，两副偏角过大而且不对称，从而降低刀头强度，产生让刀现象	正确刃磨切断刀，保证两个副偏角和副后角对称
切下的工件表面凹凸不平，尤其是薄工件	两副偏角太小产生摩擦	正确选择两个副偏角
切下的工件表面凹凸不平，尤其是薄工件	切削速度选择不当，没有加注切削液	选择适当的切削速度，加注切削液
切下的工件表面凹凸不平，尤其是薄工件	切削时产生振动	采取防振措施
切下的工件表面凹凸不平，尤其是薄工件	拉毛已加工表面	控制切屑的形状和排出方向

3.4 技能训练——台阶轴的加工

1．工艺准备

（1）分析图样　一般轴类工件的加工以保证尺寸精度和表面粗糙度要求为主，对各表面之间的位置有一定的要求，如图 3-46 所示。材料为 45 钢，毛坯材料为热轧圆钢，图样分析如下：

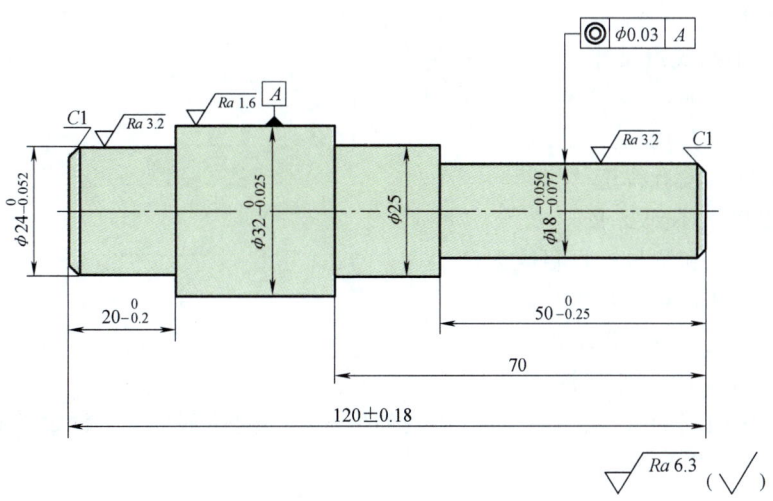

图 3-46 台阶短轴

1）$\phi32_{-0.025}^{0}$mm 为基准外圆。

2）主要尺寸 ϕ18mm、ϕ24mm 外圆的表面粗糙度值均为 Ra3.2μm，ϕ32mm 外圆的表面粗糙度值为 Ra1.6μm。

3）外圆 ϕ18mm 轴线对基准外圆轴线的同轴度公差为 ϕ0.03mm。

4）加工数量为 10 件。

（2）制订加工工艺

1）材料为 45 热轧圆钢，规格为 ϕ35mm×125mm。

2）材料经调质处理。

3）台阶的加工顺序如下：车端面、粗车外圆、精车外圆、倒角，调头，粗、精车外圆，倒角。

（3）工件装夹　工件的定位与夹紧选用自定心卡盘。

（4）刀具选用　刀具选用 90° 外圆车刀和 45° 端面车刀。

（5）设备选用　设备选用 C6140A 型车床。

2. 工件加工

车削加工步骤如下：

1）在自定心卡盘上夹住 ϕ35mm 毛坯外圆，伸出长度为 75mm 左右。必须先找正外圆。

① 车削端面，车平即可。

② 粗车 ϕ32mm 外圆、ϕ18mm 外圆及 ϕ25mm 外圆，留精车余量 0.5～1mm。

③ 精车 $\phi32_{-0.025}^{0}$mm 外圆至尺寸，精车 $\phi18_{-0.077}^{-0.050}$mm 外圆至尺寸及 ϕ25mm 外圆。为了保证 ϕ32mm 外圆对 ϕ18mm 外圆的同轴度公差为 ϕ0.03mm，必须一次装夹加工完成。

④ 倒角 C1，锐边倒钝。

2）调头，夹住 ϕ25mm 外圆靠住台阶端面（表面包一层铜皮夹住圆柱面），找正工件。

① 车削端面，取总长 120mm±0.18mm。

② 粗、精车 $\phi24_{-0.025}^{0}$mm 外圆至尺寸，长度为 $20_{-0.2}^{0}$mm。

③ 倒角 C1，锐边倒钝。

3. 精度检验及误差分析

（1）误差分析

1）毛坯车不到规定尺寸。

① 毛坯余量不够。

② 毛坯弯曲没有找正。

③ 装夹工件时没有找正。

2）尺寸精度达不到要求。

① 未经过试切和测量，盲目吃刀。

② 未掌握工件材料的收缩规律。

③ 量具误差较大或测量不准。

3）表面粗糙度达不到要求。

① 各种原因引起的振动，如工件、刀具伸出太长，刚性不足，主轴轴承间隙过大，转动件不平衡，刀具的主偏角过小。

② 车刀的后角过小，车刀后面和已加工面存在摩擦。

③ 切削用量选择不当。

4）产生锥度。

① 用卡盘装夹工件时，工件悬伸太长，受力后末端让开。

② 床身导轨和主轴轴线不平行。

③ 刀具磨损。

5）产生椭圆。

① 余量不均，没分粗、精车。

② 主轴轴承磨损，间隙过大。

（2）精度检验

1）用外径千分尺测量外圆时，在圆周面上要同时测量两点，全长上测量若干个截面。

2）长度测量可选用游标深度卡尺或游标卡尺。

3）同轴度误差的测量方法（图3-47）。将基准外圆ϕ32mm放在V形架上，把百分表的测头接触ϕ18mm外圆，转动工件一周，百分表指针的最大读数之差即为同轴度误差，按此方法测量若干截面。

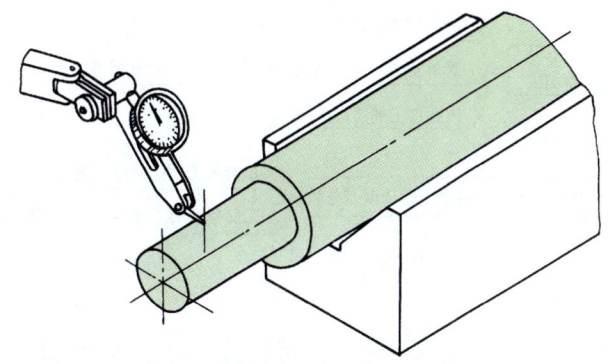

图3-47 同轴度误差的测量方法

项目 4

套类工件加工

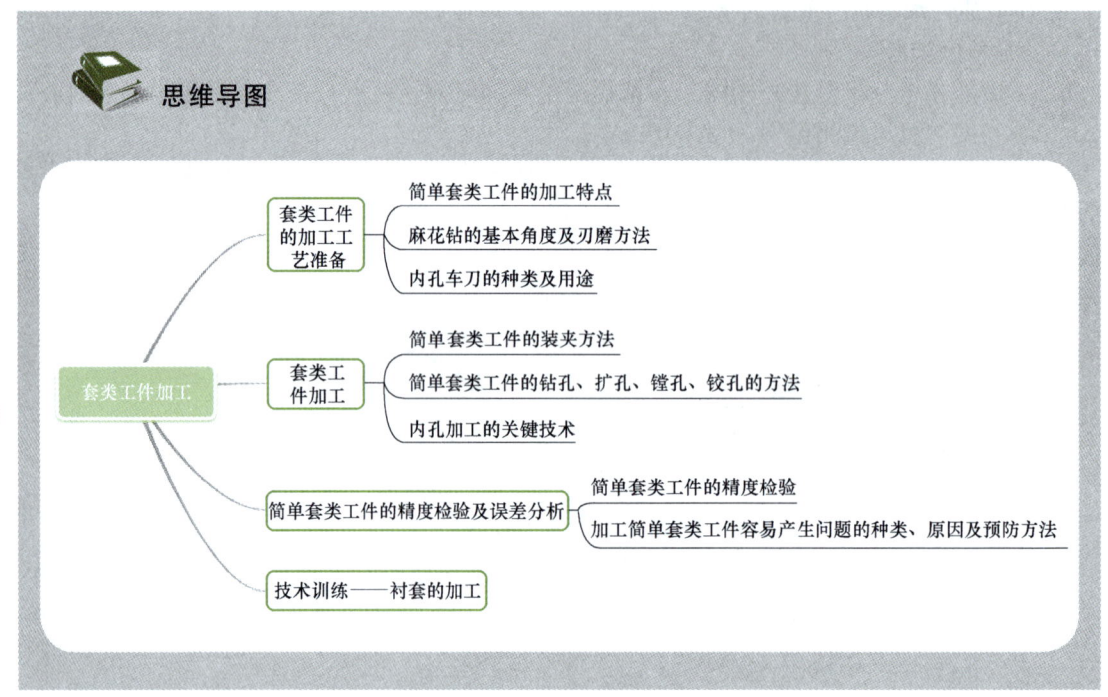

4.1 套类工件的加工工艺准备

在装配机器和设备时,因支承和连接配合的需要,有很多工件带有圆柱孔。圆柱孔的工件一般作为配合孔,都要求有较高的尺寸精度(公差等级为 IT7~IT8)、较低的表面粗糙度值(Ra0.2~2.5μm)和较高的几何精度,如图 4-1 所示。

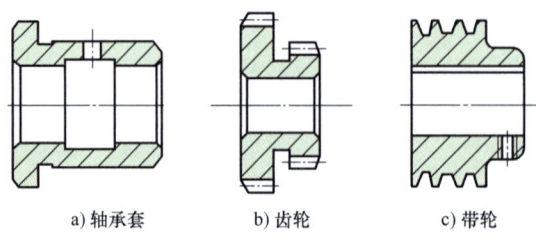

a) 轴承套　　b) 齿轮　　c) 带轮

图 4-1　带圆柱孔的工件

4.1.1 简单套类工件的加工特点

套类工件的加工特点主要是圆柱孔的加工比车削外圆要困难得多，主要有以下原因：

1）孔的加工是在工件内部进行的，观察切削情况很困难。尤其是当孔小而深时，根本无法观察。

2）刀杆尺寸由于受孔径和孔深的限制，既不能做得太粗，又不能太短，因此刚性很差，特别是加工孔径小、较长的孔时，更为突出。

3）排屑和冷却困难。

4）圆柱孔的测量比外圆困难。另外，加工时必须采取有效措施来达到套类工件的各项几何精度。当工件的壁厚较薄时，加工更困难。

4.1.2 麻花钻的基本角度及刃磨方法

在车床上加工套类工件时，需要先加工底孔，所使用的切削刀具通常是麻花钻。

1. 麻花钻的结构和切削几何参数

钻头的种类较多，有中心钻、麻花钻、扁钻、深孔钻等，其中麻花钻是最常用的一种钻头。麻花钻常用 W18Cr4V 材料制成，其硬度可达 62~65HRC。

（1）麻花钻的组成部分　麻花钻主要由切削、导向、空刀、柄部等部分组成，结构如图 4-2 所示。

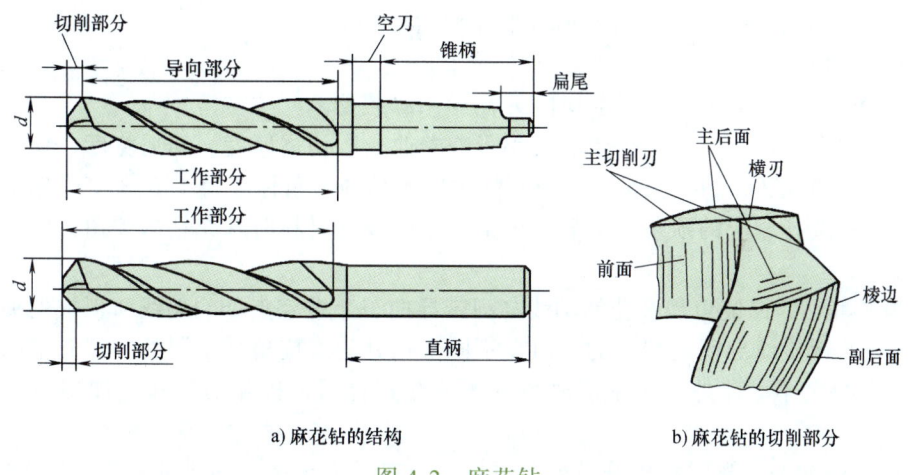

a) 麻花钻的结构　　b) 麻花钻的切削部分

图 4-2　麻花钻

1）工作部分。麻花钻的工作部分由切削和导向两部分组成。如图 4-2a 所示，切削部分由两条主切削刃、一条横刃、两个前面、两个后面和棱边组成。两条棱边在钻削过程中起着导向的作用，使钻头在保持直线钻削方向的同时，起着修光孔壁的作用。麻花钻的头部是切（钻）削部分，在钻削过程中承担着主要的切削任务，如图 4-2b 所示。工作部分沿麻花钻轴线的实心部分称为钻芯，钻芯的中心厚度称为钻芯厚度，其作用主要是保持钻头有足够的强度和定心作用。为了兼顾切削时的进给力与容屑空间两者之间的关系，往往将钻芯制成锥形，由切削部分逐渐向尾部方向增厚。为了减小钻头与孔壁之间的摩擦，麻花钻的棱边直径由切削部分向柄部逐渐减小，其倒锥量通常为（0.03~0.12mm）/100mm。

2）空刀。麻花钻的空刀是制造钻头的过程中便于砂轮退刀，及制造商打印商标和钻头的规格用的。

3）柄部。麻花钻的柄部是钻头与钻孔设备的连接部分，在钻孔的过程中起着传递进给力的作用。麻花钻的柄部根据直径的不同，有直柄和莫氏锥柄两种形式。一般情况下，麻花钻的直径小于φ13mm时常采用直柄，大于φ13mm时常采用莫氏锥柄。为了避免在钻削过程中麻花钻在主轴孔内产生打滑的现象，麻花钻的莫氏锥柄尾部常设置为扁尾形状。

（2）切削部分的几何参数及作用　麻花钻切削部分的几何参数如图4-3所示，麻花钻钻削时的切削平面为$P—P$，基面为$Q—Q$。麻花钻切削部分的螺旋槽表面称为前面，顶端的两个曲面称为后面。

1）前角γ_o。主切削刃上任一点处的前角是在主剖面"$N—N$剖面"内前面与基面之间的夹角。主切削刃上各点的前角是变化的，在麻花钻最外缘处最大，自外缘向轴心逐渐减小，到1/3直径处约为0°，再往轴心则前角逐渐增大负值。前角的大小决定了切屑的变形程度。

2）后角α_o。切削刃上任一点处的后角是该点的切削平面$N—N$剖面与后面之间的夹角。切削刃上每一点处的后角都是不相等的，后角的大小对工件与钻头后面发生的摩擦影响很大。

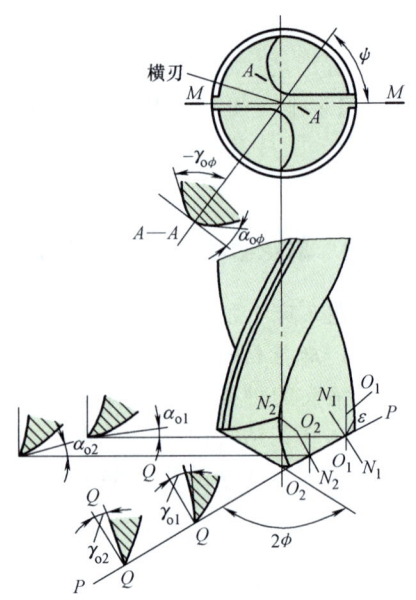

图4-3　麻花钻的几何参数

3）顶角2ϕ。麻花钻的两个主切削刃在$M—M$投影面上所形成的夹角称为顶角。顶角的大小影响着前角、切屑厚度、切屑宽度、切屑流出的方向、表面粗糙度和孔的扩张量。供应商的出厂产品的顶角标准为180°±2°，钻削时应根据不同的材料选择相应的顶角。一般情况下，钻削较软材料时麻花钻的顶角可取小些，反之则取大些。

4）螺旋角β。螺旋角是麻花钻轴线与刃带导向刃上选定点处的切线所形成的夹角。螺旋槽上各点的螺旋线导程是相等的，但在不同半径处的螺旋角是不同的。螺旋槽的大小直接影响前角的大小。此外，在钻削时螺旋槽还起到容屑、排除切屑和施加切削液通道的作用。

5）横刃斜角ψ。横刃斜角是横刃与主切削刃在垂直于钻头轴线端面投影所夹的锐角。当刃磨的后角增大时，横刃斜角减小、横刃变长。横刃的前角为负角，钻削时横刃为挤压刮削状态，会产生很大的切削抗力造成进给力增大，定心作用较差。

6）侧后角α_{fo}。侧后角是后面与切削平面之间的夹角，主切削刃上每一点处的侧后角也是不同的，其变化规律与前角相反。外缘处的侧后角最小，越接近中心侧后角越大。

2. 刃磨要求及方法

（1）刃磨设备　麻花钻的刃磨常用手工方法在砂轮机上完成。由于麻花钻头常用W18Cr4V材料制成，可选粒度为F54～F80的中软级硬度刚玉砂轮。

（2）刃磨要求

1）顶角、侧后角的大小要与加工工件的材质相适应，两条主切削刃应对称等长，顶角2ϕ被麻花钻的轴线平分。当麻花钻的直径大于φ5mm时，应修磨横刃以方便定心。麻花钻刃磨的质量对钻削的质量有直接的影响,因此在刃磨麻花钻结束后必须进行检查,一般情况下常采用目测法以及角度样板和金属直尺等简单测量工具进行检查。

2)刃磨主切削刃。根据所钻削的工件材料刃磨麻花钻的顶角 2ϕ 和过渡刃 f_o(图 4-4),减少顶角值可减少进给分力,刃磨过渡刃可提高外刃转角处的切削刃强度和散热条件,提高麻花钻的寿命。

3)刃磨横刃。刃磨横刃是最基本和最主要的一种方法。将横刃磨短至原横刃长度的 $1/5 \sim 1/3$(图 4-5),同时磨出横刃处新形成的两条内刃的前角 $\gamma_{o\psi} = -15° \sim 0°$,可以减少进给力、增加麻花钻的定心作用,提高孔的加工质量和生产率。

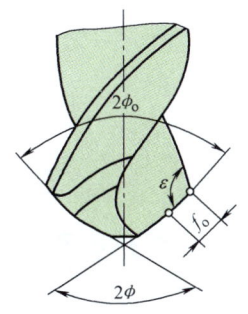

图 4-4　刃磨主切削刃

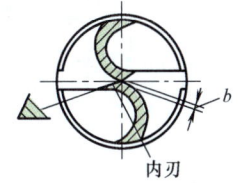 

图 4-5　刃磨横刃

4)刃磨棱边。在棱边上保留原棱边宽度的 $1/3 \sim 1/2$(图 4-6),刃磨出副后角 $\alpha'_o = 6° \sim 8°$,可减少棱边对孔壁的摩擦,提高麻花钻的使用寿命。

(3)刃磨方法　用右手握住麻花钻导向部分的前端作为定位支承点,左手握住麻花钻的柄部(图 4-7),使麻花钻绕其轴线转动并作扇形摆动。刃磨时,应注意麻花钻的轴线与砂轮的水平中心线一致,主切削刃保持水平位置,刚接触砂轮时用力要轻。随着麻花钻尾部向下作扇形倾斜的同时,让

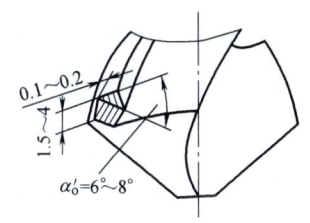

图 4-6　刃磨棱边

麻花钻绕其轴线逐渐旋转 15° ~ 30°,旋转过程中加在砂轮上的压力也逐渐增加,返回时压力逐渐减小,使后面磨成一个完整的曲面。刃磨一两次后,旋转 180° 刃磨另一条主切削刃。在刃磨过程中,应随时检查刃磨顶角的正确性,刃磨时的磨削量要小一些,为了避免磨削过程中麻花钻过热产生退火现象,要适时地将麻花钻浸入水中冷却。

4.1.3　内孔车刀的种类及用途

根据被加工孔的类型,内孔车刀可分为通孔车刀(图 4-8a)和不通孔车刀(图 4-8b)两种。

内孔车刀是加工孔的刀具,其切削部分的几何形状基本上与外圆车刀相似。但是,内孔车刀的工作条件与车削外圆有所不同,所以内孔车刀又有自己的特点。

内孔车刀的结构:把刀头和刀杆制成一体的整体式内孔车刀。这种刀具因为刀杆太短,只适合于加工浅孔。加工深孔时,为了节省刀具材料,常把内孔车刀做成较小的刀头,然后装夹在用碳钢做成的、刚性较好的刀杆前端的方孔中,在车削通孔的刀杆上,刀头和刀杆轴线垂直,如图 4-9 所示。在加工不通孔用的刀杆上,刀头和刀杆轴线安装成一

定的角度。图 4-9 所示刀杆的悬伸量是固定的，刀杆的伸出量不能按内孔加工深度来调整。如图 4-10 所示为方形刀杆，能够根据加工孔的深度来调整刀杆的伸出量，因此可以克服悬伸量是固定类刀杆的缺点。

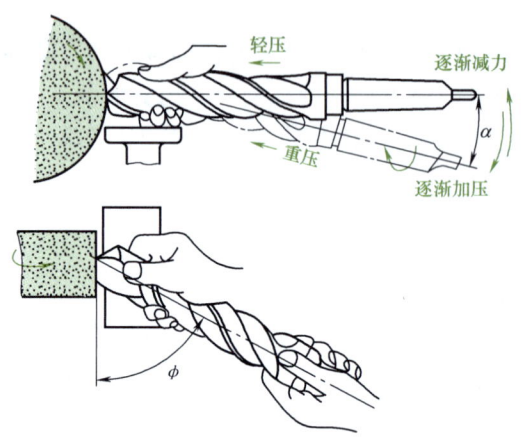

图 4-7 麻花钻的刃磨

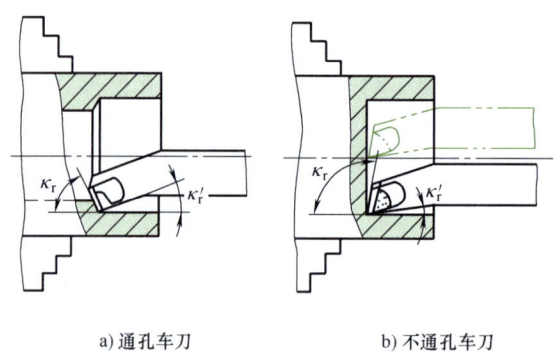

a) 通孔车刀   b) 不通孔车刀

图 4-8 内孔车刀

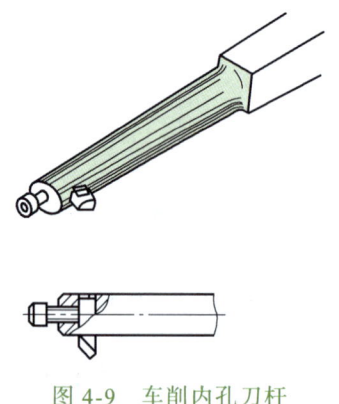

图 4-9 车削内孔刀杆

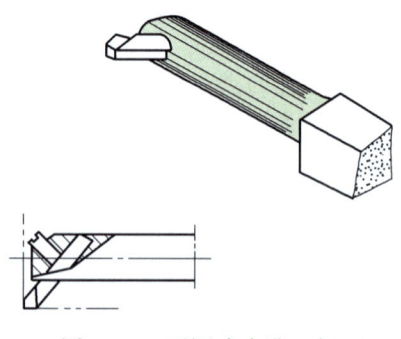

图 4-10 可调式内孔刀杆

4.2 套类工件加工

4.2.1 简单套类工件的装夹方法

车孔的工件一般用自定心卡盘或单动卡盘装夹。套类工件的主要加工表面是内孔、外圆和端面。在车床上加工内孔一般用钻孔、车孔（或钻孔）、铰孔来达到尺寸精度和表面粗糙度要求。

1. 保证同轴度和垂直度的方法

（1）在一次装夹中加工内外圆和端面　对于套筒类工件的装夹，当工件尺寸不大时，可用棒料毛坯，在一次装夹下完成外圆、内孔和端面的加工。这样能够保证外圆和内孔的同轴度和外圆内孔与端面的垂直度等。这是单件小批量生产中常用的一种加工方法。但是，要多次换用不同的刀具和不同的切削用量，故生产率不高，如图4-11所示。

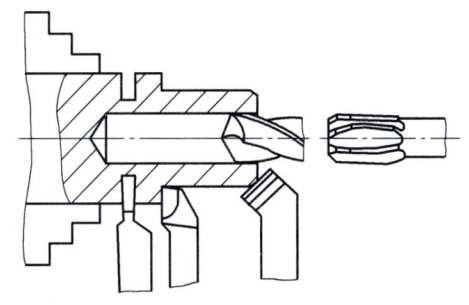

图4-11　一次装夹中加工工件

（2）以内孔为基准保证位置精度　对于中小型的套、带轮、齿轮等工件，一般可用心轴装夹，以内孔作为定位基准来保证工件的同轴度和垂直度。心轴由于制造容易，使用方便，因此在工厂中应用得很广泛。常用的心轴有下列几种：

1）实体心轴。实体心轴有不带台阶和带台阶两种。不带台阶的实体心轴有1∶（1000～5000）的锥度，又称小锥度心轴，如图4-12a所示。这种心轴的特点是制造容易，加工出的工件精度较高。缺点是轴向无法定位，承受切削力小，装卸不太方便。图4-12b所示是台阶式心轴，它的圆柱部分与工件孔保持较小的间隙配合，工件靠螺母来压紧。优点是一次可以装夹多个工件，缺点是精度较低。如果装上快换垫圈，装卸工件就很方便。

2）胀力心轴。胀力心轴依靠材料弹性变形所产生的胀力来固定工件，由于装卸方便，精度较高，工厂中用得很广泛。可装在机床主轴孔中的胀力心轴如图4-12c所示。根据经验，胀力心轴塞的锥角最好为30°，最薄部分的壁厚为3～6mm。为了使胀力保持均匀，可在轴套上做三个均布的槽（图4-12d），临时使用的胀力心轴可用铸铁制成，长期使用的胀力心轴可用弹簧钢（65Mn）制成。这种心轴使用最方便，应用广泛。

用心轴装夹是一种以工件内孔为基准来达到相互位置精度的方法，其特点是：设计制造简单，装卸方便，比较容易达到技术要求；但是当加工外圆很大、内孔很小、定位长度较短的工件时，应该采用外圆为基准来保证技术要求。

（3）用外圆为基准保证位置精度　工件以外圆为基准保证位置精度时，工件的外圆和一个端面必须在一次装夹中精加工，然后作为定位基准。以外圆为基准时，一般应用软卡爪装夹工件。

软卡爪是用未经淬火的钢料（45钢）制成的。这种卡爪可以自己制造，把原来的硬卡爪上半部拆下（图4-13a），换上软卡爪，用两只螺钉紧固在卡爪的下半部上，然后把卡爪车成所需要的形状，工件就可夹在上面。如果卡爪是整体式的，在旧卡爪的前端焊上一块钢料也可制成软卡爪，如图4-13b所示。

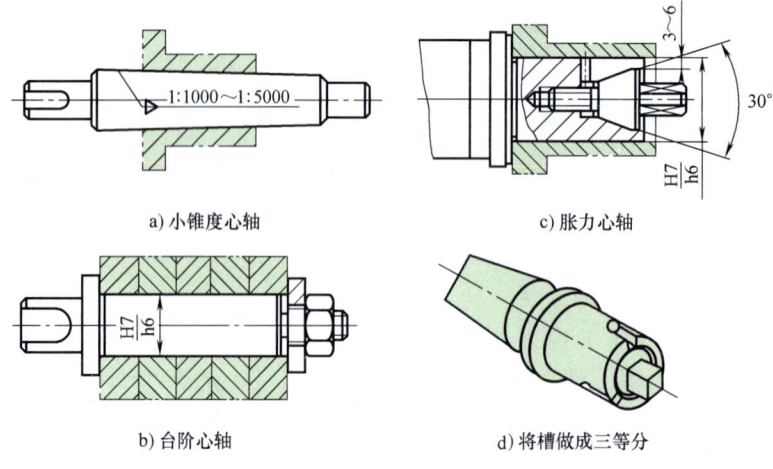

图 4-12　各种常用心轴

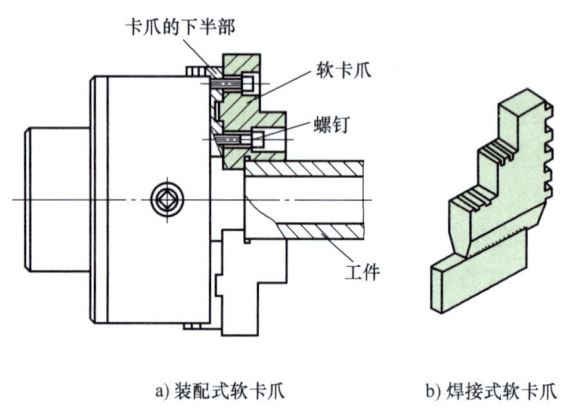

图 4-13　应用软卡爪装夹工件

软卡爪的最大特点是，工件虽经几次装夹，仍能保持一定的相互位置精度（一般在 0.05mm 以内），可缩短大量的装夹找正时间。其次，在装夹已加工表面或软金属工件时，既不易夹伤工件表面，又可根据工件的特殊形状车制软卡爪，以装夹工件。软卡爪在工厂中已得到越来越广泛的使用。车削软卡爪时，为了消除间隙，必须在卡爪内或卡爪外放一个适当直径的定位圆柱或定位圆环。定位圆柱或圆环的安放位置应与工件的装夹方向一致，如图 4-14 所示。

当软卡爪直接夹紧工件时，定位圆柱应放在卡爪的里面，用卡爪底部夹紧，如图 4-14a 所示。当软卡爪以工件内孔胀紧时，定位圆环应放在卡爪的外面，如图 4-14b 所示。

2. 薄壁套筒的装夹

车削薄壁套筒时，特别要注意由夹紧力引起的工件变形。如图 4-15a 所示，工件夹紧后会略微变成三角形，但车孔后所得的是一个圆柱孔。当松开卡爪拿下后，它会因弹性复原，外圆为圆柱形，而内孔则变成弧形三边形。如图 4-15b 所示，如用内径千分尺测量，各个方向直径 D 仍相等，但已变形，因此称为等直径变形。为了减少薄壁工件的变形，一般采用下列方法：

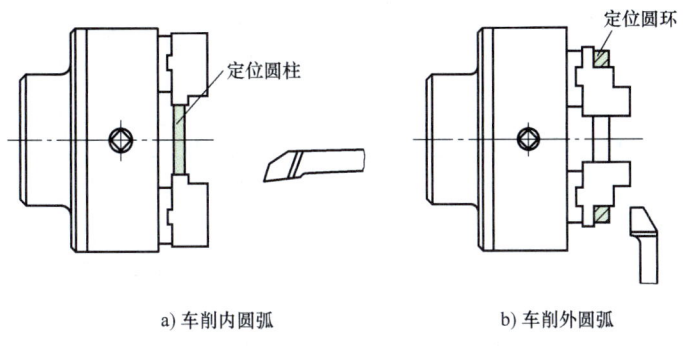

a) 车削内圆弧　　　　　　　b) 车削外圆弧

图 4-14　软卡爪的车削

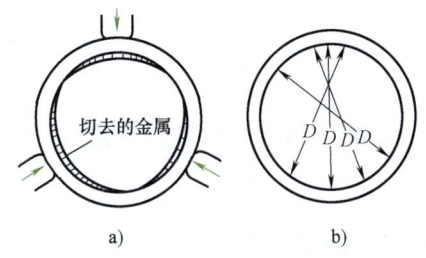

图 4-15　薄壁工件的变形

1）工件分粗、精车。粗车时夹紧力大些，精车时夹紧力小些，这样可以减少变形。

2）应用开缝套筒。由于开缝套筒的接触面大，夹紧力均匀分布在工件外圆上，不易产生变形。这种方法还可以提高自定心卡盘的安装精度，能达到较高的同轴度，如图 4-16 所示。

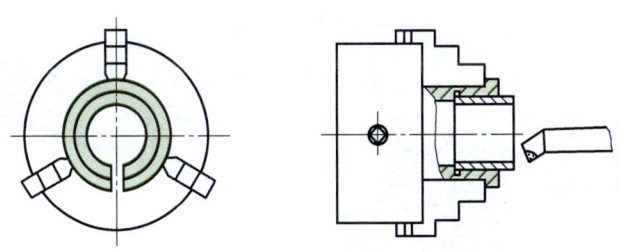

图 4-16　应用开缝套筒装夹薄壁工件

3）应用软卡爪卡盘。卡盘上换一副专用扇形卡爪，如图 4-17a 所示，使接触面增大，以减小变形。或采用自制的软卡爪用螺钉或压板同时内外夹住工件，以防止变形，如图 4-17b、图 4-17c 所示。

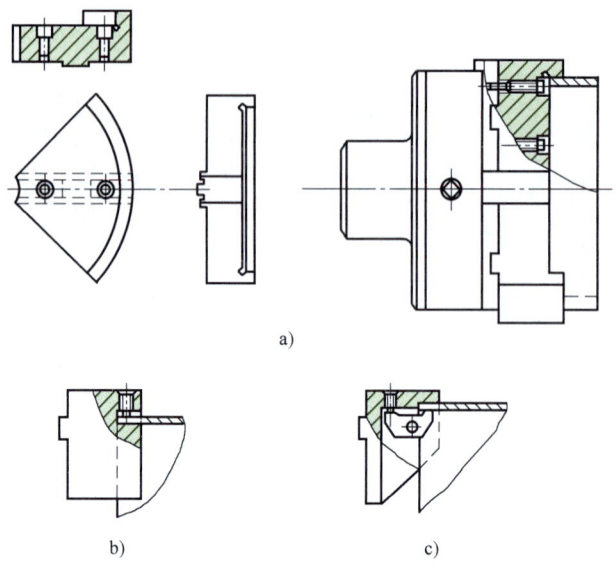

图 4-17 应用软卡爪卡盘装夹薄壁工件

4.2.2 简单套类工件的钻孔、扩孔、镗孔、铰孔的方法

1. 钻孔方法

用钻头在实心材料上钻出孔的方法称为钻孔。钻孔可以达到的公差等级一般情况下为 IT10～IT12，表面粗糙度值一般为 Ra12.5～50μm。

（1）麻花钻的装夹　直柄麻花钻通过辅助工具——钻夹头装夹后再装到机床上。钻夹头的前端有 3 个可以张开和收缩的卡爪，用来夹持钻头的直柄。卡爪的张开和收缩通过拧动滚花套来实现。钻夹头的后端是锥柄，将它插入车床尾座套筒的锥孔中来实现钻头和机床的连接，如图 4-18a 所示。锥柄麻花钻可以直接或通过过渡套与机床连接。当钻头锥柄的锥度与尾座套筒锥孔的锥度相同时，可以直接把钻头插入，进行连接；如果它们的锥度号数不同，就必须通过一个过渡套才能连接，如图 4-18b 所示。

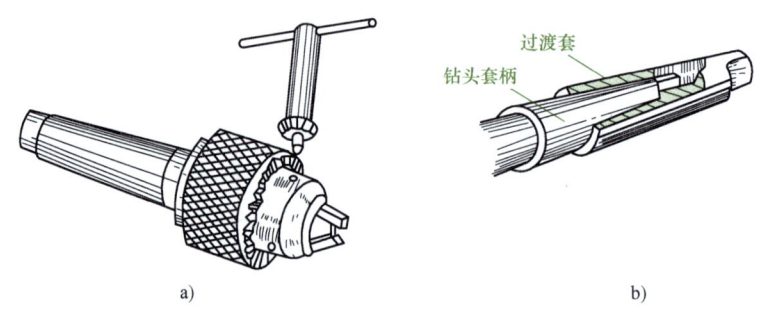

图 4-18 麻花钻的装夹

（2）钻孔时的注意事项

1）在钻孔前，必须把端面车平，工件中心处不允许留有凸台，否则钻头不能定心，

甚至使钻头折断。

2）钻头装入尾座套筒后，必须检查钻头轴线是否与工件的旋转轴线重合。如果不重合，则会使钻头折断。

3）当使用细长钻头钻孔时，为了不把孔钻歪，应先用中心钻钻出一个中心孔。

4）钻较深的孔时，要经常把钻头退出清除切屑，这样做可以防止因为切屑堵塞导致钻头折断。

5）钻通孔快要钻透时，要减少进给量，这样做可以防止钻头的横刃被"咬住"，使钻头折断。因为钻头轴向进给时，钻头的横刃处产生较大的进给力对材料进行挤压，当孔快要钻透时，横刃会突然把与其接触的一块材料挤压掉，在工件上形成一个不规则的通孔；与此同时，钻头的横刃进入该孔后，就不再参加切削了。钻头的切削刃也进入了那个孔中，吃刀量突然增加许多，钻头所承受的转矩突然增加，容易使钻头折断。

6）钻了一段深度以后，应该把钻头退出，停机测量孔径，用这个方法可防止把孔径扩大，使工件报废。

7）把钻头引向工件端面时，引入力不可过大，否则会使钻头折断。

8）当钻的长度较长但是要求不高的通孔时，可以调头钻孔，即钻到大于孔长的一半以后，把工件调头装夹，找正后再钻孔，一直将孔钻通。

（3）钻孔时的切削用量和切削液

1）背吃刀量（a_p）。钻孔时的背吃刀量是钻头直径的一半，因此它是随钻头直径大小而改变的。

2）切削速度（v_c）。钻孔时切削速度可按下式计算

$$v_c = \pi Dn/1000$$

式中　v_c——切削速度（m/min）；

　　　D——钻头的直径（mm）；

　　　n——工件转速（r/min）。

用高速钢钻头钻削钢料时，切削速度一般为 20～40m/min；钻削铸铁时，应稍低些。

3）进给量（f）。在车床上，钻头的进给量是通过用手慢慢地转动车床尾座手轮来实现的。使用小直径钻头钻孔时，进给量太大会使钻头折断。使用直径为 30mm 的钻头钻削钢料时，进给量选择 0.1～0.35mm/r；钻削铸铁时，进给量选择 0.15～0.4mm/r。

4）切削液。钻削钢料时，为了不使钻头过热，必须加注足够的切削液，可以用煤油；钻削铸铁、黄铜、青铜时，一般不用切削液，如果需要，也可用乳化液；钻削镁合金时，切忌用切削液，因为用切削液后会起氧化作用（助燃）而引起燃烧，甚至爆炸，只能用压缩空气来排屑和降温。

2. 扩孔

用扩孔工具扩大工件孔径的加工方法称为扩孔。常用的扩孔刀具有麻花钻、扩孔钻等。扩孔的方法有两种：对于一般工件扩孔，可用麻花钻；对于孔的半精加工，可用扩孔钻。例如，孔径大，钻头直径也大时，由于横刃长，进给力大，轴向进给很费力。对于铸件或锻件上的预制孔，也常用扩孔法进行粗加工。

（1）用麻花钻扩孔　用大直径的钻头将已钻出的小孔扩大。例如，钻 $\phi50$mm 直径的孔时，可先用 $\phi25$mm 的钻头钻一次，然后用 $\phi50$mm 的钻头将孔扩大。扩孔时，由于大

钻头的横刃已经不参加工作了，所以进给省力。但是应该注意，钻头外缘处的前角大，进给量不能过大，否则使钻头在尾座套筒内打滑而不能切削。因此在扩孔时，应把钻头外缘处的前角修磨得小些，并对进给量进行适当控制，绝不能因为钻削轻松而加大进给量。

（2）用扩孔钻扩孔　这是常用的扩孔方法。扩孔钻有高速钢扩孔钻和硬质合金扩孔钻两种，如图 4-19 所示。扩孔在自动机床和镗床上用得较多，它的主要特点是：

1）切削刃不是自外缘一直到中心，这样就避免了横刃所引起的不良影响。

2）由于背吃刀量小 $a_p=(D-d)/2$，如图 4-19 所示，切屑少，钻芯粗，刚性好，且排屑容易，可提高切削用量。

3）由于切屑少，容屑槽可以做得小些，扩孔钻的刀齿可比麻花钻多（一般有 3~4 齿），导向性比麻花钻好。因此，可提高生产率，改善加工质量。扩孔精度一般可达公差等级 IT9~IT10，表面粗糙度值可达 $Ra5~10\mu m$。扩孔钻一般用于孔的半精加工。

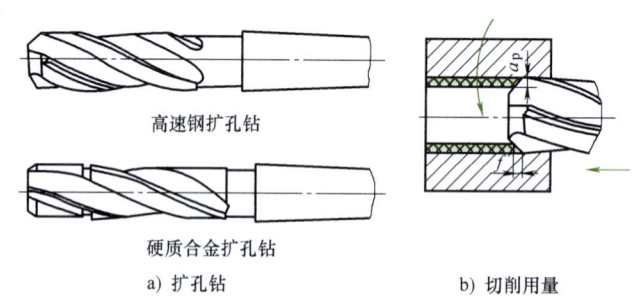

a) 扩孔钻　　b) 切削用量

图 4-19　扩孔钻和扩孔

3. 锪孔

用锪钻加工平底或锥形沉孔，叫作锪孔。车工常用的是圆锥形锪钻。

有些工件钻孔后需要孔口倒角，有些工件要用顶尖顶住孔口加工外圆，这时可用圆锥形锪钻在孔口锪出锥孔，如图 4-20 所示。圆锥形锪钻有 60°、75°、90°、120° 等几种。60° 和 120° 锪钻的工作情况如图 4-20c 所示。75° 锪钻用于锪埋头铆钉孔，90° 锪钻用于锪埋头螺钉孔。

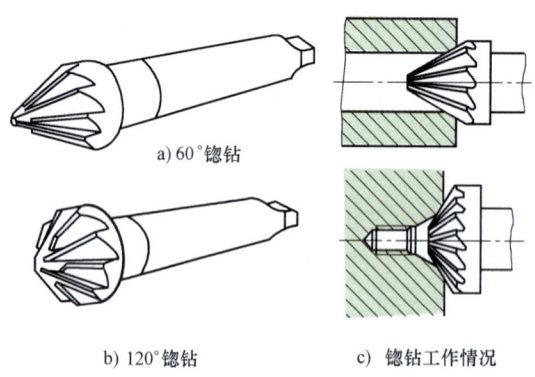

a) 60°锪钻

b) 120°锪钻　　c) 锪钻工作情况

图 4-20　圆锥形锪钻

4. 铰孔

铰孔是精加工孔的主要方法之一，在成批量生产中已被广泛采用。铰刀是一种尺寸精确的多刃刀具，铰刀切下的切屑很薄，并且孔壁经过它的圆柱部分修光，铰出的孔既精确又有较小的表面粗糙度值。同时，铰刀的刚性比内孔车刀好，因此更适合加工小深孔。铰孔的精度可达 IT7~IT9，表面粗糙度一般可达 $Ra0.8~1.6\mu m$，甚至更小。

铰刀由工作部分、空刀和柄部组成，如图 4-21 所示。

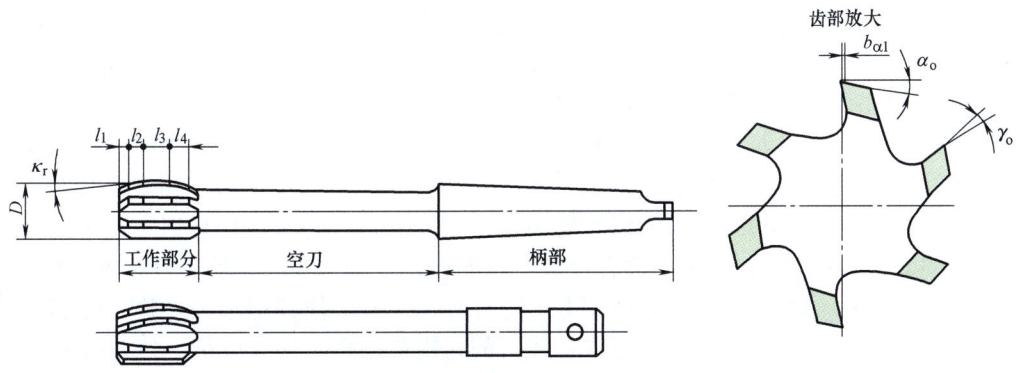

图 4-21　铰刀的结构

（1）工作部分　由锥形导锥 l_1、锥形切削部分 l_2、圆柱形修光部分 l_3 和倒锥 l_4 组成。

1）导锥是为了使铰刀切入工件而设置的导向锥，一般做成 $C0.2~0.5$。

2）切削部分负责切去铰孔余量的任务。

3）修光部分是带有棱边（后角 $\alpha_o=0$ 的刀齿）的圆柱刃带。在切削过程中，对已加工面进行挤压修光，以获得精确尺寸并使表面光洁。还可使铰刀定向，同时也便于在制造铰刀时测量铰刀的直径。

4）倒棱部分是为了减少铰刀和工件上已加工表面之间的摩擦，一般锥度为 0.02~0.05。修光部分与倒锥部分合起来为校准部分。

（2）柄部　柄部是铰刀的夹持部分，机用铰刀有直柄（用在小直径的铰刀上）和锥柄（用在大直径的铰刀上）两种。手用铰刀为直柄并带有四方头。

（3）铰刀的齿数和齿槽的形状　铰刀一般为 4~8 齿。为了便于测量铰刀直径和在切削过程中使切削力对称，使铰出的孔有较高的圆度，一般都做成偶数齿。铰刀的齿槽一般做成直槽。直槽容易制造，但当需要铰在轴向有凹槽的孔（如带有键槽的孔）时，为了保证切削平稳，防止铰刀崩刃，要把铰刀的齿槽做成"螺旋槽"。直径较小（$d<32mm$）的铰刀做成整体式，如图 4-22 所示。

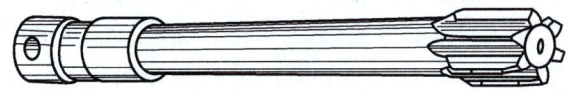

图 4-22　整体式铰刀

直径较大（$d=25~75mm$）的铰刀做成插柄式，如图 4-23 所示。

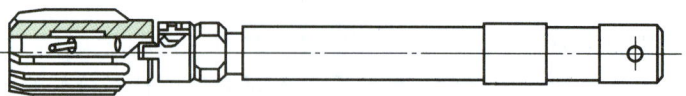

图 4-23　插柄式铰刀

（4）铰刀的几何角度

1）主偏角 κ_r。也就是切削部分的圆锥斜角。当主偏角较大时，切削部分的长度短，定心作用差，切削时的进给力大，但不容易振动。用机用铰刀铰钢件时，取 $\kappa_r=12°\sim15°$，切削铸铁时，取 $\kappa_r=3°\sim5°$；粗铰刀和不通孔铰刀取 $\kappa_r=45°$。主偏角小时，定心作用好，切削时进给力小。手用铰刀取 $\kappa_r=30'\sim1°30'$。

2）后角 α_o 和刃带 $b_{\alpha1}$　铰刀的后角用刃带后角表示，一般取 $\alpha_o=6°\sim10°$。铰刀切削部分的齿形，依刀具材料的不同有不同的结构。用高速钢时，磨成尖齿；用硬质合金时，留有 $b_{\alpha1}=0.01\sim0.07$mm 的圆柱刃带后再磨出后角。修光部分都要留圆柱刃带，采用高速钢时，留 $b_{\alpha1}=0.2\sim0.4$mm；采用硬质合金时，留 $b_{\alpha1}=0.1\sim0.25$mm，然后再磨出后角。

3）刃倾角 λ_s。对于材料强度大、硬度高的通孔，为了使铰削过程平稳，使切屑能从前方排出，避免划伤已加工表面，可以在铰刀的切削部分做出正刃倾角，且 $\lambda_s=10°\sim30°$，如图 4-24 所示。

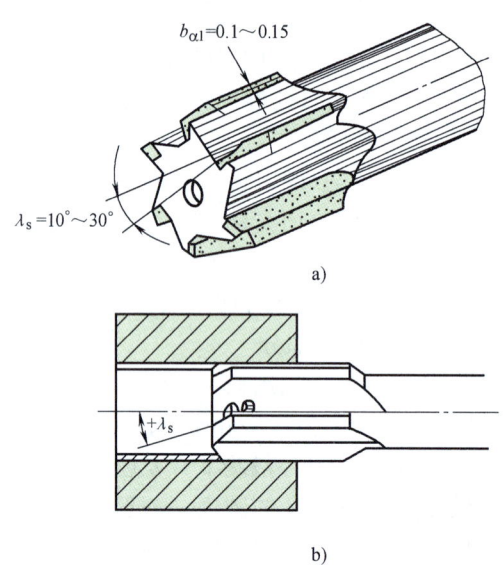

图 4-24　正刃倾角铰刀

（5）铰刀的种类　铰刀根据用途不同，可分为机用铰刀和手用铰刀。其中，机用铰刀的柄为圆柱形或圆锥形，工作部分较短，主偏角较大。标准机用铰刀的主偏角为 15°，这是由于已存在车床尾座定向，因此不必做出很长的导向部分。手用铰刀的柄部做成方榫形，以便套入扳手，用手转动铰刀来铰孔。它的工作部分较长，主偏角较小，一般为 40′～4°。标准手用铰刀为了容易定向和减小进给力，主偏角为 40′～1°30′。铰刀根据切削部分的材料不同可分为高速钢和硬质合金两种。

1）正刃倾角硬质合金铰刀。这种铰刀的结构特点是：在直槽铰刀的前端磨出与轴线成 10°～30° 刃倾角的前面，所以称为正刃倾角铰刀。这种铰刀的优点是：

① 能控制切屑流出的方向。在正刃倾角的作用下使切屑流向待加工表面，如图 4-24 所示。不会因切屑的堵塞而拉伤已加工表面，因而可降低表面粗糙度值。在铰削深孔时，更能显示出它的优点。由于排屑顺利，铰削余量较大，一般可在 0.15～0.2mm。

② 延长铰刀的寿命。切削刃是由硬质合金制成的，铰刀寿命提高了，并可减少圆柱刃带的宽度，一般 b_{a1}=0.1～0.15mm。

③ 增加了重磨次数。每次重磨铰刀时，只需要磨削刀齿上有刃倾角部分的前面，铰刀的直径不变，可增加重磨次数，延长使用寿命。由于刃倾角的关系，切屑向前排出，因此不宜加工不通孔。

2）浮动铰刀。浮动铰刀在加工时，其刀体插入刀杆的矩形孔内，如图 4-25a 所示。刀体可在矩形孔内做径向浮动。在切削过程中，浮动铰刀通过两边的切削刃受到的背向力来平衡刀体的位置而自动定心，因此能补偿车床主轴或尾座偏差所引起的影响。切削孔的直线性依靠刀体的两切削刃的对称性和铰孔前孔的直线性来保证，加工后表面粗糙度值可达到 Ra 0.8μm，如图 4-25 所示。

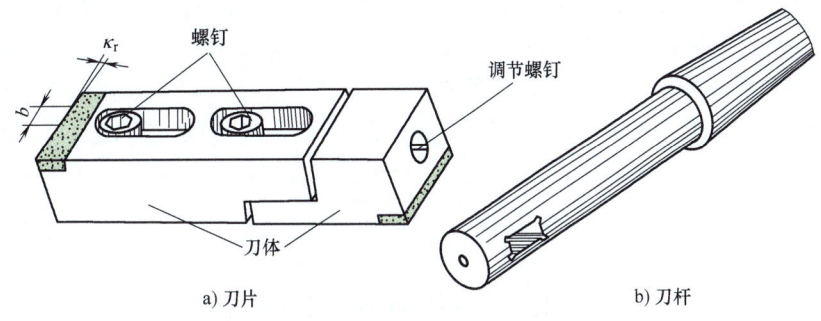

图 4-25　浮动铰刀

浮动铰刀不能调节，在直径磨小后，就不能继续使用，所以一般多采用可调式浮动铰刀，如图 4-25 所示。调节时，松开两个螺钉和调节螺钉，使两个刀体之间产生位移，伸出长度就改变，调到符合要求时紧固两个螺钉，装入刀杆，就可使用。浮动铰刀的刀片可用硬质合金或高速钢制成。刀杆可用 40Cr 钢制成，淬硬到 40～50HRC。刀具的几何形状：加工钢料时，前角 γ_o=6°～18°；加工铸铁时，前角 γ_o=0°。后面留有 0.1～0.2mm 圆柱刃带。后角 α_o=1°～2°，使切削平稳。切削刃的主偏角 κ_r 取 1°30′～2°30′。修光刃的长度 b 为 6～10mm。切削用量：v_c=2～5m/min，a_p=0.03～0.06mm，f=0.4～1mm/r。

（6）铰刀的装夹　铰刀在车床上的装夹有两种方法：一种是将刀柄直接或通过钻夹头（对直柄铰刀）、过渡套筒（对锥柄铰刀）插入车床尾座套筒的锥孔中。铰刀的这种装夹方法和麻花钻在车床上的装夹方法完全相同。使用这种方法装夹时，要求铰刀的轴线和工件的旋转轴线严格重合，否则铰出的孔径将会扩大。当它们不重合时，一般总是通过调整尾座的水平位置来达到重合，但是无论怎么调，也总会存在误差。为了克服这一缺点，又出现了另一种装夹铰刀的方法：将铰刀通过浮动套筒插入尾座套筒的锥孔中，如图 4-26 所示。衬套和套筒之间的配合较松，存在一定的间隙，当工件轴线和铰刀轴线不重合时，允许铰刀浮动，也就是使铰刀自动去适应工件的轴线，去消除它们不重合的偏差。

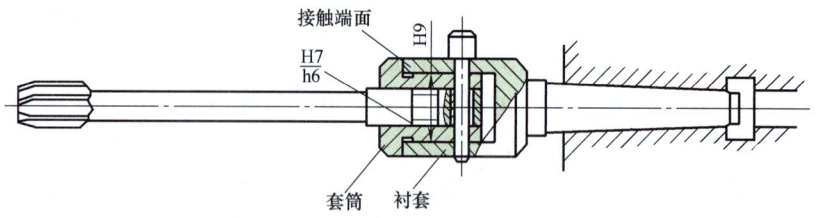

图 4-26　铰刀的浮动装夹

（7）铰孔方法

1）铰孔前对孔的预加工。为了找正孔及端面的垂直度误差（即把歪斜的孔找正），使铰孔余量均匀，应保证铰孔前有必要的表面粗糙度，铰孔前对已钻出或铸、锻的毛孔要进行预加工——车孔或扩孔。车孔或扩孔时，都应该留出铰孔余量。铰孔余量的大小直接影响到铰孔的质量。余量太大，会使切屑堵塞在刀槽中，切削液不能进入切削区域，使切削刃很快磨损，铰出来的孔表面不光洁；余量过小，会使上一次切削留下的刀痕不能除去，也使孔的表面不光洁。比较适合的铰削余量是：用高速钢铰刀时，留余量为 0.08～0.12mm；用硬质合金铰刀时，留余量为 0.15～0.20mm。

2）铰刀尺寸的选择。铰刀的公称尺寸与孔的公称尺寸相同，只是需要确定铰刀的公差。铰刀的公差是根据被铰孔要求的公差等级、加工时可能出现的扩大量（或收缩量）以及允许的磨损铰刀量来确定的。所以，所谓铰刀尺寸的选择，就是校核铰刀的公差。根据经验，铰刀的制造公差大约是被铰孔的直径公差的 1/3，这时铰刀的公差可以按下列公式计算

$$上极限偏差 = \frac{2}{3} 被加工孔径公差$$

$$下极限偏差 = \frac{1}{3} 被加工孔径公差$$

[例]　铰 $\phi30H7$（$^{+0.025}_{0}$）的孔，选择什么样的铰刀？

解　铰刀公称尺寸是直径 $\phi30$mm。则铰刀公差为

$$上极限偏差 = 2/3 \times 0.025\text{mm} = 0.016\text{mm}$$

$$下极限偏差 = 1/3 \times 0.025\text{mm} = 0.008\text{mm}$$

所以铰刀尺寸是 $\phi30^{+0.016}_{+0.008}$mm。

在实际生产中，可能碰到孔收缩的情况，如高速铰软金属时就会有较大的恢复变形，孔径会缩小，这时铰刀的直径就应该适当地选大一些。当不确定铰刀直径时，可以通过试铰来确定。

铰孔的精度主要取决于铰刀尺寸，铰刀尺寸最好选择被加工公差带中间 1/3 左右，如图 4-27 所示。

3）铰孔时的切削用量。实践表明：切削速度越低，被铰出来的孔的表面粗糙度值就越低，一般推荐 $v_c < 5$m/min。进给量可选大一些，因为铰刀有修光部分，铰削钢件时，

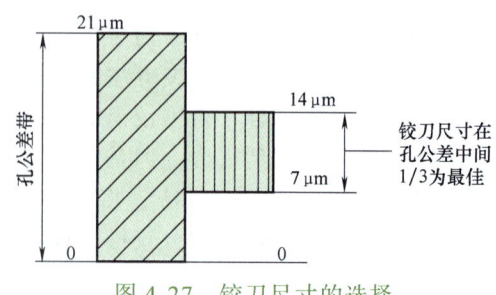

图 4-27　铰刀尺寸的选择

$f=0.2\sim1.0$mm/r；铰削铸铁或非铁金属时，进给量还可以再大一些。背吃刀量 a_p 是铰孔余量的 1/2。

4）冷却、润滑。实践证明：孔的扩大量和表面粗糙度与切削液的性质有关。在不加切削液或加水溶性切削液（乳化液）时，铰出来的孔径略有些扩大。用水溶性切削液时，铰出来的孔径比铰刀的实际直径略小，这是因为水溶性切削液的黏度小，容易进入切削区，工件材料的弹性恢复显著，故铰出来的孔径小。当采用新的铰刀铰削钢件时，用质量分数为 10%～15% 的乳化液进行冷却润滑，不会使孔径扩大。当铰刀磨损后，用油类切削液可使孔径稍扩大一点。

用水溶性切削液可以得到最好的表面粗糙度，油类次之，不用切削液时表面粗糙度最差。

铰削钢件时，用乳化液会使孔径缩小，铰刀容易磨钝；铰铸件时用煤油，孔径也可能缩小；铰青铜或铝合金时，可用 2 号锭子油或煤油。

5）铰孔时应该注意的问题。尽可能用浮动装夹的铰刀铰孔。但是，不要认为已经采用了浮动装夹，尾座轴线就不需要找正了。其实，铰刀的浮动量是有限的，不能补偿过大的轴线不重合误差。尾座轴线找正完毕后，应该把尾座固定，然后才能手动进给。进给应该均匀，否则会影响表面粗糙度。铰孔结束后，如果条件许可，最好从孔的另一端取出铰刀，不允许把工件反转再退刀。

4.2.3 内孔加工的关键技术

车削内孔是一种常用的孔加工方法。车孔就是把预制孔（如铸造孔、锻造孔或钻、扩出来的孔）再加工到更高的精度和更低的表面粗糙度值。车孔既可作为半精加工，也可作为精加工。用车孔方法加工时，可加工的直径范围很广。车孔公差等级可达 IT7～IT8，表面粗糙度值为 $Ra\ 0.8\sim3.2$μm，精细车削可达到更小（小于 $Ra\ 0.8$μm）。

1. 车孔的关键技术

车孔的关键是解决内孔车刀的刚性和排屑问题。增加内孔车刀的刚性主要采取以下几项措施。

1）尽量增加刀杆的截面积，一般的内孔车刀有一个缺点，刀杆的截面积小于孔截面积的 1/4，如图 4-28b 所示。如果让内孔车刀的刀尖位于刀杆的中心线上，这样刀杆的截面积就可最大，如图 4-28a 所示。

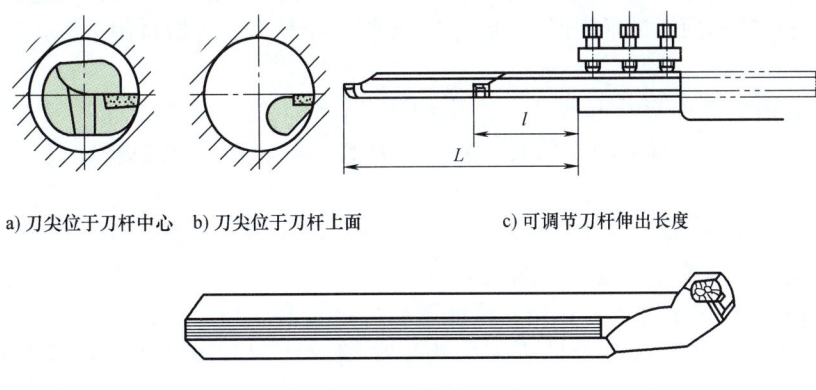

a) 刀尖位于刀杆中心　b) 刀尖位于刀杆上面　　c) 可调节刀杆伸出长度

图 4-28　可调节刀杆长度的车孔刀

2）尽可能缩短刀杆的伸出长度（图4-28c），如果刀杆伸出太长，就会降低刀杆的刚性，容易引起振动。因此，为了增加刀杆的刚性，刀杆的伸出长度只要略大于孔深即可。在选择内孔车刀的几何角度时，应该使背向力 F_p 尽可能小些。一般车通孔时粗车刀的主偏角取 $\kappa_r=65°\sim75°$，车不通孔时粗车刀和精车刀的主偏角取 $\kappa_r=92°\sim95°$，内孔粗车刀的副偏角 $\kappa_r'=15°\sim30°$，精车刀的副偏角 $\kappa_r'=4°\sim6°$。而且，要求刀杆的伸出长度能根据孔深进行调节，如图4-28c所示。

3）为了使内孔车刀的后面既不与工件孔面发生干涉和摩擦，也不使内孔车刀的后角磨得过大而削弱刀尖的强度，内孔车刀的后面一般磨成两个后角的形式，如图4-29所示。

4）为了防止已加工表面不至于被切屑划伤，车削通孔的内孔车刀最好磨成正刃倾角，切屑流向待加工表面（前排屑）。车削不通孔的内孔车刀当然无法从前端排屑，只能从后端排屑，所以刃倾角一般取 $-2°\sim0°$。

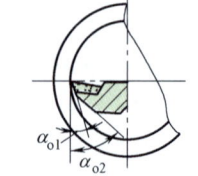

图4-29　内孔车刀的两个后角

5）内孔车刀的装夹。装夹内孔车刀后，刀尖必须与工件的中心等高或稍高，以便增大内孔车刀的后角。从理论上讲，内孔车刀的刀尖不应低于工件的中心，否则在切削力的作用下刀尖会下降，使孔径扩大。应根据被加工的孔径大小选择适合的刀杆，刀杆的伸出量应尽可能小，以使刀杆具有最大的刚性。装夹内孔车刀后，在开机车削内孔前，应先在毛坯孔内试车一遍，以防车孔时因刀杆装得歪斜而使刀杆碰到内孔表面。

2. 车孔方法

（1）切削用量　从加工原理上讲，车削内孔与车削外圆是没有本质区别的，只是内孔加工的工作条件比车削外圆困难，特别是装夹内孔车刀以后，刀杆的悬伸长度经常比外圆车刀的悬伸长度大。因此，内孔车刀的刚性比外圆车刀低，更容易产生振动。于是，车削内孔的进给量和切削速度都要比车削外圆时低。如果采用装在刀排上的刀头来加工内孔，当刀排的刚度足够时，也可以采用车削外圆时的切削用量。

（2）内孔深度的控制　车削台阶孔和不通孔时，内孔深度需要控制。其控制方法与车削外圆台阶时控制长度的方法相同，即用纵向进给刻度盘或者用纵向固定挡铁和定位块；也可用在刀杆上作记号等方法来进行控制。

（3）内孔的车削方法　根据内孔所要求的精度和表面粗糙度等级来确定。对于要求较高的孔，可分粗车、半精车和精加工。对于一般要求的孔，可以只分粗车和精车进行加工。当车孔作为铰孔前的预加工工序时，可只用于粗车和半精车，有时也用于扩孔和半精车。

3. 车内沟槽

（1）内沟槽的截面形状和作用　内沟槽的截面形状常见的有矩形（直槽）、圆弧形、梯形等几种。根据沟槽所起的作用又可分为退刀槽、空刀槽、密封槽和油、气通道槽等几种。

1）退刀槽。当不是在内孔的全长上车削内螺纹时，需要在螺纹终止位置处车出直槽，以便车削螺纹时把螺纹车刀退出，如图4-30a所示。

2）空刀槽。空刀槽有多种作用，槽的形状也是直槽。

① 在车削内孔或磨削内台阶孔时，为了能消除内圆柱面和内端面的连接处不能得到直角的问题，通常需要在靠近内端面处车出矩形空刀槽来保证内孔和内端面垂直，如图4-30a所示。

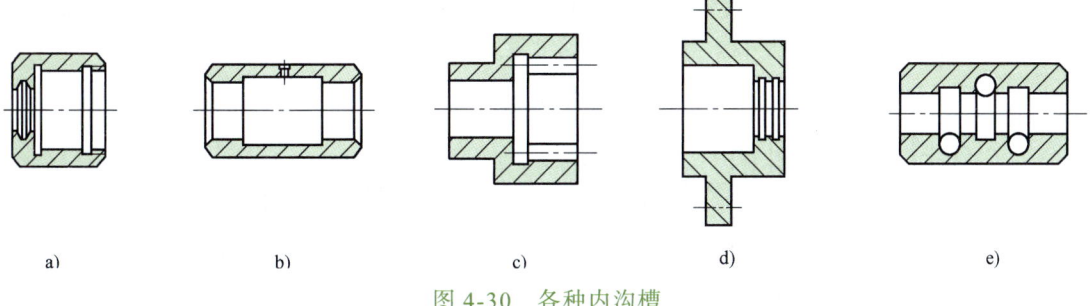

图 4-30 各种内沟槽

② 当利用较长的内孔作为配合孔使用时，为了缩短孔的精加工时间，使孔在配合时两端接触良好，保证有较好的导向性，常在内孔中部车出较宽的空刀槽。这种形式的空刀槽，常用在有配合要求的套筒类工件上，如各种套装工刀具、圆柱形铣刀、齿轮滚刀等，如图 4-30b 所示。

③ 当需要在内孔的部分长度上加工出纵向沟槽时，为了断屑，必须在纵向沟槽结束的位置车出矩形空刀槽。图 4-30c 所示是为了插制内齿轮而车出的空刀槽。

3）密封槽。密封槽的一种截面形状是梯形，可以在它的中间嵌入油毡来防止润滑滚动轴承的油脂渗漏的沟槽，如图 4-30a 所示；另一种是圆弧形的，用来防止稀油渗漏，如图 4-30d 所示。

4）油、气通道 在各种油、气滑阀中，多用矩形内沟槽作为油、气通道。这类内沟槽的轴向位置有较高的精度要求，否则油、气应该流通时不能流通，应该切断时不能切断，滑阀不能工作，如图 4-30e 所示。

（2）内沟槽车刀 内沟槽车刀和外沟槽车刀通常都叫作车槽刀。内、外沟槽车刀的几何角度相同，只是内沟槽车刀的刀头根据沟槽的截面形状的不同有多种形状，其中整体式内沟槽车刀如图 4-31 所示。采用刀杆装夹车槽刀时，应该满足

$$a > h 和 d + a < D$$

式中 D——内孔的直径（mm）（图 4-32）；

d——刀杆的直径（mm）；

h——槽深（mm）；

a——刀头的伸出长度（mm）。

装夹内沟槽车刀的方法与装夹内孔车刀相似，刀尖的高度应该等于或略高于工件中心，两侧的副偏角必须对称。

（3）内沟槽的车削方法 车削内沟槽的方法与车削内孔相同，只是车削内沟槽时的工作条件比车削内孔时更困难。表现在以下方面：

1）刀杆（或刀体）直径比车削内孔时所用的直径要小，刚性更差，切削刃更长，因此在切削时更容易产生振动。

2）排屑更困难。车削内沟槽的切削用量要比车削内孔时所用的低一些。车削矩形或圆弧形内沟槽时，只需用一把与内沟槽截面形状相同的内沟槽车刀直接车出就可以了。但是，车削梯形内沟槽时，就要先用一把矩形车槽刀车出矩形槽，然后再用梯形车槽刀车削成形，如图 4-31 所示。

车削内沟槽时的尺寸控制方法与车削外沟槽时相同,主要是控制槽的宽度和轴向位置,如图4-32和图4-33所示。

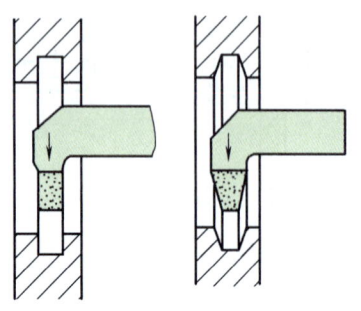

图4-31　整体式内沟槽车刀

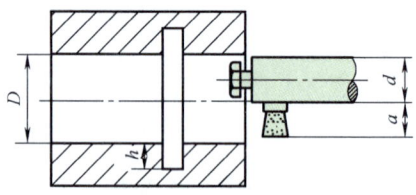

图4-32　用刀杆装夹的车槽刀

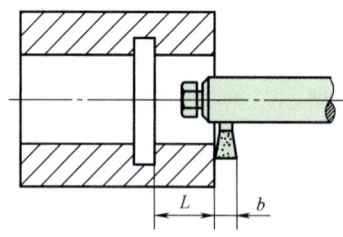

图4-33　确定沟槽位置的尺寸计算

4.3　简单套类工件的精度检验及误差分析

4.3.1　简单套类工件的精度检验

圆柱孔和内沟槽的检验与其他工序加工质量的检验一样,检验内容包括尺寸、几何精度等。

1. 尺寸精度的检验

当孔的尺寸精度要求较低时,可采用金属直尺、内卡钳或游标卡尺测量。当精度要求较高时,可以用以下几种方法:

(1)内卡钳　在孔口试切削或位置狭小时,使用内卡钳显得灵活方便。内卡钳与外径千分尺配合使用也能测量出较高精度(公差等级为IT7~IT8)的内孔。这种检验孔径的方法,是生产中最常用的一种方法。

例如,要求测量$\phi 40_{\ 0}^{+0.039}$mm的孔径,测量和测量计算如图4-34所示。

先把内卡钳两只脚的张开尺寸d调到孔的下极限尺寸,即令d=40mm,d值用外径千分尺测得。

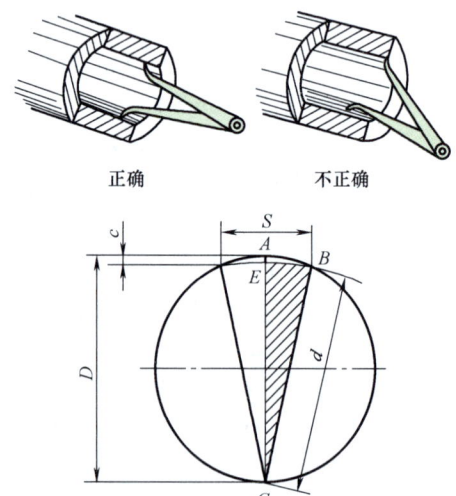

图4-34　用内卡钳测量孔径

把内卡钳的两只脚一起伸进孔中,使一只脚固定在 C 点,另一只脚在孔中左右摆动,可以按下式计算出允许的摆动距离 S,即

$$S = \sqrt{8dE}$$

式中　d——孔的下极限尺寸（mm）；

　　　E——孔的上极限偏差（mm）。

在本例中 E=0.039mm,d=40mm 代入公式后得

$$S = \sqrt{8dE} = \sqrt{8 \times 40\text{mm} \times 0.039\text{mm}} = 3.53\text{mm}$$

估计出测量时卡钳的摆动距离后,与允许值进行比较,如果实测值小于计算值,就说明孔径合格。

（2）塞规　用塞规检验孔径的方法如图 4-35 所示。当通端进入孔内而止端不进入孔内时,说明工件的孔径合格。

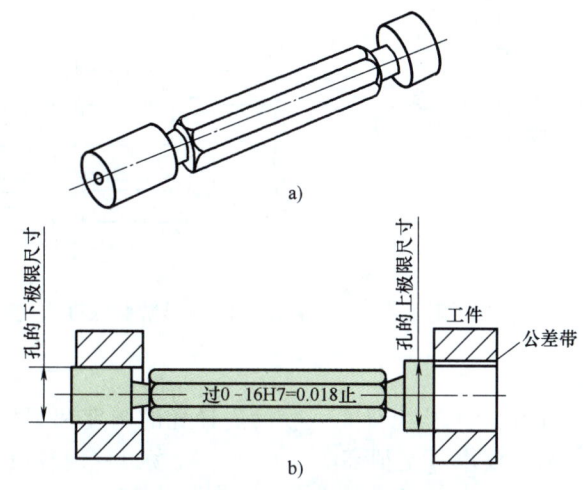

图 4-35　塞规及其使用

测量不通孔用的塞规,为了排除孔内的空气,在塞规的外圆上（轴向）开有排气槽。

（3）内径千分尺　内径千分尺的使用方法如图 4-36 所示。测量时,内径千分尺应在孔内摆动,在直径方向应找出最大尺寸,轴向应找出最小尺寸,这两个尺寸重合,就是孔的实际尺寸。

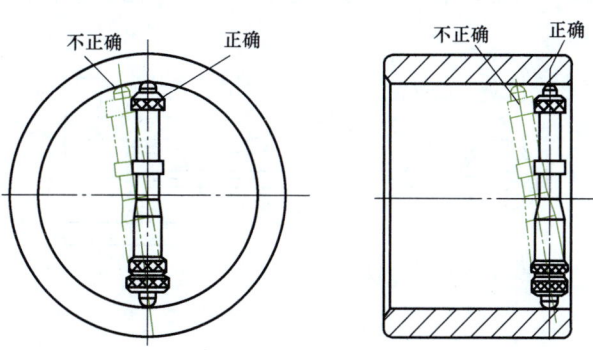

图 4-36　内径千分尺的使用方法

（4）内沟槽直径、槽宽和槽的轴向位置检验　内沟槽直径的检验方法与圆柱孔直径的检验方法相同，只是必须使用弹簧内卡钳，才能在测量完内沟槽的直径后，把内卡钳从槽中取出。测量所得到的直径尺寸，也就是把内卡钳的两只脚从调定的、测量出内沟槽直径的状态收缩后取出，等它恢复原状后，用外径千分尺测量两只脚的张开距离，就是内沟槽的直径，如图4-37所示。

内沟槽的轴向位置可以用钩形游标深度卡尺测量，如图4-38所示。

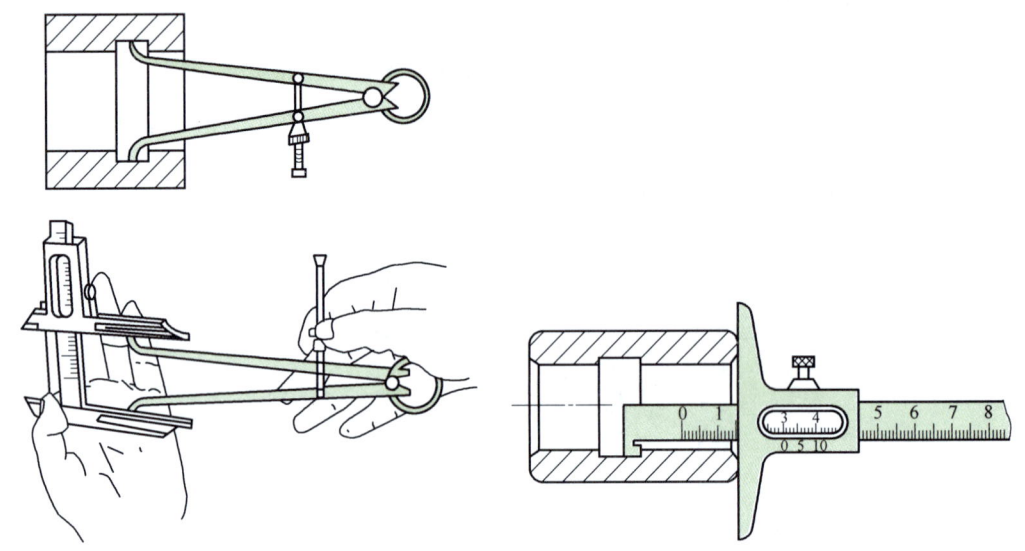

图4-37　弹簧卡钳的使用　　　图4-38　用钩形游标深度卡尺测量内沟槽的轴向位置

2. 形状精度的检验

在车床上加工的圆柱孔，其形状精度一般仅测量孔的圆度和圆柱度（一般测量锥度）两项形状偏差。当孔的圆度要求不是很高时，在生产现场可用内径百分表在孔的各个方向圆周上测量，测量结果的最大值与最小值之差的1/2即为圆度误差。使用内径百分表测量属于比较测量法。测量时，必须摆动内径百分表，如图4-39所示。所得的最小尺寸是孔的实际尺寸。在生产现场测量孔的圆柱度误差时，只要在孔的全长上取前、后、中几点，比较其测量值，其最大值与最小值之差的1/2即为孔在全长上的圆柱度误差。内径百分表也可以测量孔的圆度误差。测量时，只要在孔径圆周上变换方向，比较其测量值即可。内径百分表与外径千分尺（或标准套规）配合使用，也可以比较出孔径的实际尺寸。

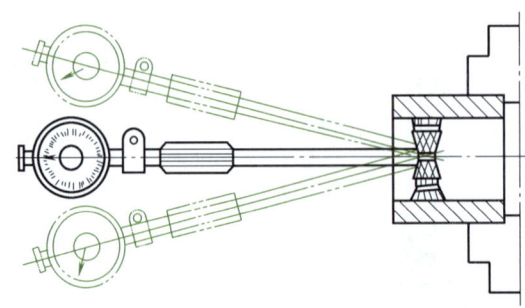

图4-39　内径百分表的使用方法

3. 位置精度的检验

（1）径向圆跳动的检验方法　一般测量套类工件的径向圆跳动时，都可以用内孔作为基准，把工件套在精度很高的心轴上，用百分表检验，如图4-40所示。百分表在工件转一周时的读数差，就是径向圆跳动误差。

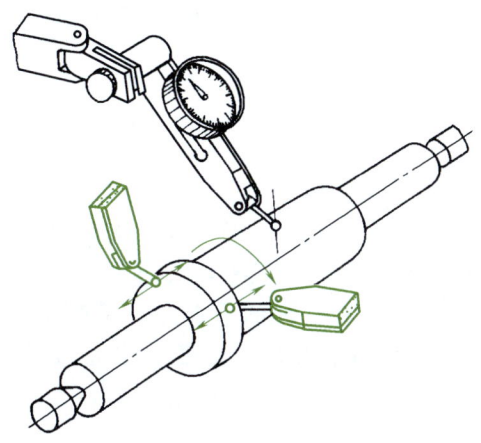

图4-40　用百分表测量径向圆跳动误差的方法

对于某些外形比较简单而内部形状比较复杂的套筒（图4-41a），不能装夹在心轴上测量径向圆跳动误差时，可把工件放在V形架上轴向定位，如图4-41b所示。以外圆为基准来检验；测量时，将杠杆百分表的测杆插入孔内，使测杆的测头接触内孔表面，转动工件，观察百分表指针的跳动情况。百分表在工件旋转一周时的读数差，就是工件的径向圆跳动误差。

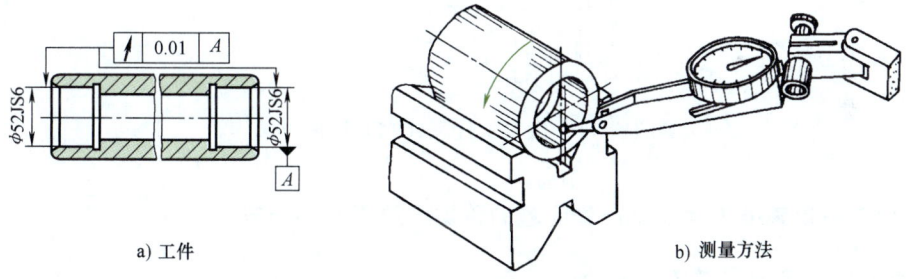

a）工件　　　　　　　　b）测量方法

图4-41　工件装夹在V形架上检验径向圆跳动

（2）轴向圆跳动的检验方法　检验套类工件轴向圆跳动的方法如图4-40所示。先把工件装夹在精度很高的心轴上，利用心轴上极小的锥度使工件轴向定位，然后把杠杆百分表的测头靠在所需要测量的端面上，转动心轴，测得百分表的读数差，就是轴向圆跳动误差。

（3）端面对轴线垂直度的检验方法　轴向圆跳动是当工件绕基准轴线无轴向移动回转时，所要求的端面上任一测量直径处的轴向跳动。垂直度误差是整个端面的垂直度误差。如图4-42a所示的工件，当端面是一个平面时，其轴向圆跳动误差为Δ，垂直度误差也为Δ，两者相等。如果端面不是一个平面，而是凹面，如图4-42b所示，虽然其轴向圆跳动误差为零，但垂直度误差为ΔL。因此，仅用轴向圆跳动来评定垂直度是不正确的。

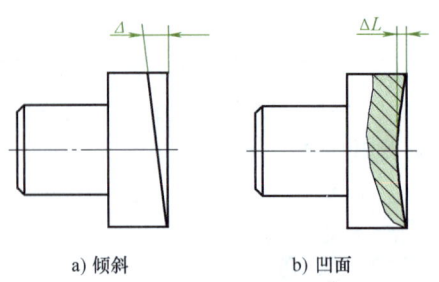

图 4-42 端面圆跳动和垂直度的区别

要检验端面的垂直度，必须经过两个步骤。首先要检查轴向圆跳动是否合格，如果符合要求，再用第二个方法检验端面的垂直度。对于精度要求较低的工件，可用刀口形直尺检查。当轴向圆跳动检查合格后，再把图 4-43 中的工件装夹在 V 形架上的小锥度心轴上，并放在精度很高的平板上检查端面的垂直度。检查时，先找正心轴的垂直度，然后用百分表从端面的最里一点向外拉出。百分表读数差就是端面对内孔轴线的垂直度误差。

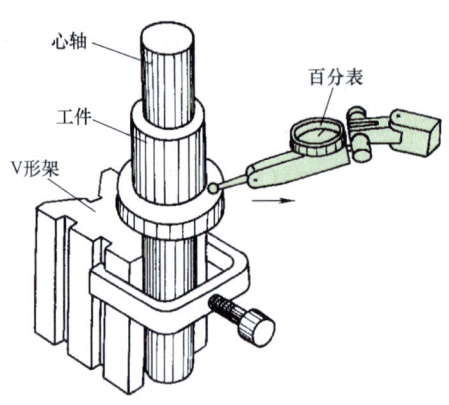

图 4-43 检验工件端面垂直度的方法

4.3.2 加工简单套类工件容易产生问题的种类、原因及预防方法

1. 钻孔时常见的问题（表 4-1）

表 4-1 钻孔时常见的问题

问题	产生原因	预防方法
孔扩大	1）钻头的顶角 2ϕ 刃磨不正确 2）钻头的轴线和工件的轴线不重合	1）重磨钻头 2）调整尾座的水平位置，使它的轴线和工件的轴线重合
孔歪斜	1）工件端面不平或与工件轴线不垂直 2）钻头的刚性差，进给量过大	1）车平端 2）减小进给量
孔错位	1）顶角 2ϕ 不等，且顶点不在钻头的轴线上 2）尾座偏离中心	1）重磨钻头 2）重调尾座

2. 车削内孔时常见的问题（表4-2）

表4-2 车削内孔时常见的问题

问题	产生原因	预防方法
内孔不圆	1）主轴承的间隙过大 2）加工余量不均，没有分粗、精车 3）薄壁工件夹紧变形	1）修理机床 2）分粗、精车 3）改变装夹方法
内孔有锥度	1）刀具磨损 2）主轴的轴线歪斜 3）工件没有找正 4）刀杆的刚性差，产生让刀 5）刀尖轨迹与主轴的轴线不平行 6）刀杆过粗和工件内壁相碰	1）延长刀具寿命 2）找正导轨与主轴的轴线平行 3）仔细找正工件 4）选用较粗的刀杆 5）大修机床导轨 6）把刀杆换小
内孔不光	1）切削用量不当 2）车刀磨损 3）刀具振动 4）车刀的几何角度不合理 5）刀尖低于工件中心	1）重选切削用量 2）重磨车刀 3）加粗刀杆，降低切削速度 4）合理地选择车刀角度 5）刀尖高于工件中心装夹

3. 铰孔时常见的问题（表4-3）

表4-3 铰孔时常见的问题

问题	产生原因	预防方法
孔径扩大	1）铰刀的直径过大 2）铰刀的切削刃有径向圆跳动 3）切削速度过高产生积屑瘤，冷却不充分	1）选刀时仔细量尺寸 2）修磨铰刀的刃口 3）降低切削速度，充分加注切削液
内孔表面粗糙度达不到要求	1）铰刀的切削刃不锋利 2）铰孔前表面粗糙度不高 3）铰孔余量过大或过小 4）切削液的选用不恰当 5）切削速度过高，产生积屑瘤	1）重新磨刀，保管好刀具，不允许碰毛 2）对铰孔前表面粗糙度提出要求 3）余量要适当 4）合理地选用切削液 5）降低切削速度，用磨石去除积屑瘤

4. 车内沟槽时常见的问题（见表4-4）

表4-4 车内沟槽时常见的问题

问题	产生原因	预防方法
沟槽位置错误	1）调车槽位置时没有把刀具宽度计算进去 2）看错纵进给刻度盘的刻度	1）按图计算尺寸 2）仔细读刻度
槽宽错误	1）车削窄槽时，切削刃的宽度刃磨不正确 2）车削宽槽时，刀具纵向移动不正确	1）仔细测量切削刃的宽度 2）仔细操作
槽太浅	1）刀杆的刚性差，产生让刀 2）当内孔有加工余量时，没有把加工余量计算进去	1）换刚性好的刀杆，进给完毕停留一下再退刀 2）认真计算

4.4 技能训练——衬套的加工

1. 工艺准备

（1）分析图样　加工图 4-44 所示的衬套，材料为 45 钢，毛坯材料为热轧圆钢，图样分析如下：

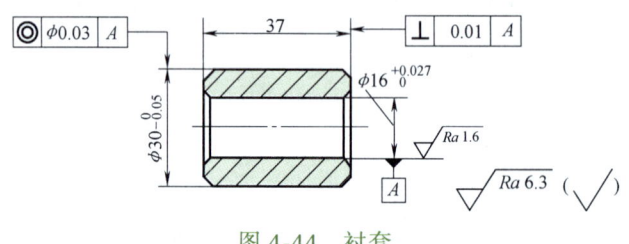

图 4-44　衬套

1）将 16mm 内孔轴线作为基准线。

2）主要尺寸 ϕ30mm 外圆和 ϕ16mm 内孔，表面粗糙度值分别为 Ra 6.3μm 和 Ra 1.6μm。

3）外圆 ϕ30mm 轴线对内孔 ϕ16mm 轴线的同轴度公差为 ϕ0.03mm，右端面对基准轴线的垂直度公差为 0.01mm。

4）加工数量为两件。

（2）制订加工工艺

1）落料 45 热轧圆钢，规格为 ϕ35mm×85mm。

2）衬套的加工顺序如下：车削端面→钻中心孔→粗车外圆→半精车外圆→精车外圆→倒角→钻孔→车削内孔→倒角→铰孔→切断→取总长→倒角。

（3）工件的定位与夹紧　选用自定心卡盘，选用硬卡爪与软卡爪装夹。

（4）选用刀具　选用 90°、45° 外圆车刀和 3mm 切断刀，内孔车刀选用 45° 车孔刀，A 型 ϕ3mm 中心钻、ϕ14mm 麻花钻以及 ϕ16H7 机用铰刀。

（5）选用设备　选用 C6140A 型车床。

2. 工件加工

（1）自定心卡盘装夹

1）车削端面。

2）钻中心孔，A 型 ϕ3mm。

3）钻孔，至尺寸 ϕ14mm，如图 4-45 所示。

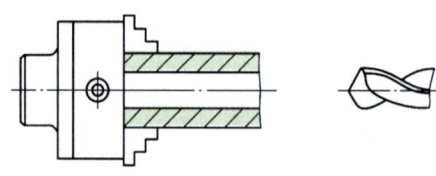

图 4-45　衬套加工步骤 1

4）分粗、精车 ϕ30mm 外圆至尺寸要求，外圆长度应大于 37mm；车削内孔 ϕ16mm，留铰削余量 0.08～0.12mm，内孔深度约为 40mm；内外倒角 C1。

5）铰孔至尺寸要求，如图 4-46 所示。

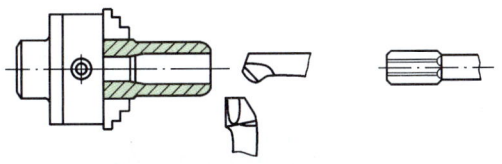

图 4-46　衬套加工步骤 2

（2）调头用软卡爪夹住 ϕ30mm 外圆

1）用切断刀切断，长度尺寸为 38mm，如图 4-47 所示。

2）车削端面至总长尺寸。

3）内外圆倒角 C1，如图 4-48 所示。

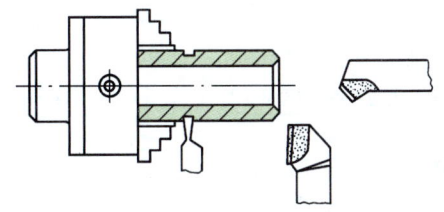 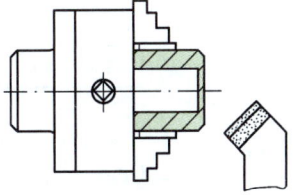

图 4-47　衬套加工步骤 3　　　　　　图 4-48　衬套加工步骤 4

3．精度检验及误差分析

（1）精度测量

1）因为衬套工件是在一次装夹过程中完成工件的内外圆和端面加工的，一般情况下工件的几何公差能保证，其测量方法如图 4-41 所示。

2）外圆的测量用外径千分尺，要测量圆周两点。

3）内孔的测量用塞规检验。

4）长度用游标卡尺检验。

（2）误差分析

1）尺寸精度达不到要求。

① 操作者粗心大意，看错图样。

② 没有进行试车削。

③ 内孔铰不出，孔径尺寸超出，主要是预留的铰削余量太少、钻孔尺寸大；孔径超差主要是铰刀公差本身已经大于工件公差，机床尾座没有对准零线。

④ 量具有误差或测量不正确。

2）表面粗糙度达不到要求。

① 切削用量选择不当。

② 车刀的几何角度刃磨不正确，或车刀已磨损。

③ 车床的刚性差，滑板镶条过松或主轴太松引起振动等。

④ 铰刀本身已拉毛或铰刀已磨损。

3）几何公差达不到要求。

① 工件在车削时没有夹紧，造成松动。

② 车削内孔时，刀杆碰孔壁而造成内圆和外圆已不同轴。

③ 车削端面时，吃刀量太大，造成工件松动，使垂直度达不到要求。

项目 5

圆锥面加工

思维导图

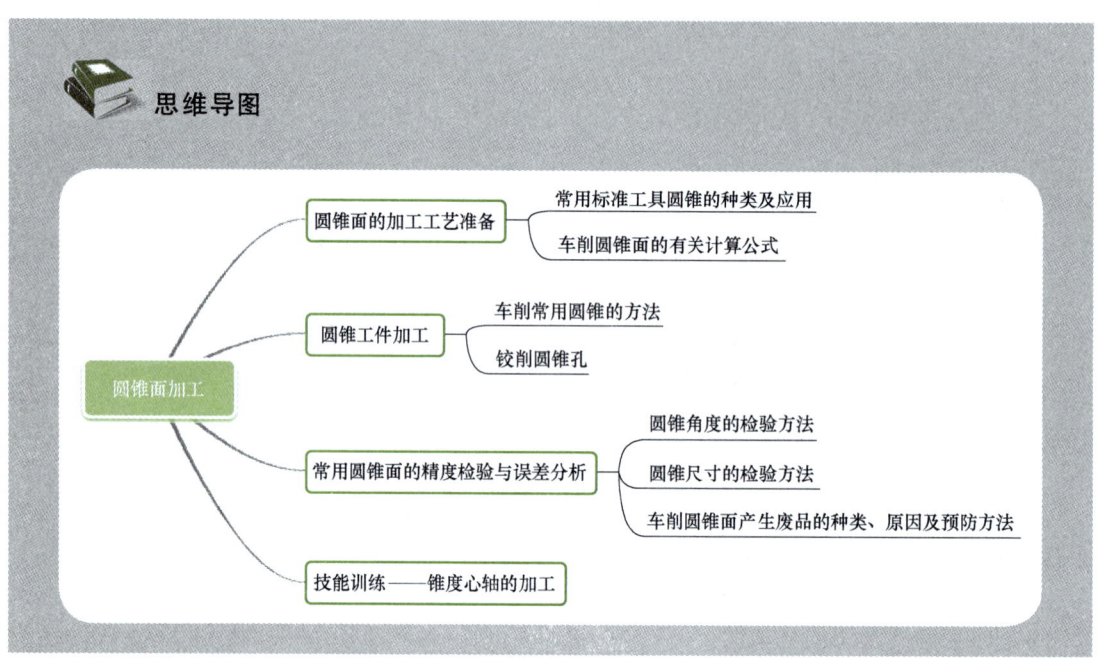

5.1 圆锥面的加工工艺准备

5.1.1 常用标准工具圆锥的种类及应用

圆锥面在车削加工中会经常碰到。在机床与工具中，圆锥面配合应用得很广泛，例如，车床主轴锥孔与顶尖锥体的结合，车床尾座套筒锥孔与麻花钻、铰刀及回转顶尖等锥柄的结合等，如图 5-1 所示。**圆锥面配合获得广泛应用的主要原因有：**

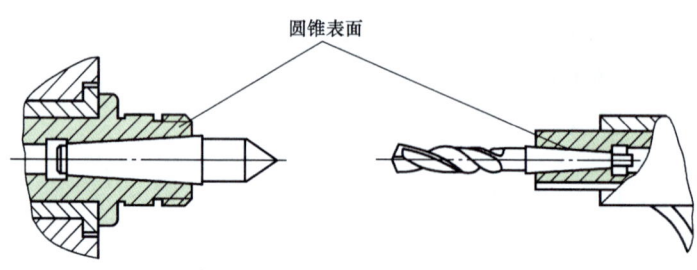

图 5-1 圆锥面工件的配合实例

1）当圆锥面的锥角较小（在3°以下）时，可传递很大的转矩。
2）装卸方便，虽然经过多次装卸，仍能保证精确的定心作用。
3）圆锥面配合的同轴度较高，并能做到无间隙配合。

圆锥面的车削与外圆的车削不同的是，除了对尺寸精度、几何精度和表面粗糙度要求外，还有角度或锥度的精度要求。

1. 标准圆锥

为了方便使用和降低生产成本，常用的工具、刀具上的圆锥都已标准化。圆锥的各部分尺寸，可按照规定的几个号码来制造。使用时只要号码相同，就能互配。标准工具圆锥已在国际上通用，即不论哪一个国家生产的机床或工具，只要符合标准圆锥都能达到互换性要求。常用的标准工具圆锥有米制圆锥和莫氏圆锥两种。

1）米制圆锥。米制圆锥共有8个号码，即4号、6号、80号、100号、120号、140号、160号和200号。它的号码是指圆锥的大端直径，锥度固定不变，即$C=1:20$。圆锥半角$\alpha/2=1°25'56''$。

2）莫氏圆锥。莫氏圆锥是机械制造业中应用得最广泛的一种，如车床主轴孔、顶尖、钻头柄部及铰刀柄部等都是用莫氏圆锥。莫氏圆锥分成7个号码，即0、1、2、3、4、5、6，最小的是0号，最大的是6号。莫氏圆锥是从英制换算来的。当号数不同时，圆锥半角和尺寸都不同。莫氏圆锥的锥度和圆锥半角见表5-1。

表5-1 莫氏圆锥的锥度和圆锥半角

圆锥号数	锥度（$C=2\tan\alpha/2$）	圆锥角（α）	圆锥半角（$\alpha/2$）	斜度（$\tan\alpha/2$）
0	1：19.212 = 0.05205	2°58'54''	1°29'27''	0.0260
1	1：20.047 = 0.04988	2°51'26''	1°25'43''	0.0249
2	1：20.020 = 0.04995	2°51'41''	1°25'50''	0.0250
3	1：19.992 = 0.05020	2°52'32''	1°26'26''	0.0251
4	1：19.254 = 0.05194	2°58'31''	1°29'15''	0.0260
5	1：19.002 = 0.05263	3°00'53''	1°30'26''	0.0263
6	1：19.180 = 0.05214	2°59'12''	1°29'36''	0.0261

3）机床和工具柄用自夹圆锥。根据标准GB/T 1443—2016，圆锥的型式有带扁尾的内圆锥和外圆锥，带螺纹孔的内圆锥和外圆锥，带扁尾、切削液输入孔的内圆锥和外圆锥，带螺纹孔、切削液输入孔的内圆锥和外圆锥4种。圆锥角度公差按GB/T 11334—2005的规定分为AT1、AT2、……、AT12共12个公差等级。外圆锥为正偏差，内圆锥为负偏差，内、外圆锥的公称尺寸和公差，用相应量规检验。除了上面两种标准工具圆锥以外，还经常用到各种专用标准锥度。根据标准GB/T 157—2001，一般用途圆锥的锥度与锥角见表5-2。

表 5-2 一般用途圆锥的锥度与锥角

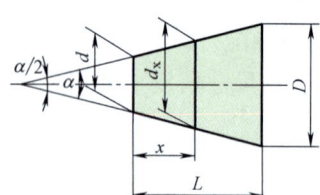

锥度 $C=(D-d)/L=2\tan(\alpha/2)$

基本值		推算值		应用举例
系列 1	系列 2	圆锥角 α	锥度 C	
120°	—	—	1∶0.2886751	螺纹孔的内倒角,填料盒内填料的锥度
90°	—	—	1∶0.5000000	沉头螺钉头,螺纹倒角,轴的倒角
	75°	—	1∶0.6516127	沉头带榫螺栓的螺栓头
60°	—	—	1∶0.8660254	车床顶尖,中心孔
45°	—	—	1∶1.2071068	轻型螺纹管接口的锥形密合
30°	—	—	1∶1.8660254	摩擦离合器
1∶3		18°55′28.7199″	18.92464442°	—	有极限转矩的摩擦圆锥离合器
	1∶4	14°15′0.1177″	14.25003270°	—
1∶5		11°25′16.2706″	11.42118627°	—	易拆零件的锥形连接,锥形摩擦离合器
	1∶6	9°31′38.2202″	9.52728338°	—
	1∶7	8°10′16.4408″	8.17123356°	—	重型机床顶尖,旋塞
	1∶8	7°9′9.6075″	7.15266875°	—	联轴器和轴的圆锥面连接
1∶10		5°43′29.3176″	5.72481045°	—	受轴向力及横向力的锥形工件的接合面,电动机及其他机械的锥形轴端
	1∶12	4°46′18.7970″	4.77188806°	—	深沟球轴承及滚子轴承的衬套
	1∶15	3°49′5.8975″	3.81830487°	—	受轴向力的锥形工件的接合面,活塞与活塞杆的连接
1∶20		2°51′51.0925″	2.86419237°	—	机床主轴锥度,刀具尾柄,米制锥度铰刀,圆锥螺栓
1∶30		1°54′34.8570″	1.90968251°	—	装柄的铰刀及扩孔钻
1∶50		1°8′45.1586″	1.14587740°	—	圆锥销、定位销、圆锥销孔的铰刀
1∶100		34′22.6309″	0.57295302°	—	承受抖振及静变载荷的不须拆开的连接零件,楔键
1∶200		17′11.3219″	0.28647830°	—	承受抖振及冲击变载荷的需拆开的零件,圆锥螺栓
1∶500		6′52.5295″	0.11459152°	—	

5.1.2 车削圆锥面的有关计算公式

1. 圆锥面的形成

与轴线 AO 成一定角度，且一端相交于轴线的一条直线段 AB（母线），围绕着该轴线旋转而成的表面，称为圆锥表面（图 5-2a）。如截去尖端，即成截锥体（图 5-2b）。

由圆锥表面与一定尺寸所限定的几何体，称为圆锥。圆锥体表面是圆柱体表面的特殊形式。它们的区别在于，圆柱体表面的素线与轴线平行，而圆锥体表面的素线则与轴线成一个角度。所以，在车削圆柱体表面时要求车刀的移动轨迹与轴线平行，而车削圆锥体表面时则要求车刀的移动与轴线成一个角度。

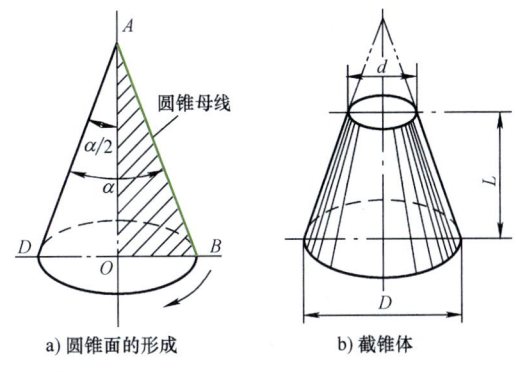

图 5-2 圆锥面的形成

2. 圆锥的基本参数（量）

圆锥三要素标注方法和计算见表 5-3。圆锥有以下四个基本参数：

1）圆锥半角（$\alpha/2$）或锥度（C）。
2）最大圆锥直径（D）。
3）最小圆锥直径（d）。
4）圆锥长度（L）。

3. 圆锥的三要素标注方法和计算

由于设计基准、测量方法等要求不同，在图样中圆锥的标注方法也不一致，根据圆锥的 4 个基本参数，只要知道任意 3 个参数，即可计算出其他一个未知参数。圆锥的三要素标注方法和计算公式见表 5-3。

表 5-3 圆锥三要素标注方法和计算公式

图示	说明	计算公式
	图样上标注圆锥的 D，d 及 L，需要计算 C 和 $\dfrac{\alpha}{2}$	$C = \dfrac{D-d}{L}$ $\tan \dfrac{\alpha}{2} = \dfrac{D-d}{2L}$
	图样上标注圆锥的 D，C 及 L，需要计算 d 和 $\dfrac{\alpha}{2}$	$d = D - CL$ $\tan \dfrac{\alpha}{2} = \dfrac{C}{2}$

（续）

图示	说明	计算公式
	图样上标注圆锥的 D，L 及 $\dfrac{\alpha}{2}$，需要计算 d 和 C	$d=D-2L\tan\dfrac{\alpha}{2}$ $C=2\tan\dfrac{\alpha}{2}$
	图样上标注圆锥的 C，d 及 L，需要计算 D 和 $\dfrac{\alpha}{2}$	$D=d+CL$ $\tan\dfrac{\alpha}{2}=\dfrac{C}{2}$

4. 圆锥的各部分尺寸计算

圆锥可分为圆锥体和圆锥孔，它们各部分的概念及尺寸计算相同。圆锥的各部分尺寸计算见表 5-4。

表 5-4 圆锥的各部分尺寸计算

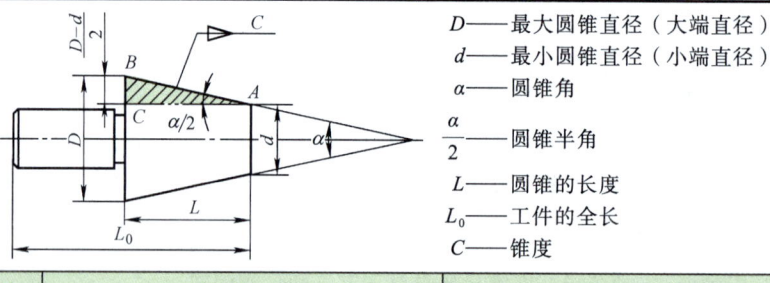

D——最大圆锥直径（大端直径）
d——最小圆锥直径（小端直径）
α——圆锥角
$\dfrac{\alpha}{2}$——圆锥半角
L——圆锥的长度
L_0——工件的全长
C——锥度

名称	代号	计算公式	计算实例
圆锥半角	$\alpha/2$	$\tan\dfrac{\alpha}{2}=\dfrac{D-d}{2L}$ 或 $\tan\dfrac{\alpha}{2}=\dfrac{C}{2}$ 当 $\dfrac{\alpha}{2}<6°$ 时，可用近似公式计算 $\dfrac{\alpha}{2}\approx 28.7°\dfrac{D-d}{L}$ 或 $\dfrac{\alpha}{2}\approx 28.7°\times C$	有一锥体，已知 $D=65\text{mm}$，$d=55\text{mm}$，$L=100\text{mm}$，求圆锥半角 $\dfrac{\alpha}{2}$ 解（1）用三角函数法 $\tan\dfrac{\alpha}{2}=\dfrac{D-d}{2L}$ $=\dfrac{65\text{mm}-55\text{mm}}{2\times 100\text{mm}}$ $=0.05$ $\dfrac{\alpha}{2}=2°52'$ （2）用近似法 $\dfrac{\alpha}{2}\approx 28.7°\dfrac{D-d}{L}$ $=28.7°\times\dfrac{65\text{mm}-55\text{mm}}{100\text{mm}}$ $=28.7°\times\dfrac{1}{10}=2.87°=2°52'12''$

（续）

名称	代号	计算公式	计算实例
锥度	C	$C=\dfrac{D-d}{L}$ 或 $C=2\tan\dfrac{\alpha}{2}$	有一外圆锥，已知圆锥半角 $\dfrac{\alpha}{2}=7°7'30''$，$D=56\text{mm}$，$L=44\text{mm}$，求锥度 C 解 $C=2\tan\dfrac{\alpha}{2}=2\tan 7°7'30''=2\times 0.1248\approx 0.25$，即 $C=1:4$
最大圆锥直径（大端直径）	D	$D=d+2L\tan\dfrac{\alpha}{2}$ 或 $D=d+CL$	磨床主轴圆锥，已知 $C=1:5$，$d=35\text{mm}$，$L=50\text{mm}$，求 D 解 $D=d+CL=35\text{mm}+50\text{mm}\times\dfrac{1}{5}=45\text{mm}$
最小圆锥直径（小端直径）	d	$d=D-2L\tan\dfrac{\alpha}{2}$ 或 $d=D-CL$	有一锥体，已知 $D=46\text{mm}$，$L=64\text{mm}$，$C=1:4$，求 d 解 $d=D-CL=46\text{mm}-64\text{mm}\times\dfrac{1}{4}=30\text{mm}$
圆锥长度	L	$L=\dfrac{D-d}{2\tan\dfrac{\alpha}{2}}$ 或 $L=\dfrac{D-d}{C}$	已知 $D=68\text{mm}$，$d=64\text{mm}$，$C=1:20$，求圆锥长度 L 解 $L=\dfrac{D-d}{C}=\dfrac{68\text{mm}-64\text{mm}}{1/20}=80\text{mm}$

5.2 圆锥工件加工

5.2.1 车削常用圆锥的方法

在车床上车削圆锥面的方法主要有以下几种：

1. 转动小滑板法

车削长度较短、锥度较大的圆锥体或圆锥孔时（图 5-3），可以使用转动小滑板的方法。这种方法操作简便，并能保证一定的车削精度，适用于单件或小批量生产，是一种应用广泛的车削方法。

（1）小滑板转动角度原则　小滑板转动角度应是圆锥素线与车床主轴轴线的夹角，即工件的圆锥半角，使车刀的进给轨迹与所要车削的圆锥素线平行即可。如果图样上没有注明圆锥半角（α/2），可通过查表 5-1 的计算公式计算。

车削图 5-4 所示的锥齿轮坯时，小滑板应旋转一个角度，如图 5-5 所示。

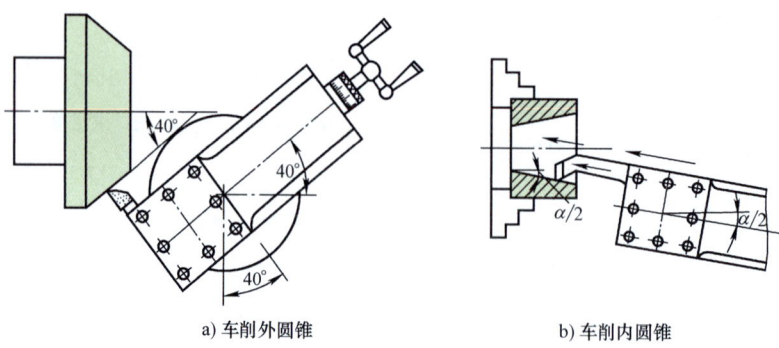

a) 车削外圆锥　　　　　　　　b) 车削内圆锥

图 5-3　转动小滑板车削圆锥面

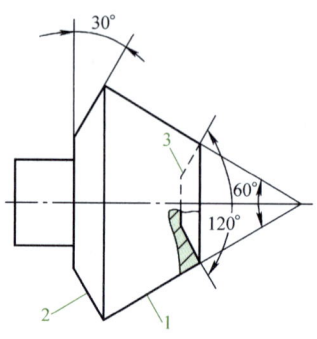

图 5-4　锥齿轮坯

1）车削圆锥面 1 时（图 5-5a），小滑板的轴线应与素线 OB 平行。素线 OB 与工件的轴线 OD 的夹角为 α/2=60°/2=30°，即小滑板应逆时针转过 30°。

2）车削圆锥面 2 时（图 5-5b），小滑板的轴线应与素线 BC 平行。素线 BC 与工件的轴线 OD（CG）的夹角 α/2=90°-30°=60°，即小滑板应顺时针转过 60°。

3）车削圆锥面 3 时（图 5-5c），小滑板的轴线应与素线 AD 平行。素线 AD 与工件的轴线的夹角为 α/2=120°/2 = 60°，即小滑板应顺时针转过 60°。

（2）找正小滑板角度方法　根据小滑板上的角度来确定锥度，精度是不高的，当车削标准锥度和较小角度时，一般可用锥度量规，用涂色检验接触面的方法逐步找正小滑板所转动的角度。当车削角度较大的圆锥面时，可用角度样板或用游标万能角度尺检验找正。

如果车削的圆锥工件已有样件，这时可用百分表找正小滑板应转的角度，找正方法如图 5-6 所示。首先把样件装夹在两顶尖之间（车床主轴的轴线应与尾座套筒的轴线同轴），然后在方刀架上安装一只百分表，把小滑板转动一个所需的圆锥半角，把百分表的测量头垂直接触在样件上（必须对准中心）。移动小滑板，观察百分表指针的摆动情况。若指针不摆动，说明小滑板应转角度已找正。

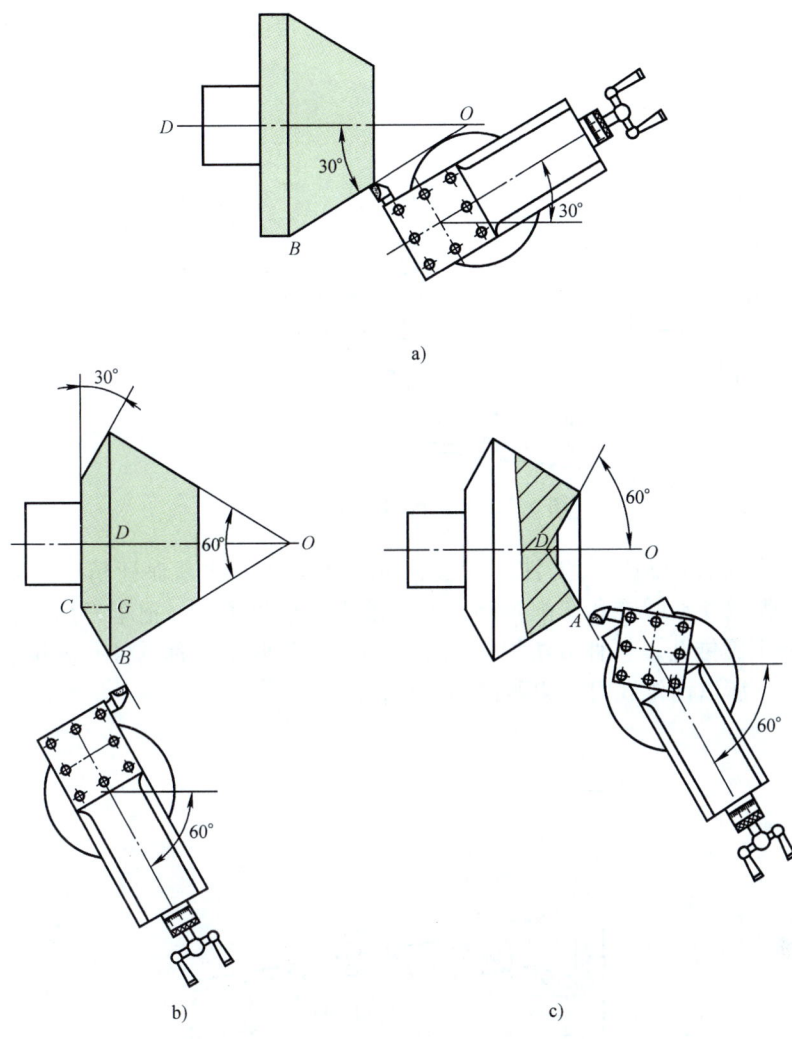

图 5-5 转动小滑板车锥齿轮坯锥面

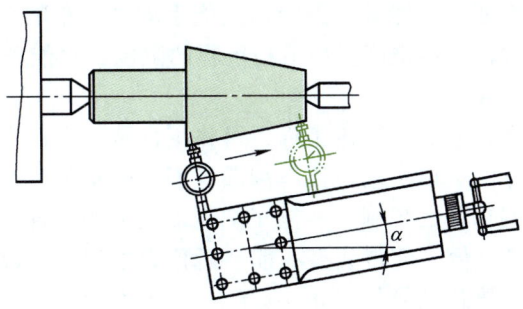

图 5-6 用样件找正小滑板的转动角度

（3）车削配套圆锥面的方法　当工件数量很少时，可使用图 5-7 所示方法车削。车削时，先把外锥体车削正确，这时不要变动小滑板的角度，只需把车孔刀反装，使切削刃向下，主轴仍然正转，即可车削圆锥孔。由于小滑板的角度不变，因此可以得到正确的圆锥配合表面。

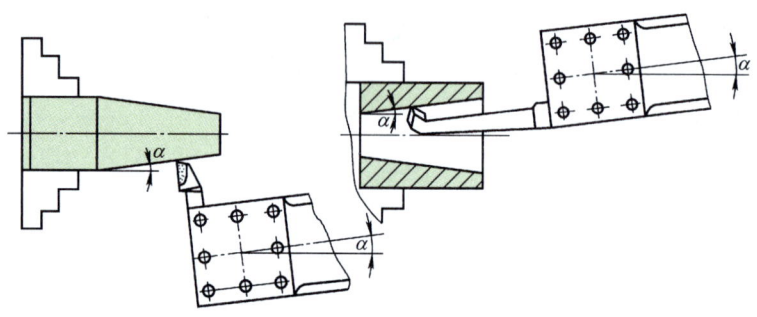

图 5-7　车削配套圆锥面的方法

对于左、右对称的圆锥孔工件，一般也可以用上述方法来保证精度，其车削方法如图 5-8 所示。先把外端圆锥孔车削正确，不变动小滑板的角度，把车刀反装，摇向对面再车削里面的一个圆锥孔。这种方法加工方便，不但能使两个对称圆锥孔的锥度相等，而且工件不需卸下，所以两锥孔可获得很高的同轴度。

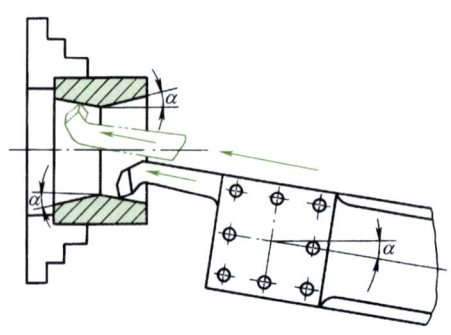

图 5-8　车削对称圆锥孔的方法

转动小滑板车削圆锥面，不能机动进给而只能手动进给车削，劳动强度大，工件的表面粗糙度难以控制。同时，工件锥度受小滑板行程的限制，只能车削较短的圆锥工件。

2. 偏移尾座法

对于长度较长、锥度较小的圆锥体工件，可将工件装夹在两个顶尖之间，采用偏移尾座的方法车削。该车削方法可以机动进给车削圆锥面，劳动强度小，车出的锥体表面粗糙度值较小。但因受尾座偏移量的限制，不能车削锥度很大的工件。偏移尾座的具体车削方法是把尾座水平偏移一个 s 值，使得装夹在前、后顶尖之间的工件轴线和车床主轴轴线成一个夹角，这个夹角就是锥体的圆锥半角（$\alpha/2$），当工件旋转后，与车床主轴轴线平行移动的车刀刀尖的轨迹，就是被车削锥体的素线，如图 5-9 所示。

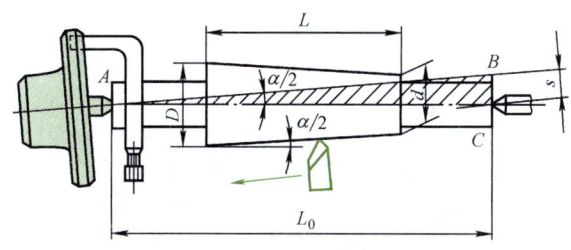

图 5-9　偏移尾座法车削圆锥体

（1）尾座偏移量的计算　尾座偏移量不仅与圆锥部分的长度 L 有关，而且与两个顶尖之间的距离有关，这段距离一般可近似看成工件总长 L_0。偏移量可根据下列公式计算

$$s=\frac{(D-d)L_0}{2L} \qquad (5\text{-}1)$$

或

$$s=\frac{C}{2}\times L_0=\frac{CL_0}{2} \qquad (5\text{-}2)$$

式中　s——尾座偏移量（mm）；
　　　D——最大圆锥直径（mm）；
　　　d——最小圆锥直径（mm）；
　　　L——圆锥的长度（mm）；
　　　L_0——工件的全长（mm）。

[例1]　用偏移尾座法车削图 5-10 所示的锥形心轴，求尾座偏移量 s。

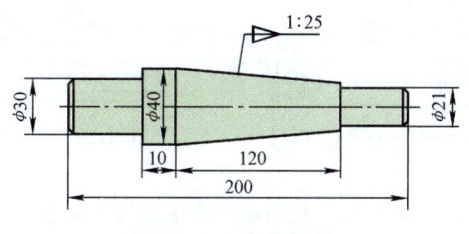

图 5-10　锥形心轴

解　根据式（5-2）

$$s=CL_0/2=\frac{200\text{mm}\times\frac{1}{25}}{2}=4\text{mm}$$

（2）控制尾座偏移量的方法　当计算出尾座偏移量 s 后，移动尾座的上部，一般是将尾座的上部移向操作者方向，便于操作者测量。具体调整方法如图 5-11 所示。首先松开尾座的锁紧手柄或紧固座螺母，然后调整两边的螺钉（拧松靠近操作者一端的螺钉，并拧紧远离操作者一端的螺钉），尾座体作横向移动，即可使尾座套筒的轴线对车床主轴轴线产生一个偏移量 s。调整后两边的螺钉注意要同时锁紧。

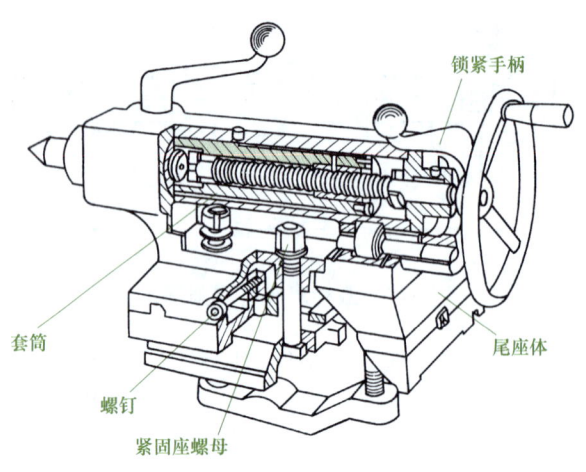

图 5-11 车床尾座

控制尾座偏移量的方法一般有以下几种：

1）应用尾座下层的刻度值控制偏移量。在移动尾座上层"0"线所对准的下层"0"线上读出偏移量，如图 5-12 所示。采用这种方法比较简单，但由于标出的刻度值是以 mm 为单位的，很难一次准确地将偏移量调整精确。

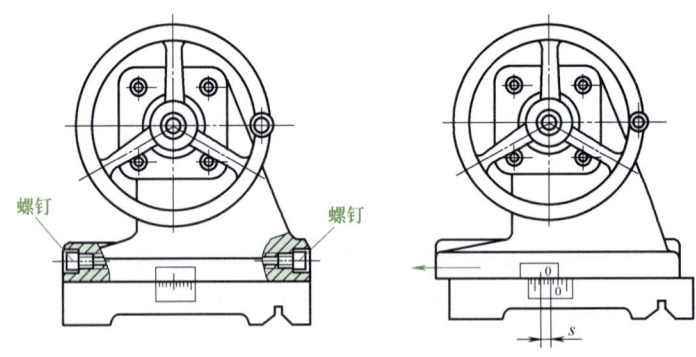

图 5-12 利用尾座刻度值偏移尾座

2）应用中滑板刻度控制偏移量。方法是在方刀架上装夹一根铜棒，移动中滑板使铜棒与尾座套筒接触后，消除刻度盘空行程后，记录中滑板的刻度值，根据刻度把铜棒退出 s 距离，如图 5-13 所示。然后偏移尾座上部，直至套筒接触铜棒为止。

[例 2] 用偏移尾座方法车削一圆锥体，计算出尾座偏移量 $s=3.5$mm，用中滑板刻度控制尾座偏移量，中滑板的刻度值每格为 0.05mm，求中滑板退出时应转的格数。

解 $K=3.5\text{mm}/0.05\text{mm}=70$ 格

用以上两种方法取得的偏移量都是近似的，仅在初步找正圆锥半角时使用，最后还需经过试车削找正。

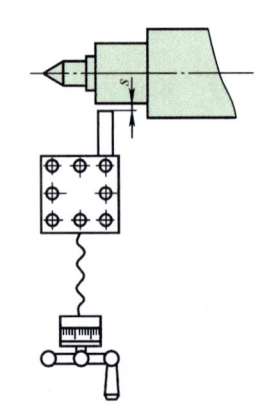

图 5-13 利用中滑板刻度控制偏移尾座

3）应用百分表控制偏移量。方法是把百分表固定在刀架上，使百分表的测头垂直接触尾座套筒，并与机床的中心等高，调整百分表的指针至零位，然后偏移尾座，偏移值就能从百分表上具体读出，然后将尾座固定，如图 5-14 所示。

4）**应用锥度心轴或样件控制偏移量**。方法是把锥度心轴或样件装夹在两顶尖之间，并把百分表固定在刀架上，使测头垂直接触心轴或样件的圆锥素线，并与机床的中心等高，再偏移尾座，纵向移动床鞍，观察百分表的指针在圆锥两端的读数是否一致。如果读数不一致，再调整尾座位置，直至两端读数一致为止（图 5-15）。这种方法找正锥度操作简便，而且精度较高。但应注意，所用的心轴或样件的总长度应等于被车削工件的长度，否则找正的锥度是不正确的。

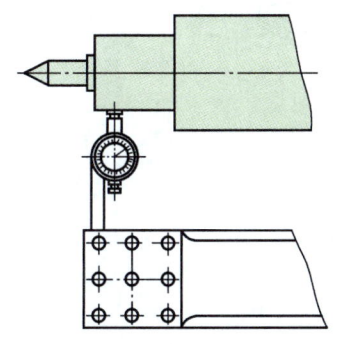

图 5-14　应用百分表控制偏移尾座

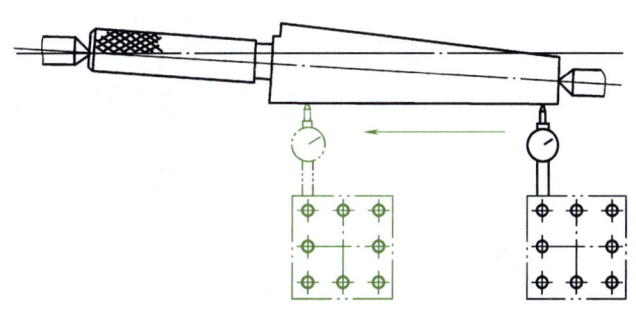

图 5-15　用锥度心轴控制偏移尾座

3. 宽刃刀车削法

图 5-4 所示的圆锥齿轮坯的锥面 3，也可以用宽刃刀直接车出，如图 5-16 所示。车削时，锁紧床鞍，开始时中滑板的进给速度略快，随着切削刃接触面的增加而逐渐减慢，当车到尺寸要求时，车刀应稍作停留，使圆锥面的表面粗糙度值减小。用宽刃刀车削圆锥面时，宽刃刀的切削刃必须平直，切削刃与主轴轴线的夹角应等于工件圆锥半角（$\alpha/2$）。同时，车床应具有很好的刚度，否则容易引起振动。当工件的圆锥素线大于切削刃长度时，也可以用多次接刀方法，但接刀必须平整。

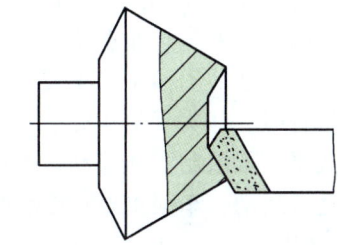

图 5-16　用宽刃刀车削圆锥面

4. 靠模法车削

对于长度较长、精度要求较高的锥体，一般采用靠模法车削。靠模装置能使车刀在作纵向进给的同时，还作横向进给，从而使车刀的移动轨迹与被加工工件的圆锥素线平行。

图 5-17 所示为一种车削圆锥表面的靠模装置。底座 1 固定在车床床鞍上，它下面的燕尾导轨和靠模体 5 上的燕尾槽滑动配合。靠模体 5 上装有锥度靠模 2，可绕中心旋转到与工件轴线交成所需的圆锥半角（$\alpha/2$）。两只螺钉 7 用来固定锥度靠模，滑块 4 与中滑板丝杠 3 连接，可以沿着锥度靠模 2 自由滑动。当需要车削圆锥时，用两只螺钉 11 通过挂脚 8，调节螺母 9 及拉杆 10 把靠模体 5 固定在车床床身上。螺钉 6 用来调整靠模斜度。当床鞍作纵向移动时，滑块就沿着靠板的斜面滑动。由于丝杠和中滑板上的螺母是连接的，这样床鞍纵向进给时，中滑板就会沿着靠模斜度作横向进给，车刀就合成斜进给运动。当不需要使用靠模时，只要把固定在床身上的两只螺钉 11 放松，床鞍就带动整个附件一起移动，使靠模失去作用。

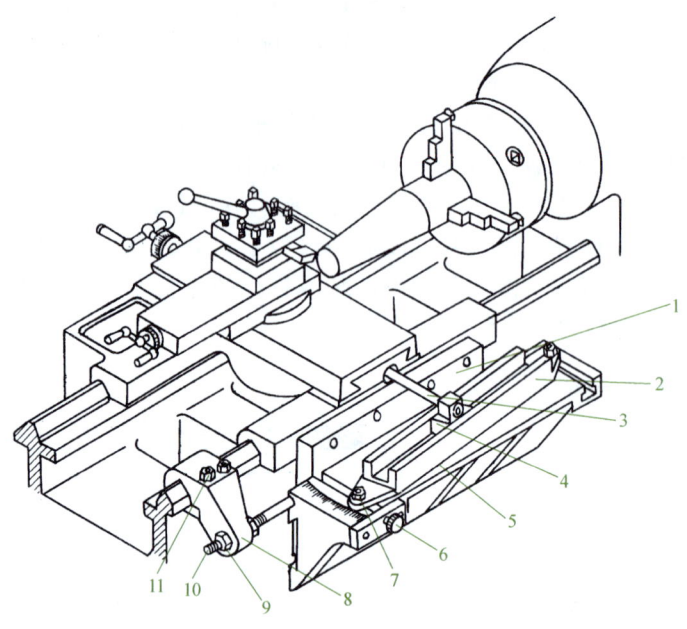

图 5-17 车削圆锥表面的靠模装置

1—底座　2—锥度靠模　3—丝杠　4—滑块　5—靠模体　6、7、11—螺钉　8—挂脚　9—螺母　10—拉杆

图 5-18 所示是一种夹具靠模装置，使用方法如图 5-19 所示。刀架体 8 装在方刀架上，车刀装在刀体 10 上。刀体在刀架体的方孔中可以前后滑动，通过销子 7、拉簧 9，使刀体上的轴承 6 与装在靠模座 5 中的靠模 4 接触。靠模座的两端装有球头手柄 11，使用时活套在导轨 2 的圆槽中。支架 1 紧固在机床导轨的一定位置上，使刀尖大致在接触工件右端的位置时，球头手柄正好能套进导轨的圆槽中。当床鞍纵向进给时，轴承随刀架移动，而靠模受支架限制不能移动，因此刀体则随靠模板的斜度自动横向进给，形成车刀纵横进给的复合运动，车削出外圆锥或圆锥孔。

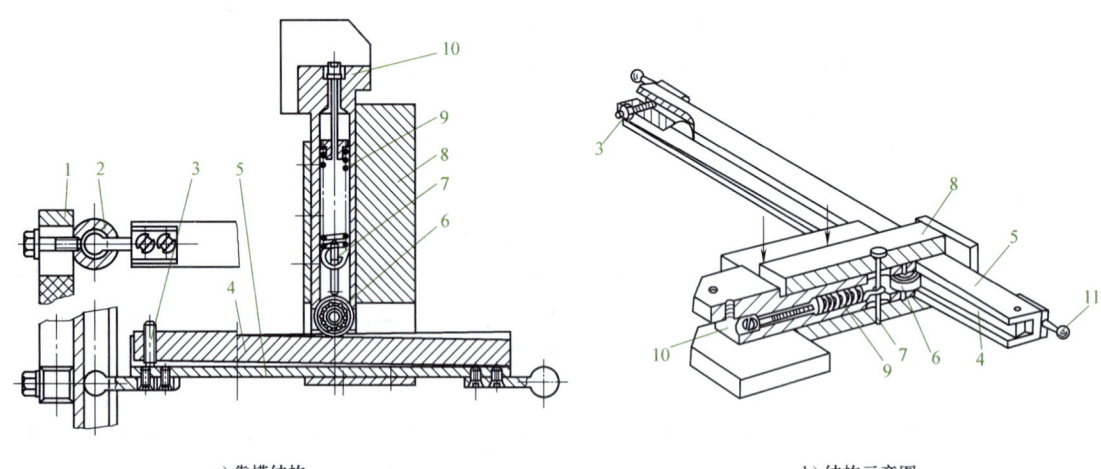

a) 靠模结构　　　　　　　　　　　　　　　b) 结构示意图

图 5-18 夹具靠模装置

1—支架　2—导轨　3—调节螺钉　4—靠模　5—靠模座　6—轴承　7—销子
8—刀架体　9—拉簧　10—刀体　11—球头手柄

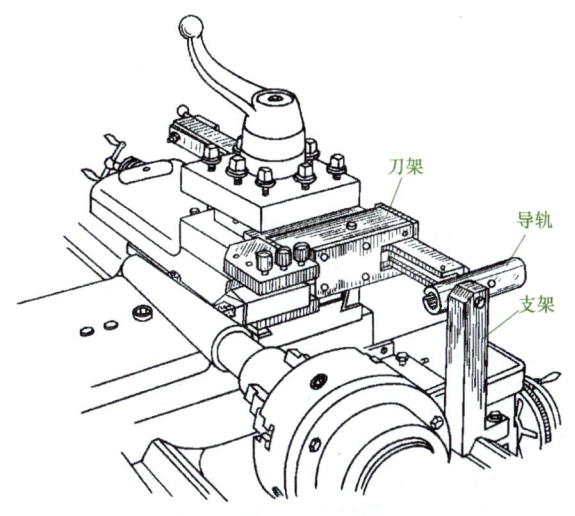

图 5-19　夹具靠模装置的使用方法

车削圆锥时,锥度大小由调节螺钉 3 来调节。

靠模法车削锥度的优点是调整锥度既方便又准确;因中心孔接触良好,所以锥面的质量高;可机动进给车削外圆锥和圆锥孔。但靠模装置的角度调节范围较小,一般在 12° 以内,比较适合批量生产。

5. 车圆锥面时的装刀要求

车削圆锥面时,车刀刀尖必须严格对准工件的旋转轴线,以保证车削后的圆锥面素线的直线度及圆锥直径和圆锥角正确。如图 5-20 所示,因车刀刀尖未对准工件的旋转轴线,使车削后的圆锥面素线为一条曲线而形成双曲线误差。当最大圆锥直径 D 正确时,最小圆锥直径增大($d' > d$),锥度变小($\alpha' < \alpha$),从而严重影响圆锥面的配合精度。

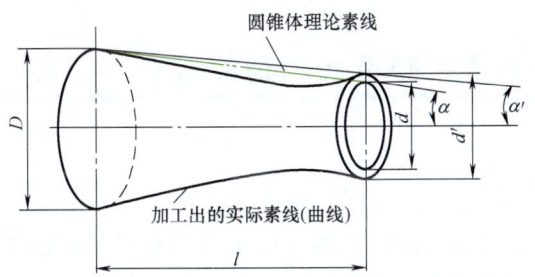

图 5-20　车刀装夹误差对圆锥精度的影响

5.2.2　铰削圆锥孔

在加工直径较小的圆锥孔时,因为车孔刀的刀杆强度较差,难以达到较高的精度和较小的表面粗糙度值,这时可以使用锥形铰刀铰削加工。用铰削方法加工的圆锥孔精度比车削加工时高,表面粗糙度值可达 $Ra1.6\mu m$。

1. 锥形铰刀

锥形铰刀一般分粗铰刀(图 5-21a)和精铰刀(图 5-21b)两种。其中,粗铰刀的槽数比精铰刀少,使容屑空间增大,对排屑有利。粗铰刀的切削刃上有一条螺旋分屑槽,把原来很长的切削刃分割成若干个短切削刃，因而把切屑分成一段一段的，使切屑容易排出。精铰刀做成锥度很正确的直线刀齿，并留有很小的棱边（$b_γ$=0.1～0.2mm），可以保证圆锥孔的质量。

2．铰削圆锥孔的方法

铰削圆锥孔的方法一般有以下两种：

1）当圆锥孔的直径和锥度较大时，钻孔后先粗车成锥孔，并在直径上预留铰削余量0.2～0.3mm，然后用精铰刀铰削。

2）当圆锥孔的直径和锥度较小时，钻孔后可直接用锥形粗铰刀粗铰，然后用精铰刀铰削成形。铰削圆锥孔时，切削刃参加切削的长度是逐渐增大到工件的锥孔

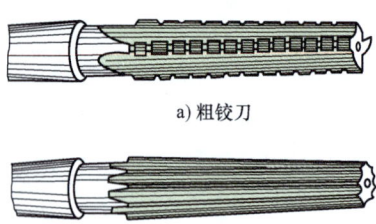

图 5-21　锥形铰刀

长度的，切削负荷大，振动也大，尤其在加工长度较长的锥孔时，切削力更大，所以应合理地选择切削用量。例如，铰削莫氏圆锥孔，钢料进给量 f=0.15～0.3mm/r，铸铁进给量 f=0.3～0.5mm/r。切削速度选用 v_c=5m/min 以下，并加注切削液，铰削钢料时用乳化液或切削油做切削液，铰削铸铁时可使用煤油。

3．铰圆锥孔时的注意事项

1）铰孔前，先用量棒和指示表把尾座套筒的轴线调整到与主轴的轴线同轴。

2）铰孔时，车床主轴只能顺转，不能反转，否则铰刀的刃口容易损坏。

3）铰削圆锥孔时，切削面积较大，切屑较多，因此在铰削过程中应经常退出以清除切屑，防止切屑堵塞而损坏铰刀的刃口。

4）圆锥孔的精度和表面粗糙度是由铰刀的切削刃来保证的，所以铰刀的切削刃不允许有毛刺或缺损。

5）铰刀磨损后，应到工具磨床上修磨，不要用磨石研磨刃带。

5.3　常用圆锥面的精度检验与误差分析

5.3.1　圆锥角度的检验方法

圆锥的精度检验对于相配合的锥度和角度工件，根据用途不同应规定不同的锥度和圆锥角度公差。对于配合精度要求较高的锥度工件，在工厂中一般采用涂色检验法，通过测量接触面的大小来评定锥度精度。圆锥角度和锥度的检验一般有以下几种方法：

1．用游标万能角度尺检验

游标万能角度尺的结构原理如图5-22a所示。它可以测量0°～320°范围内的任何角度。游标万能角度尺由主尺、基尺、游标尺、直角尺、直尺、卡块及锁紧装置等组成。基尺可带动主尺沿着游标尺转动，转到所需角度时可用锁紧装置锁紧。卡块可将直角尺和直尺固定在所需的位置上。测量时，可转动背面的手柄，通过小齿轮转动扇形齿轮，使基尺改变角度。游标万能角度尺的读数原理如图5-22b所示。主尺每格为1°。游标上总角度为29°，并分成30格，因此游标上每格的分度值为29°/30=60′×29/30=58′。

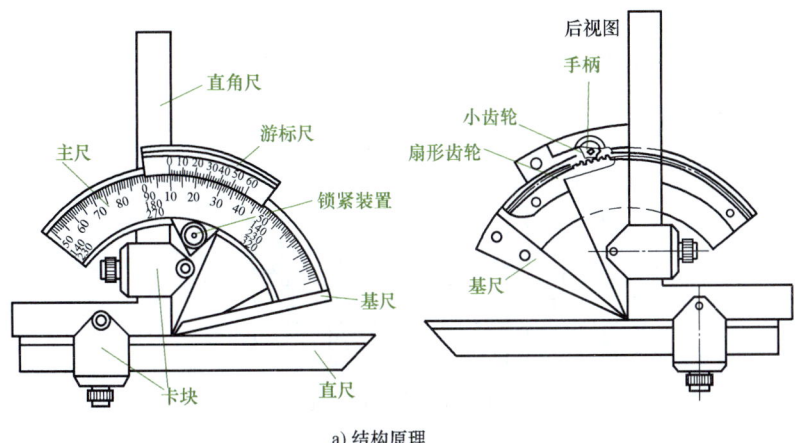

a) 结构原理

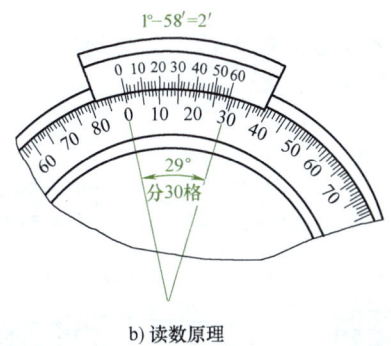

b) 读数原理

图 5-22 游标万能角度尺

主尺一格和游标尺一格之间的差值为

$$1°-58'=2'$$

即这种游标万能角度尺的分度值为 $2'$。游标万能角度尺的读数方法与游标卡尺相似。它的测量方法如图 5-23 所示。

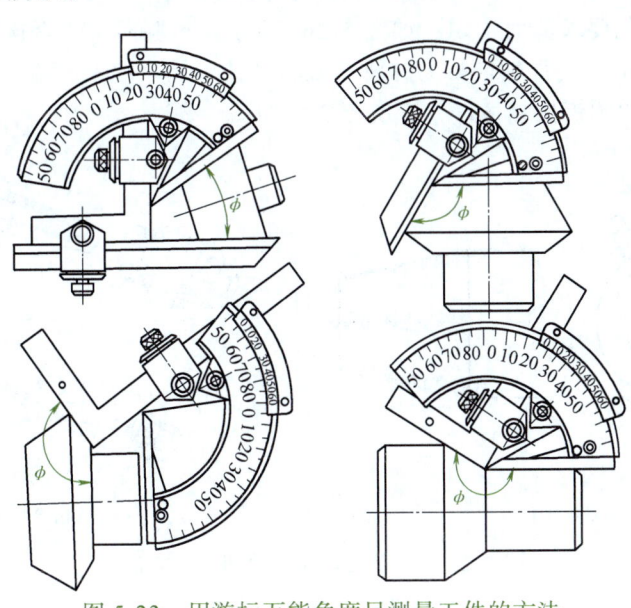

图 5-23 用游标万能角度尺测量工件的方法

2. 用角度样板检验

成批和大量生产时，可使用专用的角度样板测量工件。用样板测量锥齿轮坯角度的方法，如图 5-24 所示。

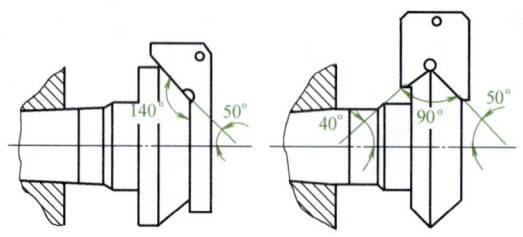

图 5-24　用样板测量锥齿轮坯的角度

3. 用圆锥量规涂色法检验

在检验标准圆锥或配合精度要求较高的工件（如莫氏锥度和其他标准锥度）时，可用标准塞规或套规来检验，如图 5-25 所示。

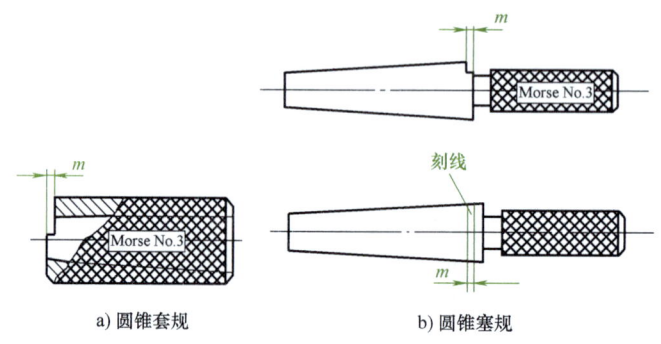

a) 圆锥套规　　　　b) 圆锥塞规

图 5-25　圆锥量规

用圆锥套规检验圆锥体时，用显示剂（印油、红丹粉）在工件表面顺着圆锥素线均匀地涂上 3 条线，涂色要求薄而均匀，如图 5-26a 所示。检验时，手握圆锥套规轻轻套在工件圆锥上（图 5-26b），稍加轴向推力并将套规转动约半周。取下套规后，若 3 条显示剂全长上擦去均匀，说明圆锥接触良好，锥度正确，如图 5-27 所示。

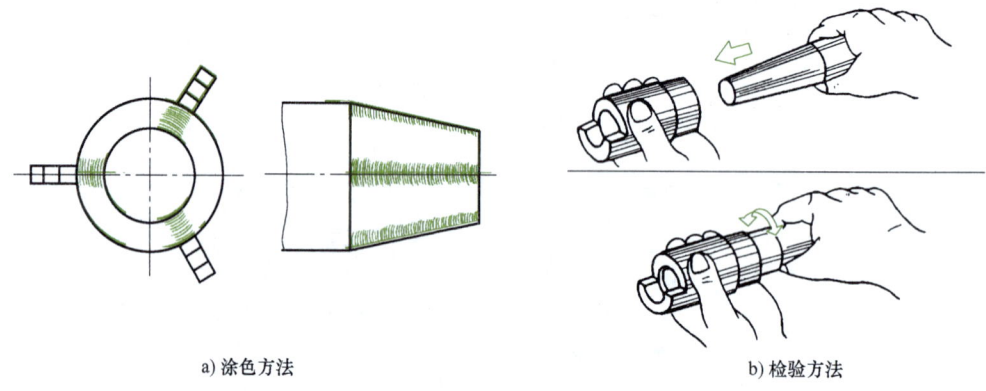

a) 涂色方法　　　　　　　　　　　b) 检验方法

图 5-26　用圆锥套规检验圆锥体方法

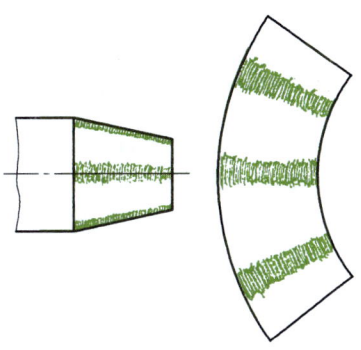

图 5-27　合格的圆锥面展开

如果显示剂被局部擦去，说明圆锥的角度不正确或圆锥素线不直，如图 5-28 所示。

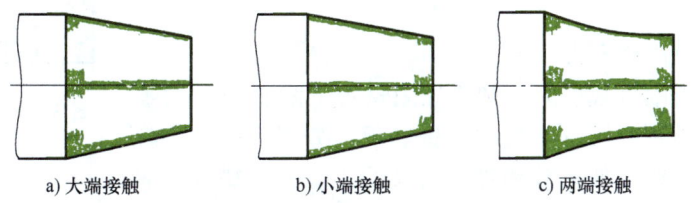

a) 大端接触　　　　b) 小端接触　　　　c) 两端接触

图 5-28　不合格的圆锥接触面

4. 用圆柱和量块检验

用圆柱和量块测量圆锥半角 α/2（图 5-29），可用下列公式计算

$$\tan\frac{\alpha}{2}=\frac{M-M_1}{2h} \tag{5-3}$$

式中　$\frac{\alpha}{2}$——被测工件的圆锥半角（°）；

M——上端两圆柱之间测量读数（mm）；

M_1——下端两圆柱之间测量读数（mm）；

h——量块的高度（mm）。

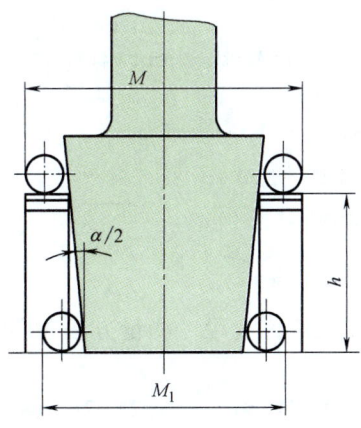

图 5-29　用圆柱和量块测量圆锥半角

5. 用钢球检验

用两个精度要求较高的钢球测量圆锥孔的圆锥半角 $\frac{\alpha}{2}$（图 5-30），可用下列公式计算

$$\sin\frac{\alpha}{2} = \frac{D_0 - d_0}{2(H-h) - (D_0 - d_0)} \tag{5-4}$$

式中　$\frac{\alpha}{2}$——被测工件的圆锥半角（°）；

　　　D_0——大钢球的直径（mm）；

　　　d_0——小钢球的直径（mm）；

　　　H——小钢球顶端与锥孔端面之间的距离（mm）；

　　　h——大钢球顶端与锥孔端面之间的距离（mm）。

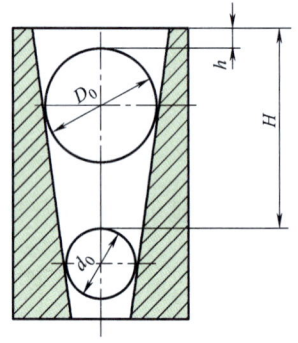

图 5-30　用钢球测量圆锥孔的圆锥半角

5.3.2　圆锥尺寸的检验方法

1. 圆锥尺寸的检验方法

（1）用圆锥极限量规检验　圆锥极限量规（图 5-25）的锥形表面制造得很精密。圆锥塞规和圆锥套规上分别有一个台阶或刻上两条环形刻线。如果被测锥体的端面正好处于缺口处或两条环形刻线之间，且两锥体表面接触均匀，那么表示该锥体的大小和形状均合格，如图 5-31 所示。

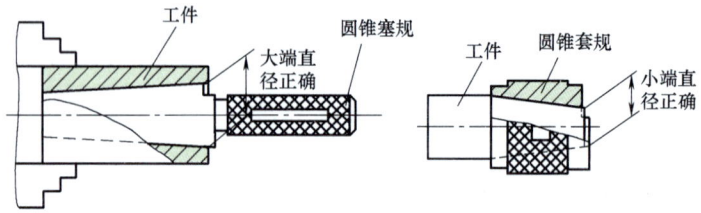

图 5-31　用圆锥极限量规测量圆锥的尺寸

（2）用圆柱量棒检验　圆锥体最小圆锥直径测量方法如图 5-32 所示。其计算公式如下

$$d = M - d_1 - d_1 \cot\frac{90° - \frac{\alpha}{2}}{2} \tag{5-5}$$

式中　d——最小圆锥直径（mm）；

　　　M——两圆圆柱之间测量读数（mm）；

　　　d_1——圆柱量棒的直径（mm）；

　　　$\frac{\alpha}{2}$——被测工件的圆锥半角（°）。

（3）用钢球测量圆锥孔的最大圆锥直径　测量方法如图 5-33 所示。其计算公式如下

$$D = D_0 / \cos\frac{\alpha}{2} + (D_0 - 2h)\tan\frac{\alpha}{2} \tag{5-6}$$

式中　D——圆锥孔的最大圆锥直径（mm）；

D_0——钢球的直径（mm）；

h——钢球顶端与圆锥孔端面之间的距离（mm）；

$\dfrac{\alpha}{2}$——圆锥孔的圆锥半角（°）。

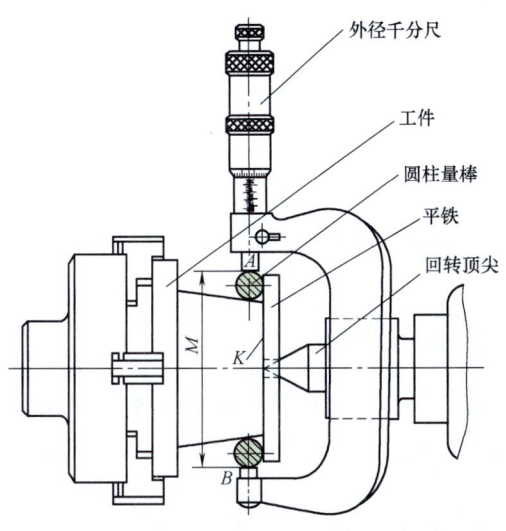

图 5-32 用圆柱检验圆锥体的最小圆锥直径

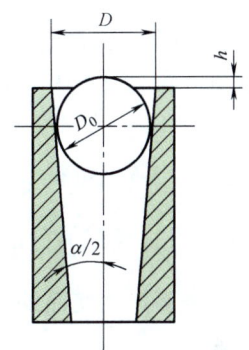

图 5-33 用钢球测量圆锥孔的最大圆锥直径

（4）未注公差角度的极限偏差　根据标准 GB/T 1804—2000，未注公差角度的极限偏差见表 5-5。

表 5-5　未注公差角度的极限偏差

公差等级	长度分段 /mm				
	≤ 10	> 10 ~ 50	> 50 ~ 100	> 120 ~ 400	> 400
精密 f	± 1°	± 30′	± 20′	± 10′	± 5′
中等 m					
粗糙 c	± 1°30′	± 1°	± 30′	± 15′	± 10′
最粗 v	± 3°	± 2°	± 1°	± 30′	± 20′

注：未注公差角度的公差等级在图样或技术文件上用标准号和公差等级符号表示，如选用中等级时，表示为 GB/T 1804—m。

2. 圆锥尺寸的控制方法

在车削圆锥的过程中，当锥度已车准，而大小端尺寸都未达到要求时，必须再进刀车削。用量规测量只能量出长度 h，如图 5-34 所示。要确定背吃刀量，可用下面公式计算

$$a_p = h\tan\dfrac{\alpha}{2}$$

或

$$a_p = h\dfrac{C}{2} \qquad (5\text{-}7)$$

式中　a_p——当极限量规的刻线或台阶中心离开工件端面 h 的距离时的背吃刀量（mm）；

$\dfrac{\alpha}{2}$——圆锥半角（°）；

C——锥度。

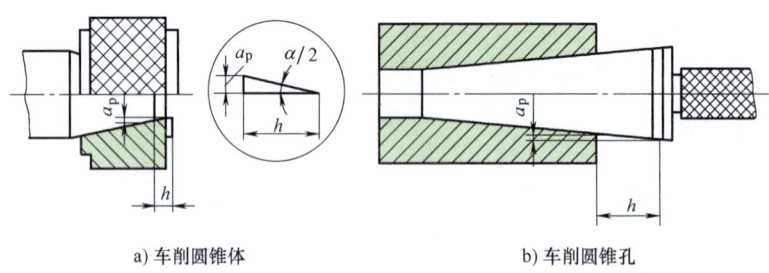

a) 车削圆锥体　　　　　　　　b) 车削圆锥孔

图 5-34　车削圆锥时控制尺寸的方法

[**例 3**]　已知工件锥度为 1：20，用套规测量工件的小端时，小端端面离开套规的台阶中心为 4mm，问：背吃刀量是多少才能使小端的直径尺寸合格？

解　根据式（5-7）可得 $a_p = h\dfrac{C}{2} = 4\text{mm} \times \dfrac{\frac{1}{20}}{2} = 0.1\text{mm}$

假如车床中滑板丝杠的分度值每格为 0.05mm，那么进刀两格即可达到。

5.3.3　车削圆锥面产生废品的种类、原因及预防方法

车削圆锥时，废品的产生原因分析及防止方法见表 5-6。

表 5-6　废品的产生原因分析及防止方法

废品种类	产生原因	防止方法
锥度（角度）不正确	用转动小滑板法车削时 1）小滑板转动角度计算错误 2）小滑板移动时松紧不均	1）仔细计算小滑板应转的角度和方向，并反复试车找正 2）调整镶条使小滑板移动均匀
	用偏移尾座法车削时 1）工件的长度不一致 2）尾座偏移位置不正确	1）当工件数量较多时，各件的长度必须一致 2）重新计算和调整尾座偏移量
	用靠模法车削时 1）靠模角度调整不正确 2）滑块与靠板配合不良	1）重新调整靠板角度 2）调整滑块和靠板之间的间隙
	用宽刃刀车削时 1）装刀不正确 2）切削刃不直	1）调整切削刃的角度和对准中心 2）修磨切削刃的直线度
	铰削圆锥孔时 1）铰刀的锥度不正确 2）铰刀的轴线与工件旋转轴线不同轴	1）修磨铰刀 2）用百分表和量棒调整尾座套筒轴线
大、小端尺寸不正确	没有经常测量大、小端的直径	经常测量大小端的直径，并按计算尺寸控制背吃刀量
双曲线误差	车刀刀尖没有对准工件的轴线	装刀时，车刀刀尖必须严格对准工件轴线

5.4 技能训练——锥度心轴的加工

1. 工艺准备

（1）分析图样　图 5-35 所示为锥度心轴。其外形比较简单，车削刚性较好。毛坯为 45 热轧圆钢，毛坯尺寸为 $\phi 40\text{mm} \times 160\text{mm}$。车削数量每次为 8~10 件。对图样分析如下：

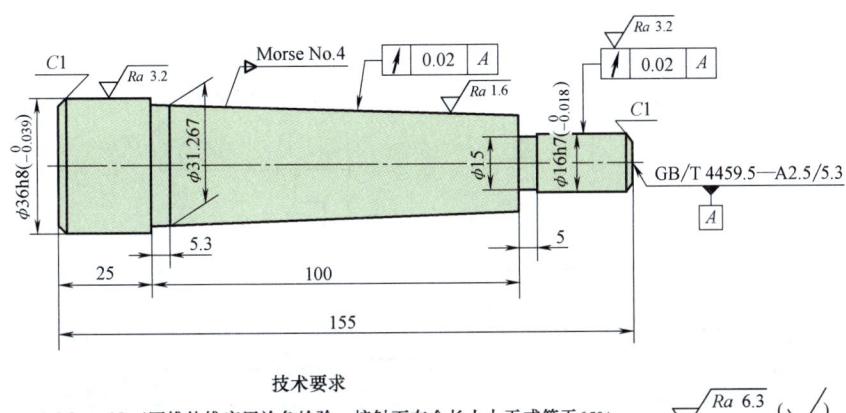

图 5-35　锥度心轴

1）圆锥体的锥度为 Morse No.4，最大圆锥直径为 $\phi 31.267\text{mm}$。圆锥面对两端中心孔公共轴线的径向圆跳动公差为 0.02mm。表面粗糙度值为 $Ra1.6\mu\text{m}$。

2）两端外圆为 $\phi 36_{-0.039}^{0}\text{mm}$、$\phi 16_{-0.018}^{0}\text{mm}$，表面粗糙度值为 $Ra\ 3.2\mu\text{m}$。

3）外圆 $\phi 16\text{h}7$ 对两端中心孔公共轴线的径向圆跳动公差为 0.02mm。

（2）制订加工工艺

1）车削 Morse No.4 圆锥面时，可用偏移尾座法车削。尾座偏移量可用式（5-2）计算，查表 5-1，Morse No.4 的锥度 $C=1:19.254 = 0.05194$。

则尾座偏移量 $s = \dfrac{CL_0}{2} = \dfrac{0.05194 \times 155\text{mm}}{2} = 4.03\text{mm}$

尾座偏移量可用百分表来控制，其控制方法可参阅图 5-14。

2）锥度心轴的车削顺序如下：车削端面、钻中心孔→粗车 Morse No.4 圆锥、外圆 $\phi 16\text{h}7$ →调头、车削端面、钻中心孔→精车外圆→车削 Morse No.4 圆锥。

（3）工件的定位与夹紧

1）车削端面与钻中心孔时，以毛坯外圆为粗基准，用自定心卡盘装夹。

2）粗车 Morse No.4 圆锥及外圆时，采用一夹一顶的装夹方法。

3）精车外圆及圆锥面时，为了保证其位置精度，可以装夹在两个顶尖之间车削。

（4）选择刀具　工件材料为 45 钢，切削性能较好，精车外圆与圆锥面时，可选用 P10 牌号硬质合金 90° 外圆车刀。

（5）选择设备　选用 C6140 型卧式车床或 C616 型卧式车床。

2. 工件加工

锥度心轴的车削步骤见表 5-7。

表 5-7 锥度心轴的车削步骤

序号	加工内容	简图
1	用自定心卡盘夹住毛坯外圆 1）车削端面，毛坯车出即可 2）钻中心孔 A 型 ϕ2.5mm	
2	一端夹住，一端顶牢 1）粗车莫氏 4 号圆锥至 ϕ32.5mm，长度为 129mm 2）车削外圆 ϕ16h7 到 ϕ17mm，长度为 29mm 3）倒角 $C1$	
3	调头，夹住外圆 ϕ32.5mm 1）车削端面，长度尺寸为 155mm 2）钻中心孔 A 型 ϕ2.5mm	
4	两顶尖装夹 1）车削外圆 $\phi36_{-0.039}^{0}$ mm 至尺寸要求 2）控制尺寸 25mm，车削外圆 $\phi31.267_{-0.05}^{0}$ mm 至尺寸要求 3）控制尺寸 100mm，车削外圆 $\phi16_{-0.018}^{0}$ mm 至尺寸要求 4）车槽 5mm×ϕ15mm 5）倒角 $C1$	
5	两顶尖装夹 1）粗、精车 Morse No.4 锥度至尺寸要求 2）倒角 $C0.5$	

3. 精度检验及误差分析

1) Morse No.4 圆锥的检验　用 Morse No.4 圆锥套规综合测量，圆锥的锥度用涂色法检验，其检验方法按图 5-26 方法检验。最大圆锥直径可根据套规上的台阶来判断。

2) 两端外圆 ϕ36h8、ϕ16h7 尺寸精度可用外径千分尺检验。

3) Morse No.4 圆锥、外圆 ϕ16h7 对两端中心孔公共轴线的径向圆跳动误差的检验　将工件装夹于中心架的两顶尖之间，测量方法如图 5-36 所示。测量时，将指示表的测头与圆锥表面接触，在工件回转一周的过程中，百分表指针的读数最大差值即为单个测量平面上的径向圆跳动量。再根据上述方法测量若干个截面，取各截面上测得的圆跳动量中的最大值作为工件圆锥面的径向圆跳动误差。

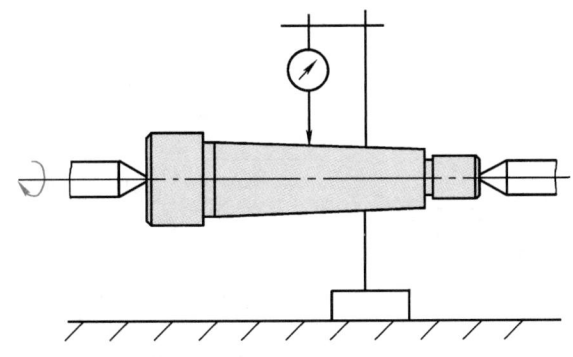

图 5-36　测量径向圆跳动误差

项目 6

成形面加工和表面修饰加工

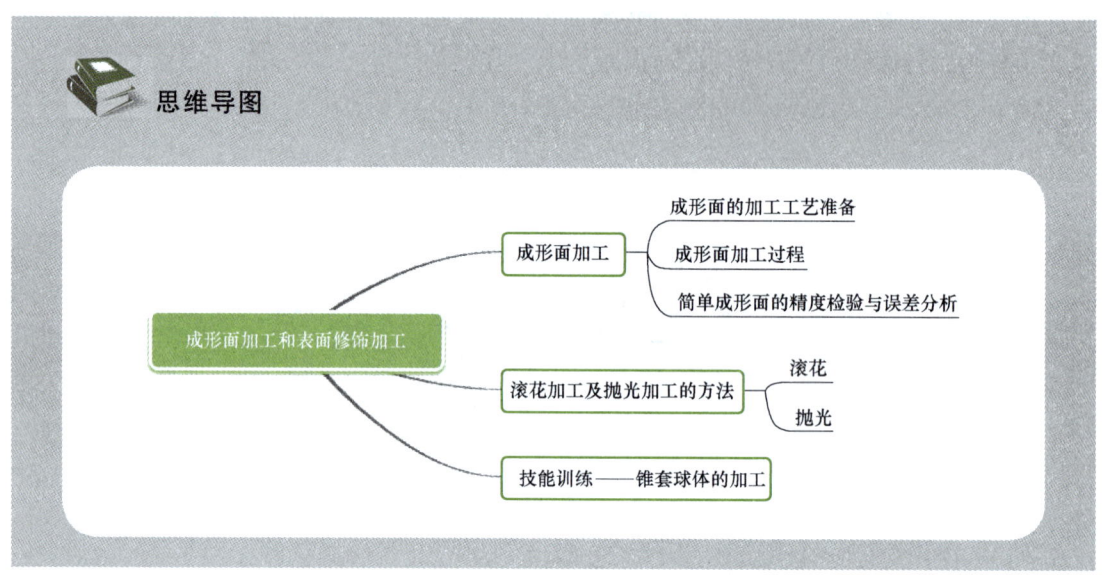

6.1 成形面加工

6.1.1 成形面的加工工艺准备

一般常用的成形刀有以下几种：

（1）普通成形刀　这种成形刀的切削刃廓形是根据工件的成形表面刃磨而成的（图6-1），其刀体的结构和装夹与普通车刀相同。这种刀具制造方便，可用手工刃磨，成本低，但精度较低。若在刀具磨床上刃磨，同样能达到较高精度。常用于加工简单的成形面。

（2）棱形成形刀　这种成形刀由刀头和刀杆两部分组成（图6-2）。刀头的切削刃按照工件的形状在刀具磨床上用成形砂轮磨削，前面上磨出背前角（γ_p）和背后角（α_p）。后部以燕尾块作为定位基准，装夹在刀杆的燕尾槽中，用螺钉固定。装夹时，刀具倾斜装夹所需的背后角 α_p，并使刀尖与工件的轴线等高。棱形成形刀磨损后，只需刃磨刀具的前面，并将刀头稍向上升起，直至刀头无法夹住为止。这种成形刀的精度高，刀具寿命长，但制造比较复杂。

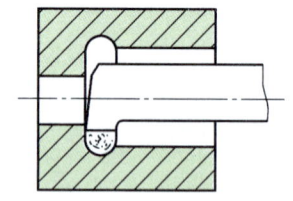

图 6-1　普通成形刀

（3）圆形成形刀　这种成形刀做成圆轮形，在圆轮上开有缺口，使它形成前面和主切削刃（图 6-3）。使用时，它装夹在刀杆（或弹性刀杆）上。为了防止圆轮转动，在侧面做出端面齿，使之与刀杆侧面上的端面齿啮合。圆形成形刀的主切削刃必须比圆轮中心低一些，否则后角为 0°。主切削刃低于圆轮中心的距离可用下式计算

$$H = \frac{D}{2\sin\alpha_p}$$

式中　H——主切削刃低于圆轮中心的距离（mm）；
　　　D——圆形成形刀的直径（mm）；
　　　α_p——成形刀的背后角（一般为 6°～10°）。

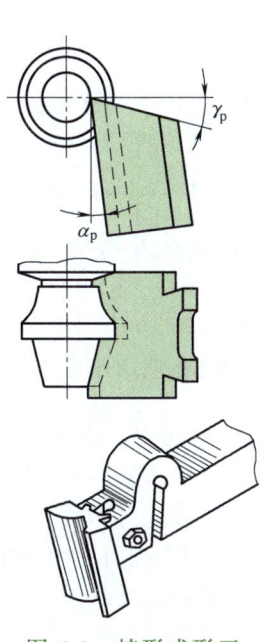

图 6-2　棱形成形刀

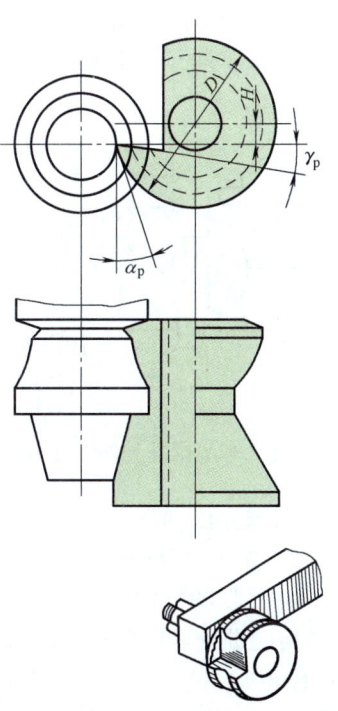

图 6-3　圆形成形刀

6.1.2　成形面加工过程

在机械制造中，有些机器零部件（如手轮手柄、圆球等）的表面是由若干个曲面组成，这类表面称为成形面。这类成形面的加工与车削外圆、车削内孔有所不同，应根据成形面的特点、质量要求及批量大小等不同情况，分别采取不同的车削方法。成形面的车削方法一般有以下几种：

1. 用双手控制法车削成形面

单件或小批量生产时，或精度要求不高的工件，可采用双手控制法车削。如图 6-4 所示的单球手柄，车削方法如下：

（1）计算圆球部分的长度　车削圆球前，要将圆球部分的长度和直径以及柄部直径按图 6-5 所示车好。圆球部分的长度（L）计算公式如下

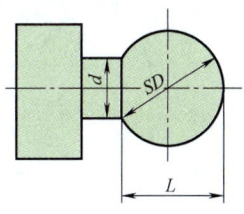

图 6-4　单球手柄

$$L = 1/2 \times (D + \sqrt{D^2 - d^2}) \qquad (6\text{-}1)$$

式中　L——圆球部分长度（mm）；
　　　D——圆球的直径（mm）；
　　　d——柄部的直径（mm）。

（2）车圆球时使的车刀要求　车刀的主切削刃呈圆弧形，车刀的几何形状与圆弧形沟槽车刀的几何形状相似。

（3）车削圆球的具体操作方法

1）确定圆球的中心位置，车削圆球前要用金属直尺量出圆球的中心，并用车刀刻线痕，以保证车削圆球时左、右半球面对称。

2）为了减少车削圆球时的车削余量，一般用 45° 车刀先在圆球外圆的两端倒角，如图 6-6 所示。

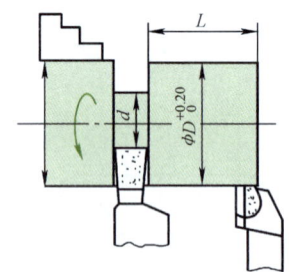
图 6-5　车削圆球外圆及车槽

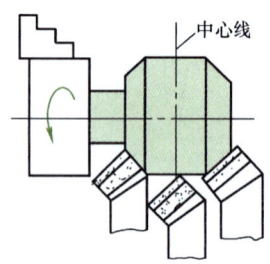
图 6-6　在车削圆球外圆两端倒角

3）车削圆球方法如图 6-7a 所示。操作时，用双手同时移动中、小滑板或中滑板和床鞍，通过纵向、横向的合成运动车出球面形状。操作的关键在于，双手摇动手柄的速度配合是否恰当，因为圆球的每一段圆弧的纵、横向进给速度都不一样。例如，车到 a 点时（图6-7b），中滑板的进给速度要慢，小滑板的退出速度要快；车到 b 点时，中滑板的进给速度和小滑板的退出速度基本差不多；车到 c 点时，中滑板的进给速度要快，小滑板的退出速度要慢。它是由双手操纵的熟练程度来保证的。因此，必须反复练习逐步达到进退自如。

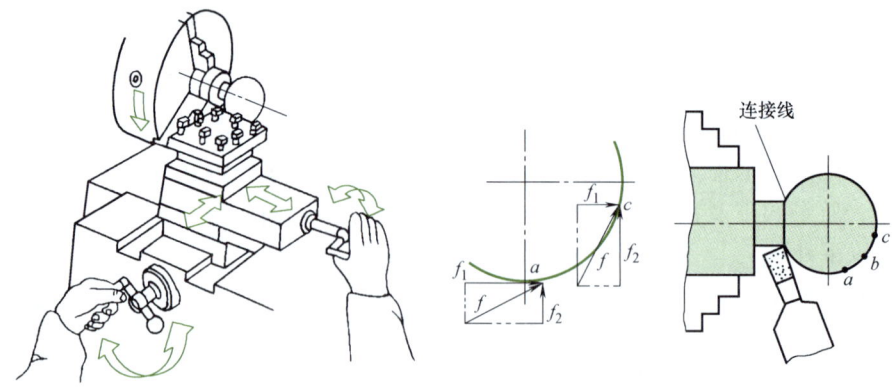

a) 双手控制法车削圆球　　b) 车削曲面时的速度分析　　c) 用矩形沟槽刀车削过渡部位

图 6-7　车削圆球方法

车削的方法是由中心向两边车削，先粗车成形后再精车，逐步将圆球面车削圆整。为了保证柄部与球面过渡处轮廓清晰，可用矩形沟槽刀（或切断刀）车削，如图6-7c所示。

（4）圆球形面的修整　双手控制法车削圆球的形面时，由于手动进给往往不够均匀，使工件的表面留下高低不平的车削痕迹，必须采用锉刀修整形面后，用砂布抛光成形面，以保证达到所要求的精度及表面粗糙度。

2．用成形刀车削成形面

对于数量较多的成形面工件，可以用成形刀车削，这样可以提高工作效率。把切削刃磨得与工件的表面形状相同的车刀叫作成形刀（或称样板刀）。图6-8所示为圆形成形车刀。

用成形刀车削成形面时，因切削刃与工件的接触面积大，容易引起振动。防止和减少振动的方法有：

1）首先应选用刚性较好的车床，并必须把车床主轴与车床滑板等各部分的间隙调整到最小。

2）装夹成形刀时，要对准工件的轴线，高了容易扎刀，低了容易引起振动。

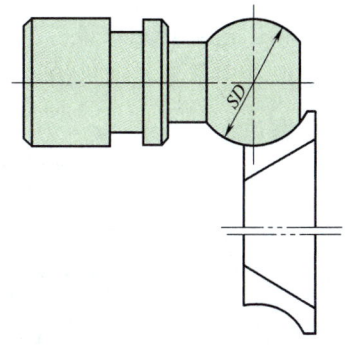

图6-8　圆形成形车刀

3）应选用较小的进给量和切削速度。车削钢料时应加注乳化液或切削油，车削铸铁时可以不加或加注煤油作为切削液。

3．靠模法车削成形面

靠模法是一种比较先进的加工方法。一般可利用自动进给根据靠模的形状车削所需要的成形面，生产率高，质量稳定，适合于成批量生产。靠模法车削成形面的方法很多，下面介绍几种主要方法：

（1）靠板靠模　在车床上用靠板靠模法车削成形面，如图6-9所示，实际上与靠模车削圆锥的方法基本上相同。在卧式车床床身的外端装上靠模支架和靠模板，靠模板有一条

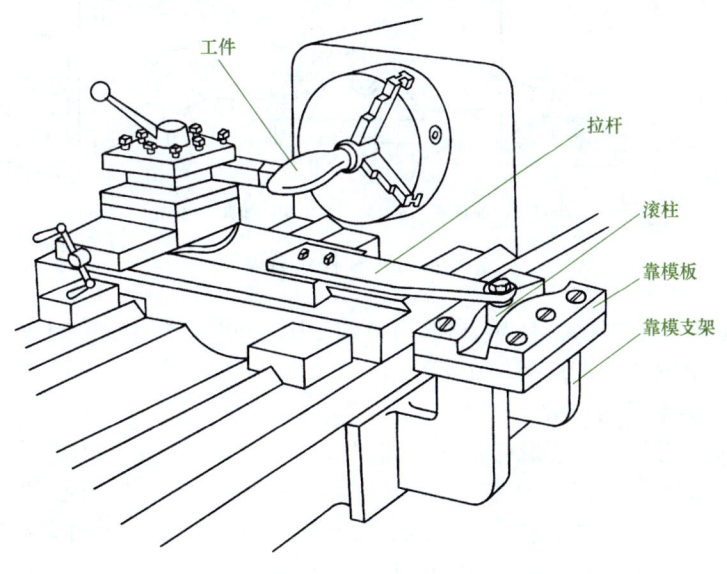

图6-9　靠板靠模

曲线沟槽，它的形状与工件的成形面相同。滚柱通过拉杆与中滑板连接（应将中滑板丝杠抽去）。当床鞍作纵向进给时，滚柱沿着靠模板的曲线槽移动，使车刀的刀尖随着靠板曲线的变化在工件上车出成形面。若把小滑板转过90°，就可以进行横向进给。

这种靠模方法操作方便，成形面准确，但只能加工成形面变化不大的工件。

（2）横向靠模　横向靠模用来车削工件端面上的成形面，如图6-10所示。靠模安装在尾座套筒锥孔内的夹板上，用螺钉紧固。把装有刀杆的刀夹装夹在方刀架上，滚轮紧靠住靠模，由弹簧来保证。为了防止刀杆在刀夹中转动，在刀杆上铣一键槽，用键来保证。车削时，中滑板自动进给，滚轮沿着靠模的曲线表面横向移动，在工件的端面上车出成形面。

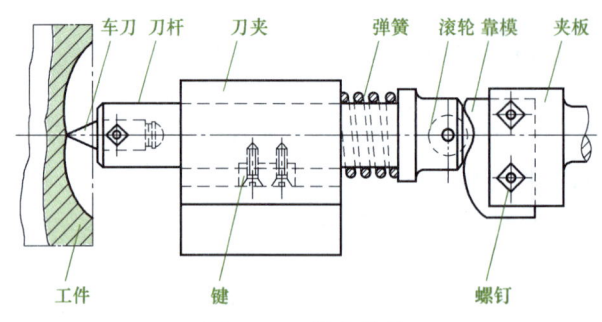

图6-10　横向靠模

（3）杠杆式靠模　利用杠杆的摆动车削工件的成形面，如图6-11所示。杠杆由销轴连接在夹具体上，并装夹在方刀架上。车刀装在杠杆的方孔中，杠杆的另一端装有滚轮。螺钉可调整弹簧的压力，使滚轮紧靠靠模板。靠模板装夹在尾座套筒锥孔内的靠模支架上。车削时，床鞍作纵向进给，车刀随杠杆摆动，将工件车出成形面。

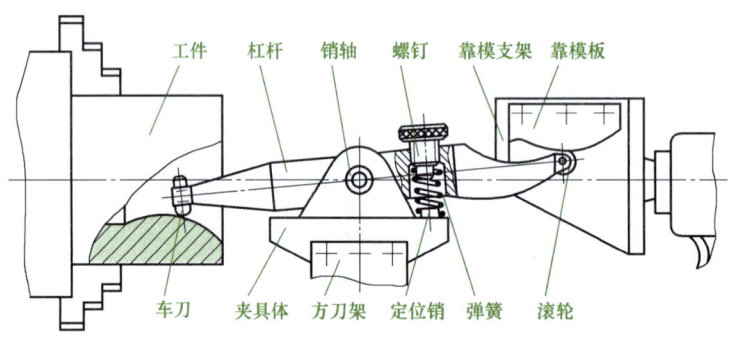

图6-11　杠杆式靠模

这种靠模装置制造容易，使用方便，但仅适用于外形变化不大的工件。使用时，应注意车刀、销轴、滚轮3个支点间的距离相等。

4. 用专用工具车削成形面

用专用工具（刀具）车削成形面的方法很多，下面介绍几种车削成形面的专用工具。

（1）圆筒形球面精车刀　该车刀的切削部分是一个圆筒，如图6-12所示。端面上磨有15°锥面，形成刃口，装夹在刀杆槽内，并用圆柱销作为支点，可自动调整中心。车削时，筒形刀具的径向表面中心应与主轴的回转轴线成一夹角（α），刀具切削刃上的A点应与主轴的回转轴线重合。这种方法简单方便，易于操作，加工精度较高，适合于车削青铜、铸铝等脆性金属材料的球面工件。

圆筒刀内孔直径 D 与工件圆球直径 d_1 及球柄直径 d_2 有一定几何关系，即

$$D=\frac{d_2}{2\sin\alpha} \quad \sin2\alpha=\frac{d_2}{d_1}$$

车削圆球时，先用粗车刀大致车好球形，然后用圆筒形球面精车刀修光圆球表面。切削刃磨损后，只需按筒形刀内孔及15°圆锥面找正，重磨15°圆锥面即可。

（2）蜗轮蜗杆式车内、外圆弧刀杆　车内圆弧刀杆（图6-13a）上装有车刀的滑块能在弹性刀夹中移动，并用螺钉紧固。摇动手柄，通过蜗杆带动蜗轮使弹性刀夹绕蜗轮轴线转动。刀杆装夹在方刀架上，车刀的刀尖处于主轴的轴线位置。刀尖与蜗轮的中心距，就是加工圆弧的曲率半径 R。调节它们之间的距离，就可以控制加工圆弧的半径。

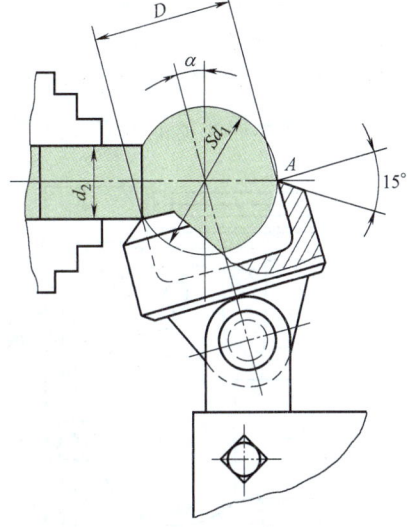

图6-12　圆筒形球面精车刀

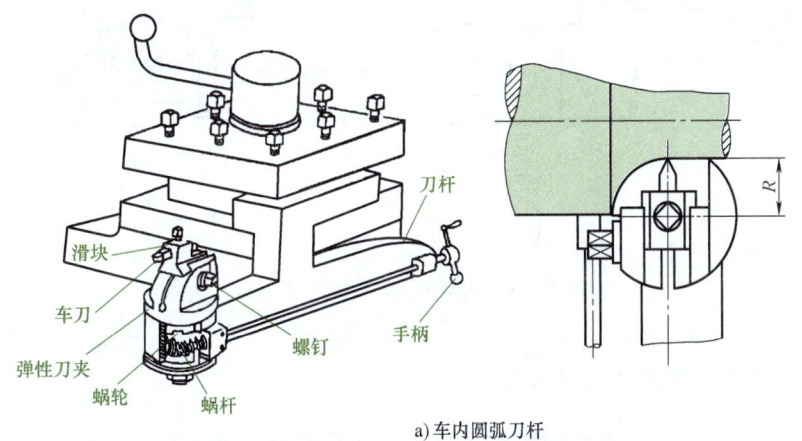

a）车内圆弧刀杆

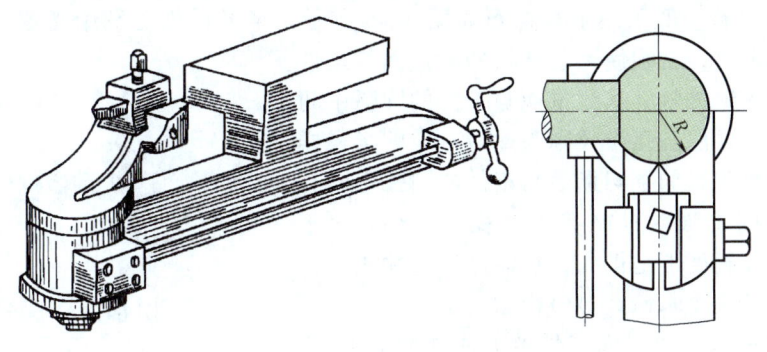

b）车外圆弧刀杆

图6-13　蜗轮蜗杆式车内、外圆弧刀杆

车外圆弧刀杆（图 6-13b）的结构原理、调整方法与车内圆弧刀杆基本相同。

（3）齿条齿轮式车圆弧工具　齿轮齿条式车圆弧工具如图 6-14 所示。齿轮装夹在机床导轨的凸台平板及凹槽平板上，以调整齿轮旋转轴线在横向上的位置。在齿轮上装有活动辅助刀架，以调整车刀的刀尖对圆球半径旋转中心的距离。齿轮的中心装有对刀量棒。与齿轮啮合的齿条装在中滑板的侧面，车削时，既可以手动进给，也可以自动进给。

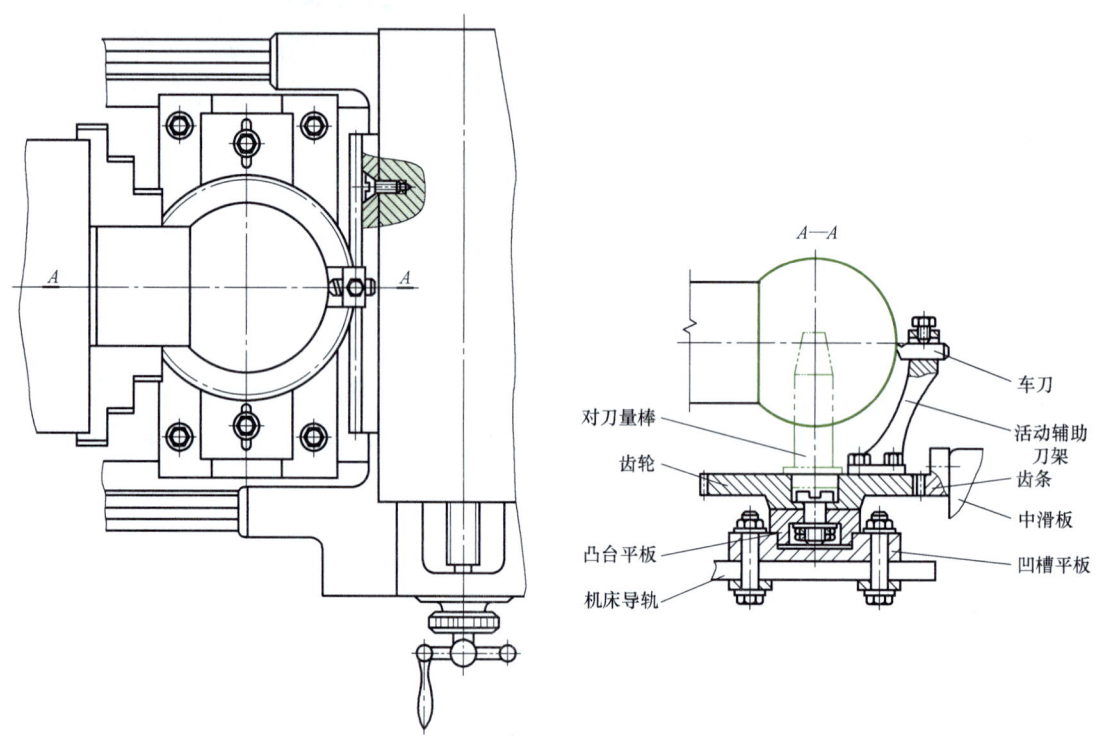

图 6-14　齿轮齿条式车圆弧工具

6.1.3　简单成形面的精度检验与误差分析

在车削过程及完工时，成形面一般精度都使用曲线样板来检验。

1. 对一般精度要求的圆弧面的检验

圆弧面的检验一般采用半径样板如图 6-15 所示。半径样板是利用光隙法测量圆弧半径的工具。测量时，必须使半径样板的测量面与工件的圆弧完全紧密地接触，当测量面与工件的圆弧中间没有间隙时，工件的圆弧半径则为此时对应的半径样板上所表示的数字。如果测量面与工件的圆弧中间有一定的间隙，则按照图 6-16 判断半径的大小。由于是目测，因此准确度不是很高，只能进行定性测量。

2. 对一般精度要求的成形面检验

用曲线样板检验成形面工件的方法如图 6-17 所示。检验时，必须使样板的方向与工件的轴线一致。成形面是否符合图样要求，可以由样板与工件之间的透光情况来判断缝隙的大小。

图 6-15　半径样板

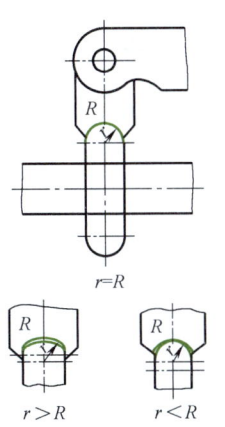

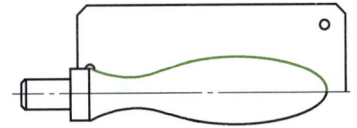

图6-16 用半径样板测量半径　　　　图6-17 用曲线样板检验成形面的方法

在车削和检验圆球时，可用外径千分尺变换几个方向来测量圆球的直径圆度误差，记录外径千分尺的读数值是否在图样规定的公差范围内，测量方法如图6-18所示。

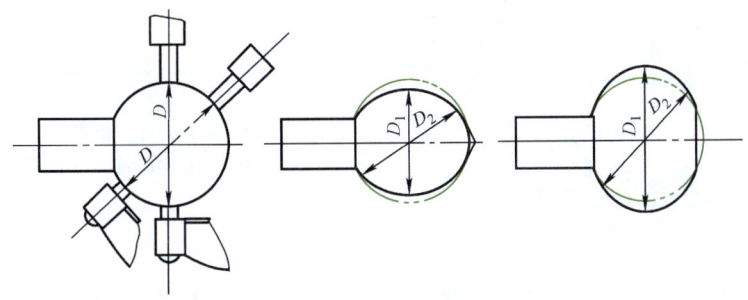

图6-18 用外径千分尺测量圆度误差

3．车削简单成形面产生废品的种类、原因及预防方法（表6-1）

表6-1　废品的产生原因分析及防止方法

废品种类	产生原因	防止方法
工件轮廓不正确	1）用成形刀车削时，车刀的形状刃磨得不正确；没有按主轴中心装夹车刀；工件受切削力产生变形造成误差 2）用双手控制车削时，纵向、横向进给不协调 3）用靠模加工时，靠模的形状不准确；装夹得不准确或靠模传动机构中的间隙过大	1）仔细刃磨成形刀；车刀对准主轴的旋转轴线装夹；适当地减少背吃刀量 2）加强车削练习，使纵向、横向进给协调 3）使靠模的形状正确；调整靠模位置或传动机构中的间隙
成形面的表面粗糙度达不到图样要求	1）车削复杂形面时进给量过大 2）工件的刚性差或刀头的伸出量过长，切削时产生振动 3）刀具的几何角度不合理 4）材料的切削性能差，未经过预备热处理，难以加工，如产生积屑瘤，使表面粗糙 5）切削液选择不当	1）减小进给量 2）加强工件的装夹刚度及刀具的装夹刚度 3）合理地选择刀具角度 4）对材料进行预备热处理，改善切削性能；合理地选择切削用量，避免产生积屑瘤 5）根据工件材料选择切削液

6.2 滚花加工及抛光加工的方法

6.2.1 滚花

有些工具、量具和机器工件的手柄部分，为了增加摩擦力和使工件美观，经常在工件表面滚出不同的花纹。例如，千分尺上的微分筒，各种滚花螺母、螺钉等，这些花纹一般是在车床上用滚花刀滚压而成的。

1. 花纹的种类

根据 GB/T 6403.3—2008，花纹有直纹和网纹两种。滚花的标注方法及其尺寸见表 6-2。

表 6-2　滚花的标注方法及其尺寸　　　　　　　　　　（单位：mm）

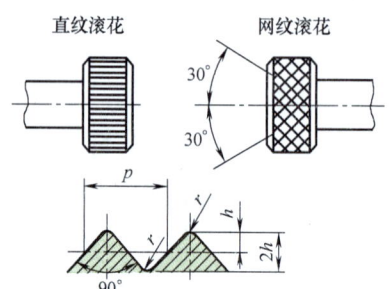

标记
1）模数 $m = 0.3$mm 的直纹滚花
　　直纹　m 0.3　GB/T 6403.3—2008
2）模数 $m=0.4$mm 的网纹滚花
　　网纹　m 0.4　GB/T 6403.3—2008

m（模数）	h	r	P（节距）
0.2	0.132	0.06	0.628
0.3	0.198	0.09	0.942
0.4	0.264	0.12	1.257
0.5	0.326	0.16	1.571

注：1. 表中 $h=0.785m-0.414r$。
　　2. 滚花前工件表面粗糙度的轮廓算术平均偏差 $Ra \leqslant 12.5$μm。
　　3. 滚花后工件的直径大于滚花前直径，其值 $\Delta \approx 0.8m \sim 1.6m$。

2. 滚花刀

滚花刀可做成单轮、双轮和六轮 3 种，如图 6-19 所示。其中，单轮滚花刀（图 6-19a）是滚直纹用的。双轮滚花刀（图 6-19b）是滚网纹用的，由一个左旋和一个右旋的滚花刀组成一组（图 6-19d）。六轮滚花刀是把网纹节距（P）不等的三组双轮滚花刀装在同一特制的刀杆上（图 6-19c）。使用时，可以很方便地根据需要选用粗、中、细不同的节距。滚花刀的直径一般为 20～25mm。

项目6 成形面加工和表面修饰加工

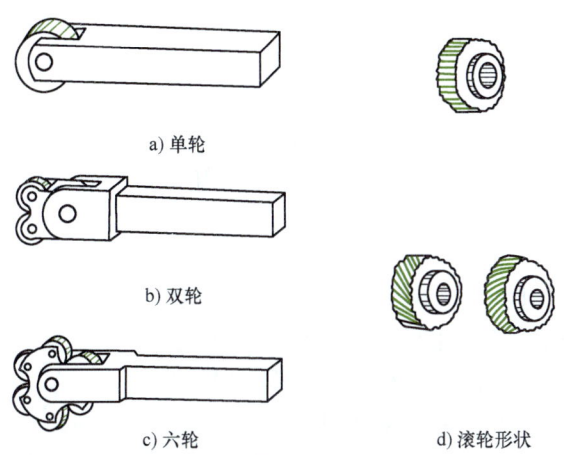

a) 单轮

b) 双轮

c) 六轮

d) 滚轮形状

图 6-19 滚花刀的种类

3. 滚花方法

滚花是用滚花刀来挤压工件,使其表面产生塑性变形而形成的花纹,所以在滚花时产生的径向挤压力是很大的。滚花前,根据工件材料的性质,须把滚花部分的直径车小 $0.8m \sim 1.2m$(m 为花纹模数),然后把滚花刀装夹在刀架上,使滚花刀的表面与工件平行接触,如图6-20所示,装夹时对准中心。在滚花刀接触工件时,必须用较大的压力使工件刻出较深的花纹,否则就容易产生乱纹。这样来回滚压1~2次,直到花纹凸出为止。为了减小开始时的径向压力,可先把滚花刀表面宽度的1/2与工件表面相接触,或者把滚花刀装得与工件表面有一个很小的夹角(类似车刀的副偏角),这样比较容易切入。在滚压过程中,还必须经常加注润滑油并清除切屑,以免损坏滚花刀和防止滚花刀因被切屑堵塞而影响花纹的清晰程度。滚花时应选择较低的切削速度。

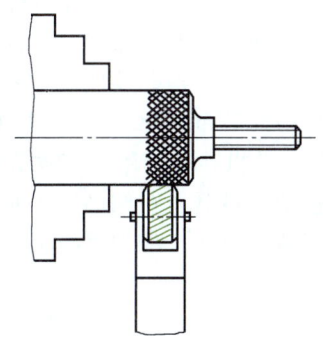

图 6-20 滚花方法

滚花的操作方法不当时,很容易产生乱纹。产生乱纹的原因及预防措施见表6-3。

表 6-3 滚花时产生乱纹的原因及预防措施

产生原因	预防措施
1)工件外径周长不能被滚花刀的节距 P 除尽	1)可把外圆略车小一些
2)滚花开始时,压力太小,或滚花刀与工件表面接触面积过大	2)开始滚花时,就要使用较大的压力,把滚花刀偏转一个很小的角度
3)滚花刀转动不灵活,或滚花刀与刀杆小轴的配合间隙太大	3)检查原因或调换小轴
4)工件的转速太高,滚花刀与工件表面产生滑动	4)降低转速
5)滚花前没有清除滚花刀中的细屑,或滚花刀齿部磨损	5)清除细屑或更换滚轮

滚花时使用的滚花刀本身质量对花纹质量有很大的影响。滚花时的注意事项如下:

1)滚花时,工件必须装夹牢固。用毛刷加注切削液时,毛刷不能与工件和滚花刀接触,以免轧坏毛刷。

2)滚花时产生的径向压力很大,要防止工件顶弯,对薄壁工件要防止变形。

3）滚花时不准用手触摸工件，以免发生事故。

6.2.2 抛光

用双手控制法车削成形面时，由于手动进给不均匀，工件的表面往往留下高低不平的痕迹。为了满足规定的表面粗糙度要求，工件车削好以后，还要用粗锉刀仔细修整并用细锉刀修光，最后用砂布抛光。

1. 用锉刀修光

在车床上使用锉刀时，为了保证安全，不可用无柄锉刀，以免手与卡盘相碰。锉削时，应该用左手握柄，右手扶住锉刀的前端，如图6-21所示。压力要均匀一致，不可用力过大，否则会影响工件的圆度。锉削余量不宜太多，一般为0.1mm左右，速度不宜过高。

2. 用砂布抛光

工件经过锉削后，表面上仍会有细微条痕，这些细微条痕可以用砂布抛光的方法去掉。在车床上使用的砂布，一般是用刚玉砂粒制成的。根据砂粒的粗细，

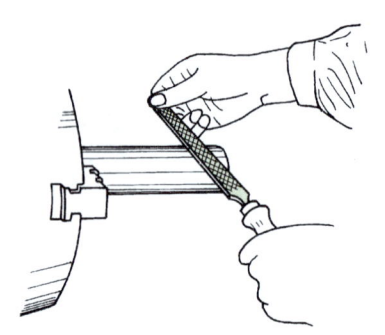

图6-21 在车床上锉削的姿势

常用的砂布有00号、01号、1号、1.5号和2号。号数越小，颗粒越细，其中00号是细砂布，2号是粗砂布。用砂布抛光时，工件应选择较高的转速，并且使砂布在工件上慢慢地来回移动。最后，在细砂布上加注少量润滑油，以降低表面粗糙度值。用砂布抛光时，不允许把砂布缠在工件和手指上进行抛光。

6.3 技能训练——锥套球体的加工

1. 工艺准备

分析图样：图6-22所示为锥套球体，这是圆锥孔与圆球相结合的工件。毛坯为45热轧圆钢，毛坯尺寸为φ50mm×105mm，车削数量为4～6件/次。对图样分析如下：

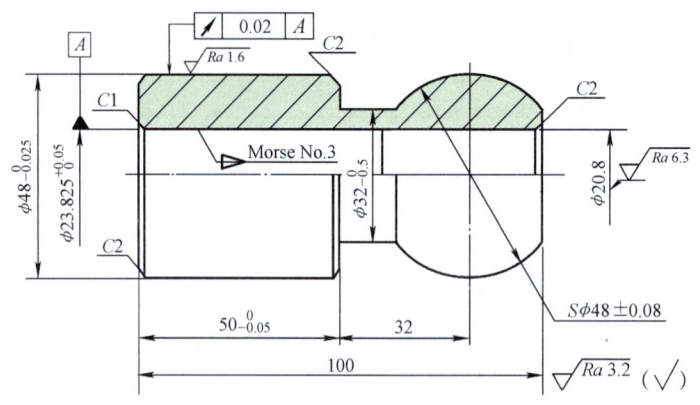

技术要求：
1. Morse No.3 圆锥孔的锥度用涂色检验接触面在全长上大于70%。
2. 未注倒角 C0.5。
3. 材料：45钢。

图6-22 锥套球体

说明：

1）Morse No.3 圆锥孔的轴线为基准，最大圆锥直径为 $\phi 23.825_{0}^{+0.05}$mm。锥度用涂色检验，接触面在全长上大于 70%，表面粗糙度值为 Ra 6.3μm。

2）外圆 $\phi 48_{-0.025}^{0}$mm，长度尺寸为 $50_{-0.05}^{0}$mm，对圆锥孔轴线的径向圆跳动公差为 0.02mm。

3）圆球直径为 $S\phi 48$mm ± 0.08mm。

2．制订加工工艺

1）Morse No.3 圆锥孔的精度要求较高，若用转动小滑板法车削，要达到锥度接触面全长上大于 70% 比较困难。因圆锥孔不大，故使用 Morse No.3 标准铰刀铰削圆孔比较适合。

铰削圆锥孔前，先用转动小滑板法粗车，留铰削余量 0.5mm。查表 5-1 可得小滑板的转动角 $\alpha/2 = 1°26'26''$。

铰削圆锥孔时，应用圆柱量棒和百分表找正尾座套的轴线与车床主轴的轴线重合。铰孔时控制尺寸的方法是，可利用尾座套筒上的分度值来控制铰刀伸进圆锥孔的长度，如图 6-23a 所示。也可以测量孔的端面至圆锥铰刀大端端面之间的距离，或在铰刀上与锥孔大端直径相等处，用铁丝或线扎住作为铰刀进入锥孔内铰削的终止位置，如图 6-23b 所示。

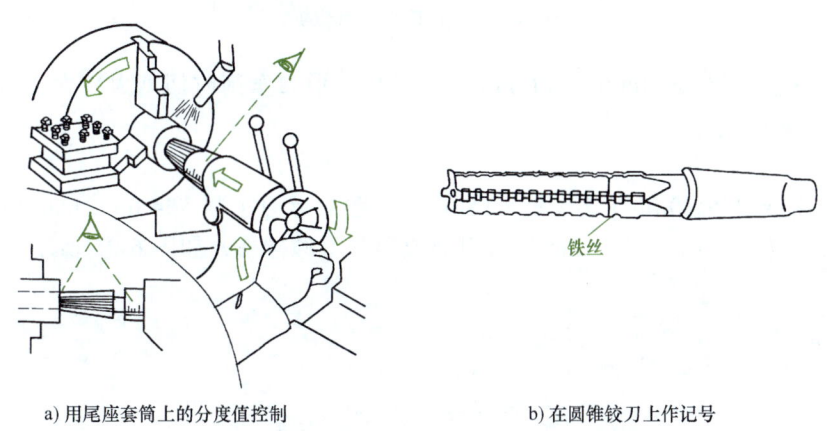

a) 用尾座套筒上的分度值控制　　b) 在圆锥铰刀上作记号

图 6-23　圆锥孔大端直径的控制方法

铰削圆锥孔的切削用量：切削速度 v_c < 5m/min；进给量 f 应随着铰刀切削面积的增加而减小。

2）由于外圆 $\phi 48_{-0.025}^{0}$ mm 对圆锥孔的轴线有位置精度要求，若单件车削，则可在一次装夹过程中车削外圆与圆锥孔。如果小批量车削，则可使用圆锥心轴装夹在两顶尖之间进行加工。

3）$S\phi 48$mm ± 0.08mm 圆球的精度较高，可用自磨成形刀进行车削。采用左、右车削圆球，预留 0.01～0.03mm 余量，用锉刀修整刀痕，并用砂布抛光。

圆球部分的长度尺寸（L）计算如下

$$L = 100 - 50 - 32 + 1/2\sqrt{D^2 - d^2} = 18\text{mm} + 1/2\sqrt{48^2 - 32^2}\text{ mm} = 35.89\text{mm}$$

4）为了保持圆锥孔的小端直径与内孔 $\phi 20.8$mm 两孔的相交处接线痕平直，故应在一次装夹中车削两孔。

5）锥套球体的车削顺序如下：车削端面、粗车外圆→车削端面、钻孔→车孔，车、铰 Morse No.3 圆锥孔→精车外圆→车削沟槽、车削圆球。

3．工件的定位与夹紧

1）钻孔、车削圆锥孔时，工件以粗车外圆为定位基准，用软卡爪夹住。

2）精车外圆 $\phi 48_{-0.025}^{0}$ mm 时，以 Morse No.3 圆锥孔作为定位基准，套锥度心轴（图6-24），装夹在两顶尖之间。

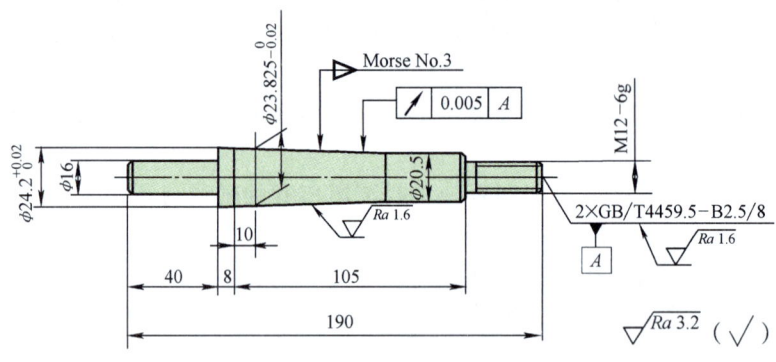

图 6-24　用锥度心轴装夹

3）粗、精车圆球 $S\phi 48$ mm ± 0.08mm，由于用成形刀车削时切削力较大，因此用软卡爪夹住外圆。

4．选择刀具

1）用高速钢刀坯 20mm × 20mm × 150mm 自磨成形刀车削 $S\phi 48$ mm ± 0.08mm。刃磨时，可使用工件的外圆 $\phi 48_{-0.025}^{0}$ mm 作为刃磨成形车刀的样柱，如图6-25所示。

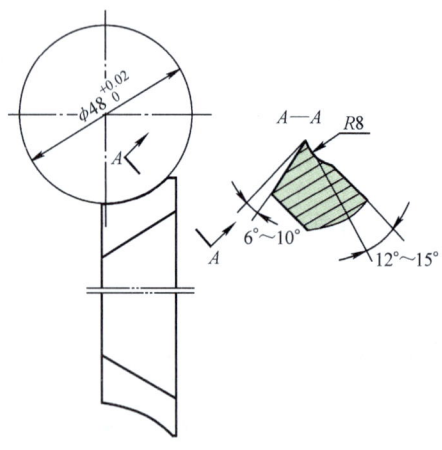

图 6-25　刃磨成形刀

2）圆锥孔选用 Morse No.3 圆锥铰刀。

5．选择设备

本案例选择 C6140 型卧式车床。

项目 6　成形面加工和表面修饰加工

6. 工件加工

锥套球体的车削步骤见表 6-4。

表 6-4　锥套球体的车削步骤

序号	加工内容	简图
1	用自定心卡盘夹住毛坯外圆 1）车削端面 2）粗车 $\phi 48_{-0.025}^{0}$ mm 外圆至 $\phi 49$ 3）倒角	
2	调头，用软卡爪夹住 $\phi 48_{-0.025}^{0}$ mm 外圆粗车 1）车削端面，长度尺寸 100mm 2）车削外圆，与序号 1 所车外圆接平 3）倒角 4）钻 $\phi 20.8$mm 孔至 $\phi 19$mm	
3	调头，用软卡爪夹住 $S\phi 48$mm ± 0.08mm 外圆粗车 1）车 $\phi 20.8$mm 孔至尺寸要求 2）转动小滑板，粗车 Morse No.3 号圆锥孔，留铰削余量 0.5mm 3）铰削 Morse No.3 圆锥孔至尺寸 $\phi 23.825_{0}^{+0.05}$ mm 4）倒角 C1	
4	工件以 Morse No.3 圆锥孔定位，套锥度心轴，装夹于两顶尖之间 1）车削外圆 $\phi 48_{-0.025}^{0}$ mm 至尺寸要求 2）倒角 C2	
5	软卡爪，夹住外圆 $\phi 48_{-0.025}^{0}$ mm 1）车削外沟槽 $\phi 32_{-0.5}^{0}$ mm 至尺寸，控制尺寸 $50_{-0.05}^{0}$ mm 及圆球长度尺寸 $36_{-0.1}^{0}$ mm 2）粗、精车圆球 $S\phi 48$mm ± 0.08mm 3）用锉刀修整外形 4）用砂布抛光 5）倒角 C2，C0.5	

7. 精度检验及误差分析

（1）Morse No.3 锥度的检验　用 Morse No.3 标准塞规涂色检验，检测后判断其接触面是否在全长上大于 70%。

（2）Morse No.3 圆锥孔最大圆锥直径 $\phi 23.825_{0}^{+0.05}$ mm 的检验　可将一个 D_0=22mm 的钢球放入圆锥孔内，用游标深度卡尺量出钢球露出端面的高度 h，则圆锥孔的最大圆锥直径可用式（5-6）进行计算。

（3）球体直径 $S\phi 48$mm ± 0.08mm 的检验　可用规格为 25～50mm 的外径千分尺变换几个方向来测量其尺寸。

（4）外圆 $\phi 48_{-0.025}^{0}$ mm 的检验　用规格为 25～50mm 的外径千分尺沿 $\phi 48_{-0.025}^{0}$ mm 轴线方向测量若干个截面，对每个截面要在相互垂直的两个部位上各测一次，若千分尺的读数在 47.975～48mm 范围内则为合格。

（5）长度尺寸 $50_{-0.05}^{0}$ mm 的检验　用外径千分尺测量若干个圆周方向，每个方向的千分尺读数值在 49.95～50mm 范围内即为合格。

（6）外圆 $\phi 48_{-0.025}^{0}$ mm 对圆锥孔轴线的径向圆跳动误差的检验　以 Morse No.3 圆锥孔为测量基准，套锥度心轴（在接触面积不少于 70% 的条件下），装夹在测量架两顶尖之间。用百分表测量，使百分表的测量头与工件外圆接触，在工件回转一周的过程中，百分表指针的最大值与最小值之差即为单个测量截面上的径向圆跳动误差。按此方法测量若干截面，所测得的径向圆跳动误差不应大于 0.02mm。

项目 7

螺 纹 加 工

思维导图

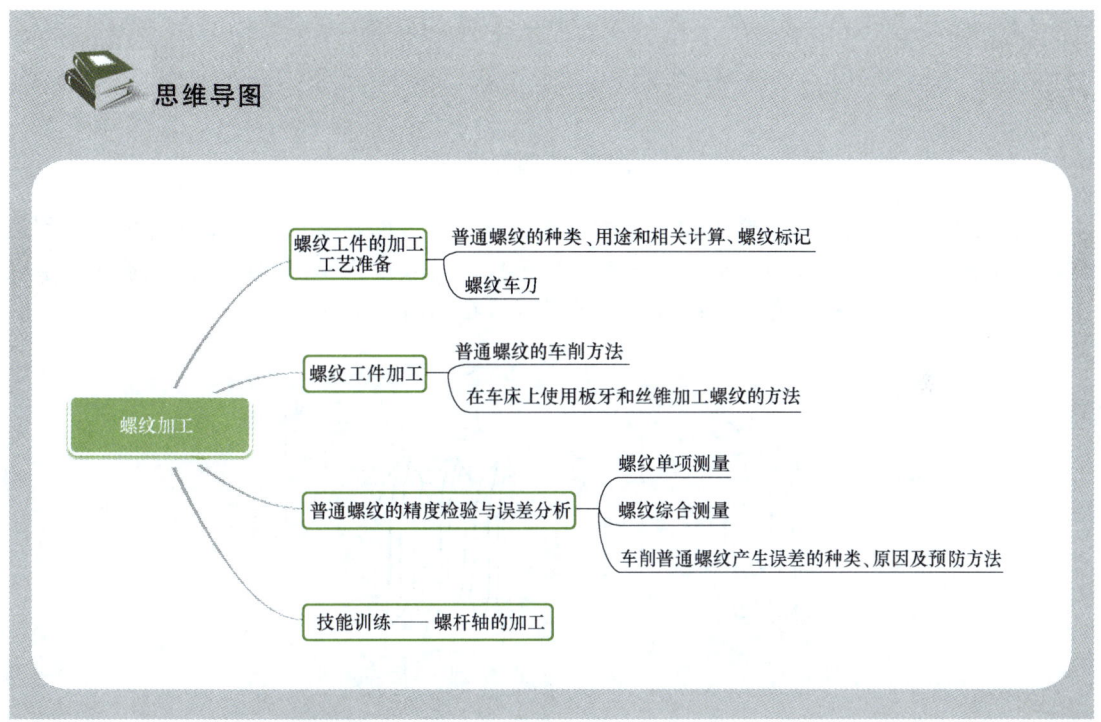

7.1 螺纹工件的加工工艺准备

7.1.1 普通螺纹的种类、用途和相关计算、螺纹标记

1. 螺纹的种类和用途

螺纹有很多种,主要作为连接件和传动件。常用螺纹都有国家标准,标准螺纹有很好的互换性和通用性。但也有少量非标准螺纹,如矩形螺纹等。螺纹的种类根据用途可分为连接螺纹和传动螺纹;根据牙型可分为三角形、矩形、梯形、锯齿形和圆形等;根据螺旋线的方向可分为右旋和左旋;根据螺旋线的线数可分为单线和多线螺纹;根据螺纹母体的形状可分为圆柱螺纹和圆锥螺纹。本章以普通螺纹、寸制螺纹的三角形螺纹为例。

2. 螺纹的参数

(1)螺旋线 螺旋线是沿着圆柱或圆锥表面运动的点的轨迹,该点的轴向位移和相应的角位移成定比,如图 7-1 所示。

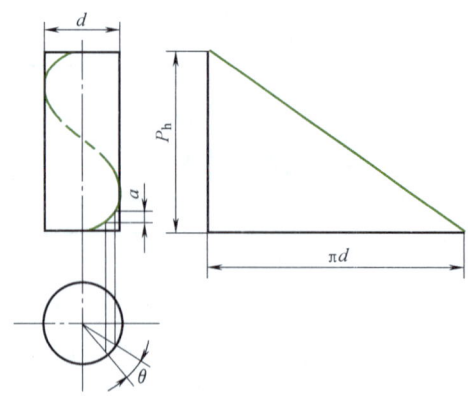

图 7-1 螺旋线

（2）螺纹　在圆柱或圆锥表面上，沿着螺旋线所形成的具有规定牙型的连续凸起称为螺纹，如图 7-2 所示。其中，沿一条螺旋线所形成的螺纹称为单线螺纹。沿两条或两条以上的螺旋线所形成的螺纹称为多线螺纹，该螺旋线在轴向等距分布。

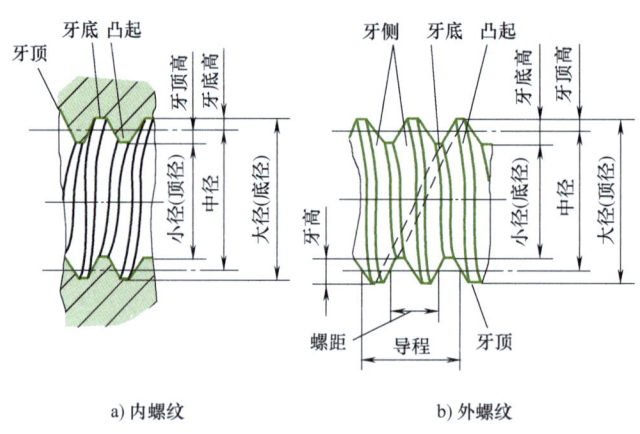

a) 内螺纹　　　　　　　　b) 外螺纹

图 7-2　内螺纹与外螺纹

（3）牙型角　在螺纹牙型上，两个相邻牙侧之间的夹角称为牙型角，如图 7-3 所示。牙型角的一半称为牙型半角。

（4）牙型高度　在螺纹牙型上，牙顶到牙底在垂直于螺纹轴线方向上的距离。

（5）牙顶高　在螺纹牙型上，由牙顶沿垂直于螺纹轴线方向到中径线的距离。

（6）牙底高　在螺纹牙型上，由牙底沿垂直于螺纹轴线方向到中径线的距离。

（7）大径　与外螺纹牙顶或内螺纹牙底相切的假想圆柱或圆锥的直径。

（8）小径　与外螺纹牙底或内螺纹牙顶相切的假想圆柱或圆锥的直径。

（9）顶径　与外螺纹（或内螺纹）牙顶相切的假想圆柱或圆锥的直径，即外螺纹大径或内螺纹小径。

（10）底径　与外螺纹（或内螺纹）牙底相切的假想圆柱或圆锥的直径，即外螺纹小径或内螺纹大径。

（11）公称直径　代表螺纹尺寸的直径（管螺纹用尺寸代号表示）。

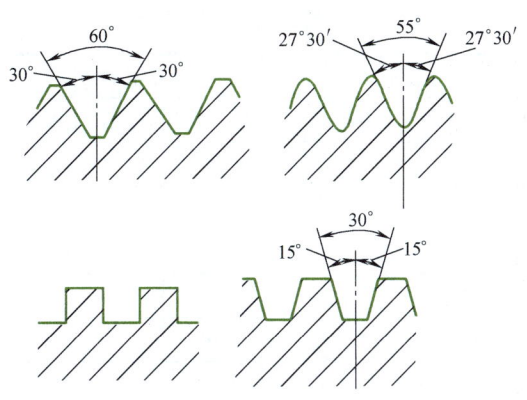

图 7-3　螺纹的牙型

（12）中径　一个假想圆柱或圆锥的直径，该圆柱或圆锥的母线通过牙型上沟槽和凸起宽度相等的地方。此假想圆柱或圆锥称为中径圆柱或中径圆锥。

（13）螺距　相邻两牙在中径线上对应两点之间的轴向距离。

（14）导程　同一条螺旋线上相邻两牙在中径线上对应两点之间的轴向距离。

（15）螺纹升角　在中径圆柱或中径圆锥上，螺旋线的切线与垂直于螺纹轴线的平面的夹角，如图 7-4 所示。

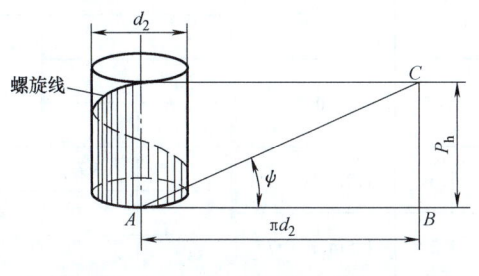

图 7-4　螺纹升角

3. 螺纹的尺寸计算

普通螺纹是我国应用最广泛的一种三角形螺纹，其牙型角为 60°。普通螺纹的基本牙型如图 7-5 所示。普通螺纹的直径与螺距见表 7-1。

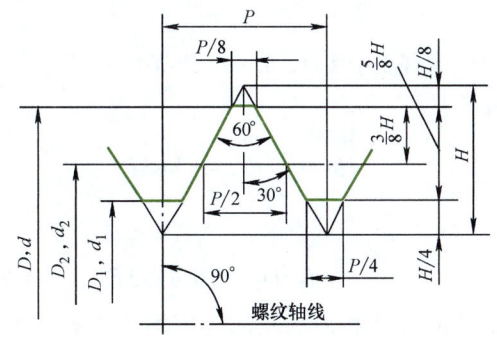

图 7-5　普通螺纹的基本牙型

表 7-1　普通螺纹的直径与螺距　　　　　　　　（单位：mm）

公称直径 D、d			螺距 P		公称直径 D、d			螺距 P	
第一系列	第二系列	第三系列	粗牙	细牙	第一系列	第二系列	第三系列	粗牙	细牙
1	1.1		0.25	0.2			15		1.5, 1
1.2					16			2	
	1.4		0.3				17		
1.6	1.8		0.35				18	2.5	2, 1.5, 1
2			0.4	0.25	20				
	2.2		0.45			22			
2.5			0.5	0.35	24			3	
3							25		
	3.5		0.6				26		1.5
4			0.7	0.5		27		3	2, 1.5, 1
	4.5		0.75				28		
5			0.8		30			3.5	(3), 2, 1.5, 1
		5.5					32		2, 1.5
6			1	0.75		33		3.5	(3), 2, 1.5
	7						35		1.5
8			1.25	1, 0.75	36			4	3, 2, 1.5
		9					38		1.5
10			1.5	1.25, 1, 0.75		39		4	3, 2, 1.5
							40		
	11		1.5	1.5m 1, 0.75	42			4.5	4, 3, 2, 1.5
12			1.75	1.25, 1		45			
					48			5	
	14		2	1.5, 1.25, 1			50		3, 2, 1.5

注：1. 优先选用第一系列，第三系列尽可能不用。
　　2. 括号内的尺寸尽可能不用。

螺纹常用计算公式

（1）螺纹的公称直径　大径的公称尺寸（D 或 d）。

（2）原始三角形高度（H）

$$H = \sqrt{3}\,P/2 = 0.866P$$

（3）中径（d_2，D_2）

$$d_2 = D_2 = d - 0.6495P \tag{7-1}$$

（4）削平高度　外螺纹的牙顶和内螺纹的牙底均在 $H/8$ 处削平。外螺纹的牙底和内螺纹的牙顶均在 $H/4$ 处削平。

项目7 螺纹加工

（5）牙型高度（h_1）

$$h_1 = 5H/8 = 0.5413P \tag{7-2}$$

（6）外螺纹小径（d_1）

$$d_1 = d - 1.0825P \tag{7-3}$$

（7）内螺纹小径（D_1） 内螺纹小径的公称尺寸与外螺纹小径相同（$D_1 = d_1$）。

（8）螺纹接触高度（h） 螺纹接触高度与牙型高度的公称尺寸 h_1 相同（$h = h_1$）。

[例1] 试计算M16螺纹的中径尺寸和小径尺寸。

解 已知 $D = d = 16$mm，查表7-1可得 $P = 2$mm

$D_2 = d_2 = d - 0.6495P = 16$mm $- 0.6495 \times 2$mm $= 14.701$mm

$D_1 = d_1 = d - 1.0825P = 16$mm $- 1.0825 \times 2$mm $= 13.835$mm

4. 螺纹标记

（1）普通螺纹标记（表7-2）

表7-2 普通螺纹标记

代号与标记示例	说明
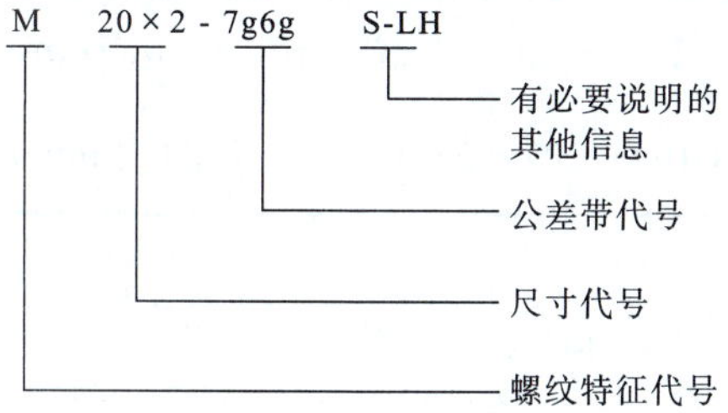 M 20×2 - 7g6g S-LH 　│　　│　　│　　│ 　│　　│　　│　　└─ 有必要说明的其他信息 　│　　│　　└─ 公差带代号 　│　　└─ 尺寸代号 　└─ 螺纹特征代号	螺纹的完整标记由螺纹特征代号、尺寸代号、公差带代号及其他需要做进一步说明的特殊信息代号组成
M24×1.5 表示公称直径为24mm、螺距为1.5mm的单线细牙普通螺纹	螺纹特征代号用M表示 单线螺纹的代号用"公称直径×螺距"表示，单位为mm。对于粗牙螺纹，可以省略标注其螺距，如M24
M24×Ph3P1.5 或 M24×Ph3P1.5 表示公称直径为24mm、导程为3mm、螺距为1.5mm的双线细牙普通螺纹	多线螺纹的尺寸代号为"公称直径×Ph导程P螺距"，数值的单位为mm。如果要进一步表示螺纹的线数，可在后面增加括号说明（使用英文进行说明，如双线为two starts，三线为three starts；四线为four starts）
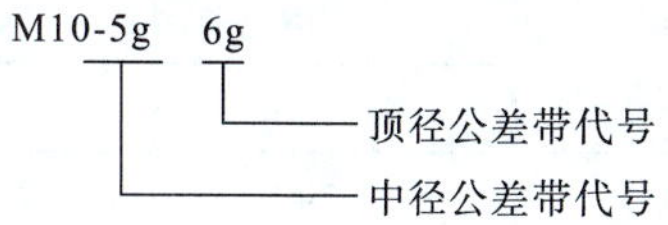 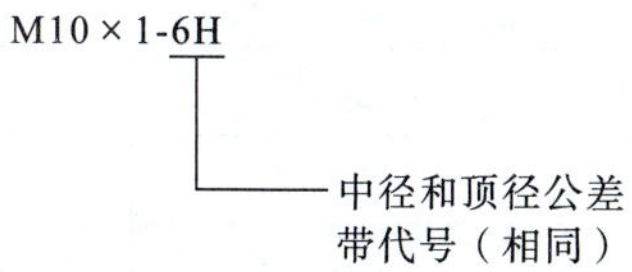 M10-5g 6g 　│　　　│ 　│　　　└─ 顶径公差带代号 　└─ 中径公差带代号 M10×1-6H 　　　　│ 　　　　└─ 中径和顶径公差带代号（相同） 中径公差带和顶径公差带为6g、中等公差精度的粗牙外螺纹为M10 中径公差带和顶径公差带为6H、中等公差精度的粗牙内螺纹为M10	螺纹公差带代号包括中径公差带代号和顶径公差带代号。螺纹公差带代号标注在螺纹尺寸代号之后，中径用"-"分开。如果螺纹的中径公差带与顶径（指外螺纹大径和内螺纹小径）公差带代号不同，则应分别注出。前者表示中径公差带，后者表示顶径公差带。如果中径公差带与顶径公差带代号相同，则只标注一个代号 内螺纹用大写字母表示，外螺纹用小写字母表示 在下列情况下，中等公差精度螺纹（即用于一般用途螺纹）不标注其公差带代号 内螺纹 ① 5H：公称直径≤1.4mm时 ② 6H：公称直径≥1.6mm时 外螺纹 ① 6h：公称直径≤1.4mm时 ② 6g：公称直径≥1.6mm时

（续）

代号与标记示例	说明
公差带为6H的内螺纹与公差带为5g6g的外螺纹组成配合：M20×2-6H/5g6g 公差带为6H的内螺纹与公差带为6g的外螺纹组成配合（中等公差精度、粗牙）：M6	内、外螺纹装配在一起，其公差带代号用斜线分开，内螺纹公差带代号在前，外螺纹公差带代号在后
短旋合长度的内螺纹：M20×2-5H-S 长旋合长度的内、外螺纹组合：M7-7H/7g 6g-L 中等旋合长度的外螺纹（粗牙中等精度的6g公差带）：M6	在一般情况下，不标注螺纹旋合长度。其螺纹按中等旋合长度代号（N）确定。必要时，在螺纹公差带代号之后加注旋合长度代号S或L，中间用"-"分开
左旋螺纹： M8×1-LH M6×0.75-5h6h-S-LH	对左旋螺纹，应在旋合长度代号之后标注"LH"代号。旋合长度代号与旋向代号用"-"分开。右旋螺纹不标注旋向代号

（2）寸制螺纹 寸制螺纹的牙型角为55°、60°等，螺纹的公称直径是指内螺纹大径 D，并用尺寸代号表示。螺距是用每25.4mm（即1in）长度内的螺纹牙数 n 换算出来的。

以55°非密封管螺纹（GB/T 7307—2001）为例，如尺寸代号为3/8，查表7-3得，每25.4mm（1in）长度内的螺纹牙数 $n=19$，螺距 $P=1.337$mm，螺纹大径 $=16.662$mm。

表7-3　55°非密封管螺纹（GB/T 7307—2001）　　　（单位：mm）

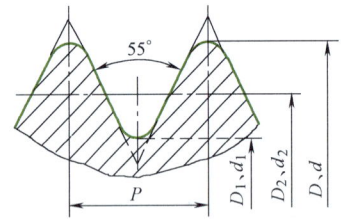

标记示例

尺寸代号 $1\frac{1}{2}$，内螺纹：G$1\frac{1}{2}$

尺寸代号 $1\frac{1}{2}$，A级外螺纹：G$1\frac{1}{2}$A

尺寸代号 $1\frac{1}{2}$，B级外螺纹：左旋：G$1\frac{1}{2}$B-LH

尺寸代号	每25.4mm内的牙数 n	螺距 P	公称直径		
			大径 $d=D$	中径 $d_2=D_2$	小径 $d_1=D_1$
1/8	28	0.907	9.728	9.147	8.556
1/4	19	1.337	13.157	12.301	11.445
3/8	19	1.337	16.662	15.806	14.950
1/2	14	1.814	20.955	19.793	18.631
5/8	14	1.814	22.911	21.749	20.587
3/4	14	1.814	26.441	25.279	24.117
7/8	14	1.814	30.201	29.039	27.877
1	11	2.309	33.249	31.770	30.291
$1\frac{1}{8}$	11	2.309	37.897	36.418	34.939
$1\frac{1}{4}$	11	2.309	41.910	40.431	38.952
$1\frac{1}{2}$	11	2.309	47.803	46.324	44.845
$1\frac{3}{4}$	11	2.309	53.746	52.267	50.788

(续)

尺寸代号	每25.4mm内的牙数 n	螺距 P	公称直径		
			大径 $d=D$	中径 $d_2=D_2$	小径 $d_1=D_1$
2	11	2.309	59.614	58.135	56.656
$2\frac{1}{4}$	11	2.309	65.710	64.231	62.752
$2\frac{1}{2}$	11	2.309	75.184	73.705	72.226
$2\frac{3}{4}$	11	2.309	81.534	80.055	78.576
3	11	2.309	87.884	86.405	84.926
$3\frac{1}{2}$	11	2.309	100.330	98.851	97.372
4	11	2.309	113.030	111.551	110.072

7.1.2 螺纹车刀

1. 螺纹车刀的刃磨

要车好螺纹，必须正确地刃磨螺纹车刀。图7-6所示为刃磨高速钢三角形外螺纹车刀的方法，刃磨步骤如下：

（1）粗磨后面　车刀材料为高速钢，应使用氧化铝粗粒度砂轮刃磨。刃磨时，先磨左侧后面，方法是双手握刀，使刀柄与砂轮外圆的水平方向成30°角，垂直方向倾斜8°～10°，如图7-6a所示。车刀与砂轮接触后稍加压力，并均匀慢慢地移动磨出后面，即磨出牙型半角及左侧后角。

右侧后面的刃磨方法与左侧后面相同，如图7-6b所示，即磨出牙型角及右侧后角。

（2）粗磨前面　刃磨时，将车刀前面与砂轮平面的水平方向倾斜10°～15°，同时垂直方向作微量倾斜使左侧切削刃略低于右侧切削刃，如图7-6c所示。前面与砂轮接触后稍加压力刃磨，逐渐磨至靠近刀尖处，即磨出背前角。

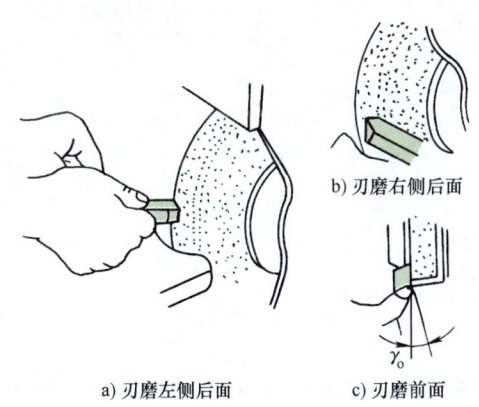

a) 刃磨左侧后面　　b) 刃磨右侧后面　　c) 刃磨前面

图7-6　刃磨高速钢三角形外螺纹车刀的方法

（3）精磨　选用粒度F80氧化铝砂轮。精磨两侧后面及前面的方法与粗磨相同，精磨后螺纹车刀应达到以下几点要求：

1）车刀的刀尖角应等于牙型角，如车削普通螺纹时，刀尖角应等于60°。

2)车削大螺距螺纹时,车刀的后角因受螺纹升角的影响应刃磨得不同。

3)车刀的左、右切削刃应平直。

(4)磨削刀尖圆弧 将车刀的刀尖对准砂轮外圆,后角保持不变,刀尖移向砂轮,当刀尖处碰到砂轮时,作圆弧形摆动,按要求磨出刀尖圆弧。螺纹车刀刃磨得是否正确,一般可用样板进行透光检查,如图7-7所示。

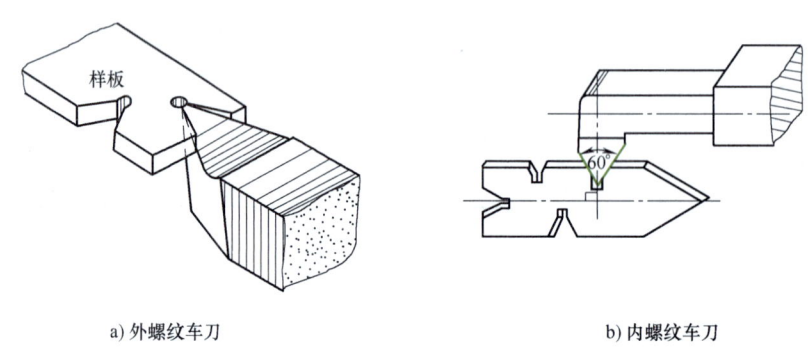

a)外螺纹车刀　　　　　　　　　b)内螺纹车刀

图7-7　用螺纹样板检查刀尖角

2. 螺纹车刀背前角对牙型角的影响

在实际工作中,用高速钢车刀低速车削螺纹时,如果使用背前角$\gamma_p=0°$的车刀(图7-8a),切屑排出困难,就很难把螺纹的齿面车光。因此,可采用磨有5°~15°背前角的螺纹车刀(图7-8b),但是当车刀有了背前角后,牙型角就会产生变化,这时应用修正刀尖角的办法来补偿牙型角误差。

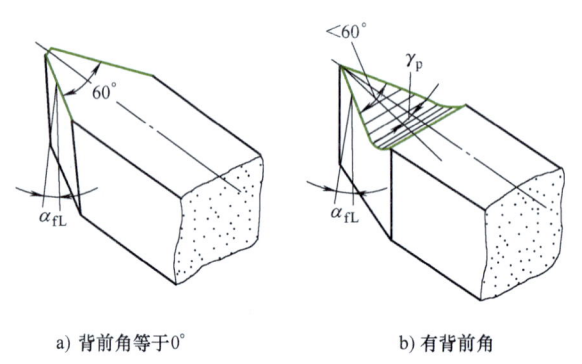

a)背前角等于0°　　　　　　　　b)有背前角

图7-8　螺纹车刀

对于存在背前角的螺纹车刀,切削会比较顺利,并可以减少积屑瘤,能车出表面粗糙度值较低的螺纹。但由于切削刃不通过工件的轴线,因此被切削的螺纹牙型(轴向剖面)不是直线,而是曲线,这种误差对一般要求不高的螺纹来说可以忽略不计,但这时对牙型角的影响较大,特别是具有较大背前角的螺纹车刀,其刀尖角必须修正。在车削三角形螺纹时,若采用磨有10°~15°的背前角螺纹车刀,其刀尖角应减小40′~1°40′。如果精车精度要求较高的螺纹,背前角应取得较小(0°~5°)才能车出正确的牙型。

项目7 螺纹加工

必须指出,具有较大背前角的螺纹车刀,除了产生螺纹牙型变形外,车削时还会产生一个较大的背向力 F_p,如图 7-9 所示。该力使车刀具有向工件里面拉的趋势,当中滑板丝杠与螺母之间的间隙较大时,就会产生"扎刀(拉刀)"现象。

3. 螺纹车刀的种类

表 7-4 所列是常用的几种普通螺纹车刀,若车刀的刀尖角改磨成 55°,即可车削牙型角为 55° 的寸制螺纹。

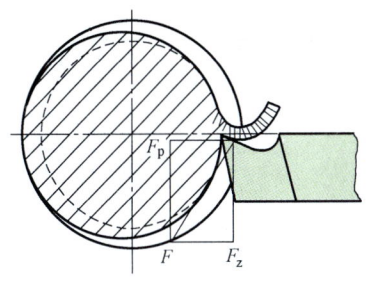

图 7-9 背向力 F_p

表 7-4 常用的三角形螺纹车刀

名称	图示	说明
高速钢三角形外螺纹车刀		刀具特点:有较大的背前角,刀具容易刃磨 适用于粗车普通螺纹,车削时应加注切削液
高速钢三角形螺纹车刀		刀具特点:车刀有 4°~6° 的正前角,前面磨有半径为 R4~R6mm 的圆弧形排屑槽 适用于精车螺纹,车削时应加注切削液
硬质合金三角形螺纹车刀		刀具特点:刀片材料为 P10,刀尖角为 59°30′,适用于高速切削螺纹。车刀两侧的切削刃上具有 0.2~0.4mm 宽、$\gamma_{b1}=-5°$ 的倒棱,并磨有 1mm 宽的刃带,起修光作用,可增强刀头强度,可车削螺距较大($P>2$mm)的螺纹

（续）

名称	图示	说明
硬质合金三角形螺纹车刀		刀具特点：刀片材料为 K20，刀尖强度高；刃磨方便，适用于车削工件材料为铸铁的三角形螺纹
硬质合金三角形内螺纹车刀		刀具特点与硬质合金三角形外螺纹车刀基本相同。刀杆的粗细与长度应根据螺纹孔径决定
机械夹固可转位螺纹车刀（三角形螺纹）		刀片用机械夹固方式装夹在刀体上，当切削刃磨损后，只要将刀片转动一个角度，便可用新的切削刃继续切削。副刀刃 1、2 可以修光车削螺纹时外圆上产生的毛刺

4. 螺纹车刀的装刀要求

车削螺纹时，为了保证牙型正确，对装刀提出了较严格的要求。装刀时，刀尖的高低应对准工件轴线，同时车刀刀尖角的中心线必须与工件轴线严格保持垂直，这样车出的螺纹，其两个牙型半角相等，如图 7-10a 所示。如果把车刀装歪，牙型就会歪斜，如图 7-10b 所示。车削螺纹时的对刀方法如图 7-11 所示。

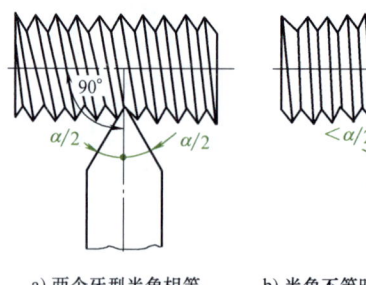

a) 两个牙型半角相等　　b) 半角不等时螺纹牙型歪斜

图 7-10　车削螺纹时的对刀要求

项目 7 螺纹加工

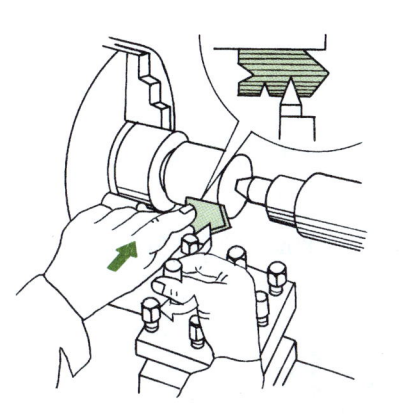 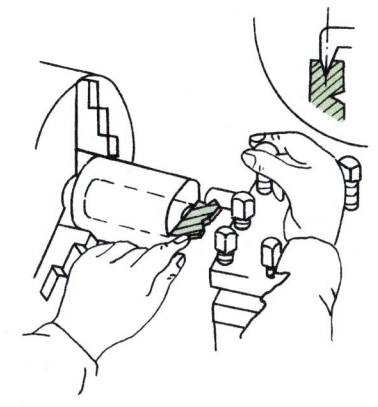

a) 车削外螺纹时对刀方法　　　　　　　b) 车削内螺纹时对刀方法

图 7-11　车削螺纹时的对刀方法

7.2　螺纹工件加工

7.2.1　普通螺纹的车削方法

1. 车削螺纹时的操作方法

车削螺纹时有以下两种基本的操作方法。

（1）用开合螺母车削螺纹　其操作方法如图 7-12 所示。用开合螺母车削螺纹时，要求工件的螺距与车床丝杠的螺距成整数比，若不成整数比，会使螺纹产生乱牙而造成废品。判断车削螺纹时是否会产生乱牙，可用下面的公式计算，即

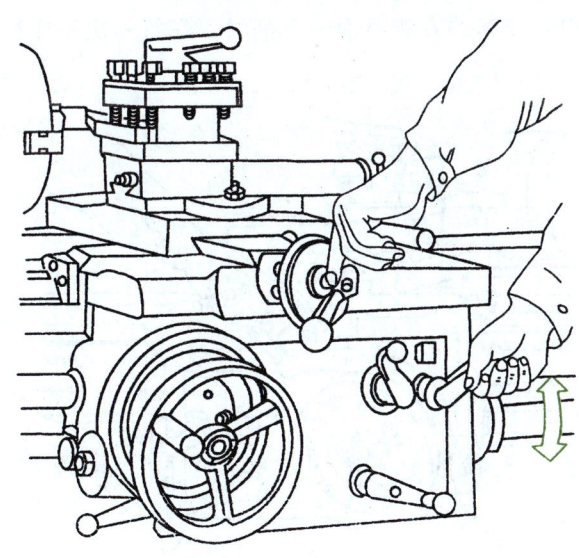

图 7-12　用开合螺母车削螺纹的操作方法

$$i = P_\text{工} / P_\text{丝} = n_\text{丝} / n_\text{工} \qquad (7\text{-}4)$$

式中　i——传动比；

　　$P_\text{工}$——工件的螺距（mm）；

　　$P_\text{丝}$——车床丝杠的螺距（mm）；

　　$n_\text{丝}$——车床丝杠的转速（r/min）；

　　$n_\text{工}$——工件的转速（r/min）。

[例2]　车床丝杠的螺距为12mm，当车削螺距为8mm的工件时是否会产生乱牙现象？

解　根据式（7-4）有

$$i = \frac{8\text{mm}}{12\text{mm}} = \frac{1}{1.5} = \frac{n_\text{丝}}{n_\text{工}}$$

即丝杠转1r，工件转了1.5r，再次按下开合螺母时，车刀的刀尖可能在工件已车出螺纹的1/2螺距处，它的刀尖正好切在牙顶处，使螺纹出现乱牙。

[例3]　车床丝杠的螺距为6mm，若加工螺距为1.5mm的工件，是否会产生乱牙现象？

解　根据式（7-4）有

$$i = \frac{1.5\text{mm}}{6\text{mm}} = \frac{n_\text{丝}}{n_\text{工}}$$

即丝杠转1r时，工件转过4r，只要按下开合螺母，刀尖总是在原来的螺旋槽内，不会产生乱牙。

用开合螺母车削螺纹的操作方法：左手握住车床中滑板丝杠手柄，用于吃刀和退刀；右手握住开合螺母手柄。当刀尖进入退刀位置时，左手迅速摇动中滑板手柄，使车刀退出，在刀尖离开工件的同时，右手立即将开合螺母的手柄提起使床鞍停止移动，然后摇动床鞍手柄，使其复位，进行第二次车削。

（2）用倒顺车车削螺纹　其操作方法如图7-13所示。当工件螺距与车床丝杠螺距不成整数比时，一定要用倒顺车的方法车削。车削时，在每一次工作行程以后，左手握住中

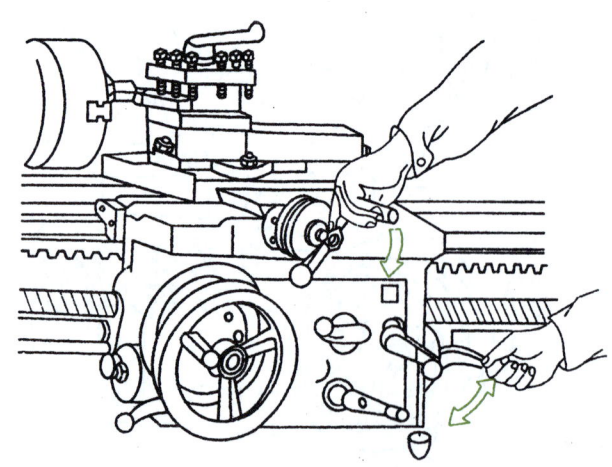

图7-13　用倒顺车车削螺纹的操作方法

滑板丝杠手柄作快速摇动将车刀退出。当刀尖离开工件时，右手握住的操纵杆手柄迅速向下推，使主轴反向转动，使车刀退回原来的位置，再开顺车，进行下一次工作行程，这样反复来回车削螺纹。因为车刀与丝杠的传动链没有分离过，所以车刀始终在原来的螺旋槽中倒顺运动，这样就不会产生乱牙。

用倒顺车车削螺纹时，车削前应检查卡盘与主轴之间的保险装置是否完好，以防主轴在反转时卡盘脱落发生事故。开合螺母的手柄上最好吊一个重锤块，使开合螺母与丝杠的配合间隙保持一致。

2. 低速车削螺纹的方法

如图 7-14 所示，低速车削三角形螺纹时，为了保持螺纹车刀的锋利状态，车刀最好用高速钢制成，并且把车刀分成粗、精车刀并进行粗、精加工。车削螺纹主要有以下三种进刀方法：

（1）直进法 车削螺纹时，只利用中滑板进给（图 7-14a），在几个工作行程中车好螺纹，这种方法叫作直进法车削螺纹。直进法车削螺纹可以得到比较正确的牙型，但车刀的切削刃和刀尖全部参加切削（图 7-14d），螺纹齿面不易车光，并且容易产生"扎刀"现象，因此只适用于螺距 P 小于 1mm 的螺纹。

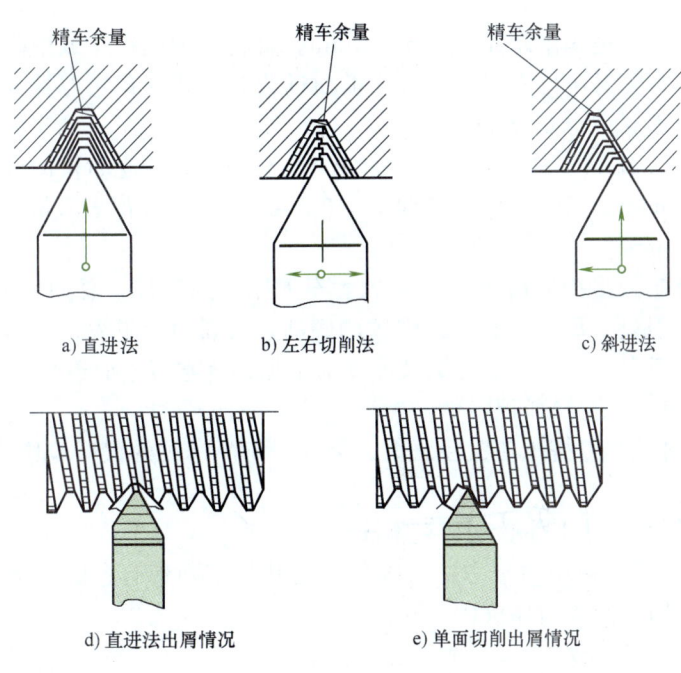

图 7-14 车削螺纹时的进给方式

（2）左右切削法 车削时，除了用中滑板进给外，同时利用小滑板的刻度把车刀左、右微量进给（俗称"借刀"），这样重复切削几次工作行程，直至螺纹的牙型全部车好，这种方法叫作左右切削法（图 7-14b）。车削时，由于车刀是单面切削的，因此不容易产生"扎刀"现象，精车时选用 v_c 小于 5m/min 的切削速度，并加注切削液，可以获得很小的表面粗糙度值。但背吃刀量不能过大，一般 a_p 小于 0.05mm，否则会使牙底过宽或凹凸不平。在实际工作中，可用观察法控制左右进给量；当排出的切屑很薄时，车出的螺纹表面粗糙度值一定是很小的。

（3）斜进法　车削时，除了用中滑板进给外，小滑板只向一个方向进给，这种方法称为斜进法（图 7-14c）。当螺距较大并粗车时，可用这种方法切削，因为车刀是单面切削的（图 7-14e），同样可以防止产生"扎刀"现象。但精车时，必须用左右切削法才能使螺纹两侧的齿面获得较小的表面粗糙度值。

低速车削螺纹时，最好采用弹性刀杆（图 7-15），当切削力超过一定值时，这种刀杆能自动让开，使切屑保持适当的厚度，可避免"扎刀"现象。

3. 高速车削螺纹的方法

高速车削螺纹比低速车削螺纹的生产率可提高 10 倍以上，也可以获得较低的表面粗糙度值，因此现在工厂中已广泛使用。高速车削螺纹时，最好使用 P10（车钢料）牌号的硬质合金螺纹车刀，切削速度取 v_c=50～100m/min。车削时，只能用直进法进刀，使切屑垂直于轴线方向排出或卷成球状较理想。如果用左右切削法，车刀只有一个切削刃参加切削，高速排出的切屑会把另外一面拉毛。如果车刀刃磨得不对称或倾斜，也会使切屑侧向排出，拉毛螺纹表面或损坏刀头。

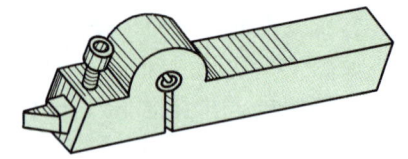

图 7-15　用弹性刀杆装夹螺纹车刀

用硬质合金车刀高速车削螺距为 1.5～3mm，材料为中碳钢（或中碳合金钢）的螺纹时，一般只要 3～5 次工作行程就可完成。横向进给时，开始背吃刀量大一些，以后逐步减小，但最后一次不要小于 0.1mm。

例如，螺距 P = 2mm，总切入深度 h_1≈0.6P = 1.2mm，背吃刀量的分配情况为：第一次背吃刀量 a_{p1}=0.6mm，第二次背吃刀量 a_{p2}=0.3mm，第三次背吃刀量 a_{p3}=0.2mm，第四次背吃刀量 a_{p4}=0.1mm。

虽然第一次背吃刀量为 0.6mm，但是因为车刀刚切入工件，总的切削面积是不大的。如果用相同的背吃刀量，那么，越车到螺纹的底部，切削面积越大，使车刀的刀尖负荷成倍增大，容易损坏刀头。因此，随着螺纹深度的增加，背吃刀量应逐步减小。

高速车削螺纹时应注意的问题：

1）因工件材料受车刀挤压使大径胀大，因此，车削螺纹的大径应比公称尺寸小 0.2～0.4mm。

2）因切削力较大，故工件必须装夹牢固。

3）因转速很高，应集中注意力进行操作，尤其是车削带有台阶的螺纹时，要及时把车刀退出，以防碰伤工件或损坏机床。

4. 车削过程中的对刀方法

车削螺纹的过程中，刀具磨损或损坏，需拆下修磨或换刀，重新装刀时，往往刀尖的位置不在原来的螺旋槽中，如果继续车削就会乱牙，这时需将刀尖调整到原来的螺旋槽中才能继续车削，这一过程称为对刀。对刀方法可分静态对刀法和动态对刀法两种。

（1）静态对刀法　让轴慢速正转，闭合开合螺母，当刀尖靠近螺旋槽时停机，注意此时主轴不可倒转。移动时，小滑板把螺纹车刀的刀尖移至螺旋槽的中间，如图 7-16 所示，记下中滑板的刻度值后将螺纹车刀退出。

（2）动态对刀法　由于静态对刀法凭目测对刀有一定误差，因而适用于粗对刀。精对刀一般采用动态对刀法，对刀时车刀在运动中进行，如图 7-17 所示。动态对刀的操作方法如下：

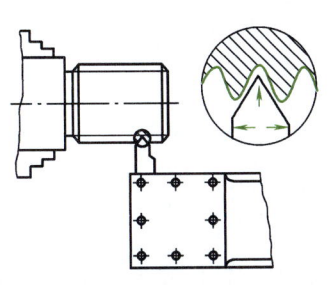

图 7-16　静态对刀法

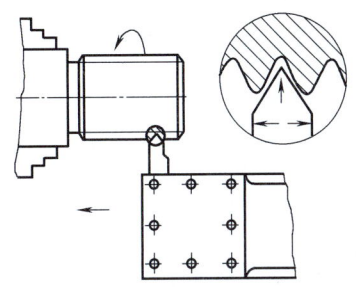

图 7-17　动态对刀法

1）主轴慢速正转，闭合开合螺母。

2）移动中、小滑板，将螺纹车刀的刀尖对准螺纹槽中间，或根据车削需要将其中一侧切削刃与需要切削的螺纹齿面轻轻接触，有极微量切屑时，即记下中滑板刻度值后退出螺纹车刀。动态对刀时，要眼明手快，动作敏捷而准确，在 1~2 次行程中使车刀对准。

7.2.2　在车床上使用板牙和丝锥加工螺纹的方法

除了车削螺纹外，对于直径和螺距较小的螺纹，还可以用板牙或丝锥来加工。板牙和丝锥是一种成形、多刃螺纹切削工具。使用板牙、丝锥加工螺纹，操作简单，可以一次切削成形，生产率较高。

1. 套螺纹

用板牙套螺纹，一般适用于不大于 M16 或螺距小于 2mm 的螺纹。

（1）板牙的结构形状（图 7-18）　板牙上的排屑孔可以容纳和排出切屑。排屑孔的缺口与螺纹的相交处形成前角 $\gamma_p=15°\sim20°$ 的切削刃，在后面磨有 $\alpha_p=7°\sim9°$ 的后角，切削部分的 $2\kappa_r=50°$。板牙的两端都有切削刃，因此正反面都可以使用。

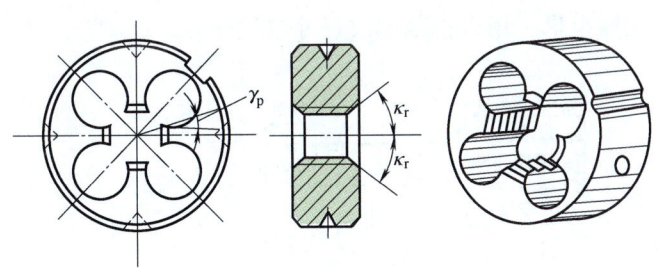

图 7-18　板牙的结构形状

（2）套螺纹工具（图 7-19）　在工具体的左端孔内可装夹板牙，螺钉用于固定板牙，套筒上有长槽，套螺纹时工具体可自动随着螺纹向前移动。销钉用来防止工具体切削时转动。

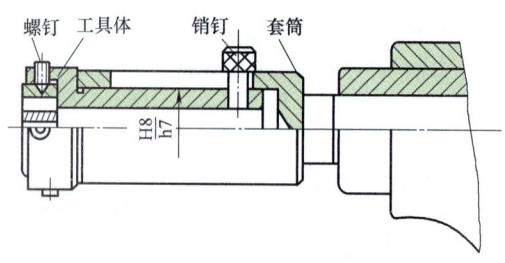

图 7-19　车床套螺纹工具

（3）套螺纹前的要求　为了保证套螺纹时牙型正确（不乱牙），齿面光洁，套螺纹前的要求如下：

1）螺纹大径应车到下极限偏差，以保证套螺纹时省力，且板牙齿部不易崩裂。
2）工件的前端面应倒小于 45° 的倒角，直径小于螺纹的小径，使板牙容易切入。
3）装夹在套螺纹工具上的板牙的两平面应与车床主轴的轴线垂直。
4）尾座套筒轴线与主轴轴线应同轴，水平偏移量不应大于 0.05mm。

（4）套螺纹的方法　套螺纹时，先把螺纹大径车至下极限偏差要求并倒角，接着把装有套螺纹工具的尾座拉向工件，不能跟工件碰撞，然后固定尾座，开动车床，转动尾座手柄，当工件进入板牙后，手柄就停止转动，由工具体自动轴向进给。当板牙切削到所需要的长度时，主轴迅速倒转，使板牙退出工件，螺纹加工即完成。套螺纹时切削速度的选择：钢件为 2～4m/min；铸铁、黄铜为 4～6m/min。在套螺纹时，正确选择切削液可减小螺纹齿面的表面粗糙度值和提高螺纹精度，钢件一般用乳化液或硫化切削油，铸铁件可使用煤油。

2．攻螺纹

用丝锥加工工件的内螺纹称为攻螺纹。直径较小或螺距较小的内螺纹可以用丝锥直接攻出来。

（1）丝锥的结构形状　丝锥是加工内螺纹的标准刀具，常用的丝锥有手用丝锥、机用丝锥、螺母丝锥和圆锥管螺纹丝锥等。图 7-20 所示是常用的三角形牙型丝锥的结构形状。丝锥上面开有容屑槽，这些槽形成了丝锥的切削刃，同时也起排屑作用。它的工作部分由切削锥与校准部分组成。切削锥是切削部分，铲磨成有后角的圆锥形，它担任主要的切削工作。校准部分有完整齿形，用以控制螺纹尺寸参数。

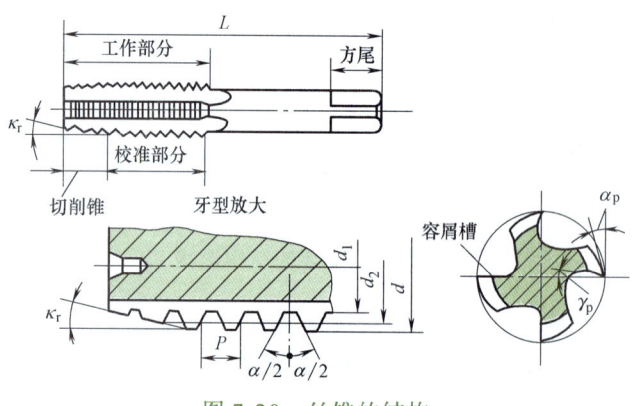

图 7-20　丝锥的结构

丝锥的公差带分 H1、H2、H3、H4 四个等级。各种丝锥所能加工的内螺纹公差等级见表 7-5。

表 7-5　各种丝锥所能加工的内螺纹公差等级（GB/T 968—2007）

丝锥公差带代号	H1	H2	H3	H4
适用于加工内螺纹的公差等级	4H、5H	5G、6H	6G、7H、7G	6H、7H

（2）攻螺纹的工具　攻螺纹工具与套螺纹工具相似，只要将中间工具体改换成能装夹丝锥的工具体即可，如图 7-21 所示。

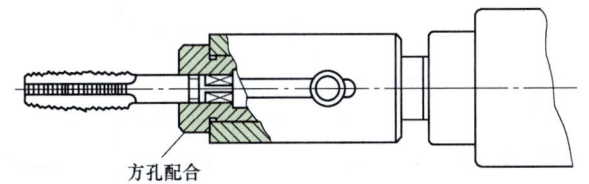

图 7-21　攻螺纹工具

（3）攻螺纹的方法　在车床上攻螺纹前，根据查表确定钻头的直径，先进行钻孔，并用 120°锪钻或麻花钻在孔口倒角，倒角的直径要大于内螺纹的大径尺寸（图 7-22）。同时找正尾座套筒轴线与主轴轴线同轴，移动尾座向工件靠近，根据攻螺纹长度在丝锥上做好长度标记。开机攻螺纹时，转动尾座手柄使套筒跟着丝锥前进，当丝锥已攻进数牙时，手柄可停止转动，让攻螺纹工具自动跟随丝锥前进直到需要尺寸，然后开倒车退出丝锥即可。

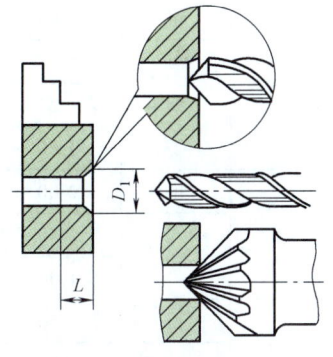

图 7-22　钻螺纹底孔和倒角

（4）攻螺纹前钻底孔的钻头直径确定　常用普通螺纹攻螺纹前钻底孔的钻头直径见表 7-6。

表 7-6　常用普通螺纹攻螺纹前钻底孔的钻头直径　（单位：mm）

计算公式　$P < 1\text{mm}$：$d_z=d-P$

　　　　　$P \geqslant 1\text{mm}$：钢等韧性材料 $d_z=d-P$

　　　　　铸铁等脆性材料 $d_z=d-(1.05 \sim 1.1)P$

式中　P——螺距（mm）；

　　　d_z——攻螺纹前钻头的直径（mm）；

　　　d——螺纹的公称直径（mm）

公称直径 d	螺距 P		钻头直径 d_z	
			加工铸铁、青铜、黄铜	加工钢、可锻铸铁、纯铜、层压板
4	粗	0.70	3.30	3.30
	细	0.50	3.50	3.50
5	粗	0.80	4.20	4.20
	细	0.50	4.50	4.50
6	粗	1.00	4.90	4.90
	细	0.75	5.20	5.20

（续）

公称直径 d	螺距 P		钻头直径 d_z	
			加工铸铁、青铜、黄铜	加工钢、可锻铸铁、纯铜、层压板
8	粗	1.25	6.60	6.70
	细	1.00	6.90	7.00
		0.75	7.10	7.20
10	粗	1.50	8.40	8.50
	细	1.25	8.60	8.70
		1.00	8.90	9.00
		0.75	9.20	9.20
12	粗	1.75	10.10	10.20
	细	1.50	10.40	10.50
		1.25	10.60	10.70
		1.00	10.90	11.00
14	粗	2.00	11.80	12.00
	细	1.50	12.40	12.50
		1.25	12.60	12.70
		1.00	12.90	13.00
16	粗	2.00	13.80	14.00
	细	1.50	14.40	14.50
		1.00	14.90	15.00
18	粗	2.50	15.30	15.50
	细	2.00	15.80	16.00
		1.50	16.40	16.50
		1.00	16.90	17.00
20	粗	2.50	17.30	17.50
	细	2.00	17.80	18.00
		1.50	18.40	18.50
		1.00	18.90	19.00
22	粗	2.50	19.30	19.50
	细	2.00	19.80	20.00
		1.50	20.40	20.50
		1.00	20.90	21.00
24	粗	3.00	20.70	21.00
	细	2.00	21.80	22.00
		1.50	22.40	22.50
		1.00	22.90	23.00

7.3 普通螺纹的精度检验与误差分析

7.3.1 螺纹单项测量

单项测量指的是对螺纹的螺距、大径和中径等的分项测量。

1. 螺距的测量

螺距一般用金属直尺或螺距规进行测量，如图7-23所示。用金属直尺测量时，因为普通螺纹的螺距一般较小，最好量10个螺距的长度（图7-23a），然后把长度除以10即可得出1个螺距的尺寸。如果螺距较大，那么可以量出2或4个螺距的长度，再计算它的螺距。测量寸制螺纹、管螺纹时，可通过测量1in长度中的牙数来计算。对于细牙螺纹或每25.4mm长度内牙数较多的管螺纹，可用螺距规测量（图7-23b），测量时把螺距规沿与轴线平行的方向嵌入齿形中，如果完全符合，则被测螺距是合格的。

2. 大径的测量

螺纹大径的公差较大，一般可使用游标卡尺或外径千分尺测量。

3. 中径的测量

三角形螺纹的中径可用螺纹千分尺或用三针测量法测量。

（1）螺纹千分尺　螺纹千分尺（图7-24）一般用于中径公差等级在5级以下的螺纹的测量。它的刻线原理和读数方法与外径千分尺相同，不同的是螺纹千分尺附有两套（60°和55°）适于不同牙型角和不同螺距的测头，测头可根据测量的需要进行选择，然后分别插入千分尺的测杆和测砧的孔内。换上所选用的测头后，必须调整测砧的位置，使千分尺对准零位后方可进行测量。

（2）三针测量法　用三针测量外螺纹中径是一种比较精密的测量方法。测量所用的3根圆柱形量针是由量具厂专门制造的。测量时，把3根量针放置在螺纹两侧相应的螺旋槽下，用外径千分尺量出两边量针顶点之间的距离M（图7-25）。根据M值可以计算出螺纹中径的实际尺寸。M值和中径的计算公式见表7-7。

三针测量用的量针直径不能太大，如果直径太大，则量针的横截面与螺纹牙侧不相切（图7-26a），无法量得中径的实际尺寸；也不能太小，如果太小，则量针陷入牙槽中，其顶点低于螺纹牙顶而无法测量（图7-26c）。最佳的量针直径是指量针横截面与螺纹中径处牙侧相切时的量针直径（图7-26b）。量针直径的最大值、最佳值和最小值计算式见表7-7。选用量针时，应尽量接近最佳值，以便获得较高的测量精度。

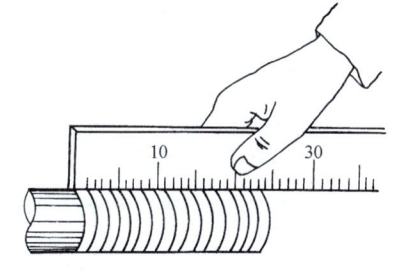

a) 用金属直尺测量

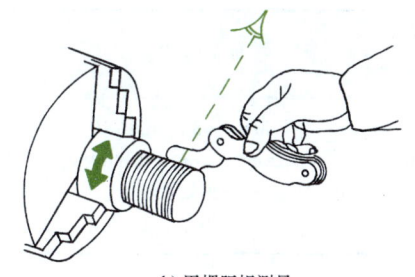

b) 用螺距规测量

图7-23　螺距的测量

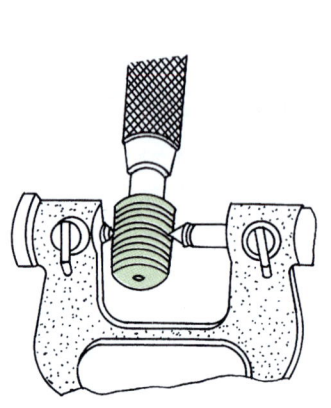

图 7-24 螺纹千分尺

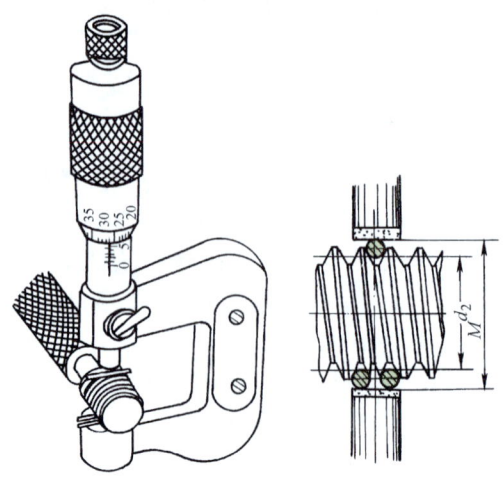

图 7-25 三针测量螺纹中径

表 7-7 三角形螺纹量针测量值及量针直径计算公式

螺纹牙型角（α）	M 值计算公式	量针直径（d_D）		
		最大值	最佳值	最小值
60° 55°	$M=d_2+3d_D-0.866P$ $M=d_2+3.166d_D-0.9605P$ 式中 d_2——螺纹中径 　　　P——螺距	$d_D=1.01P$ $d_D=0.894P-0.029$mm	$d_D=0.577P$ $d_D=0.564P$	$d_D=0.505P$ $d_D=0.481P-0.016$mm

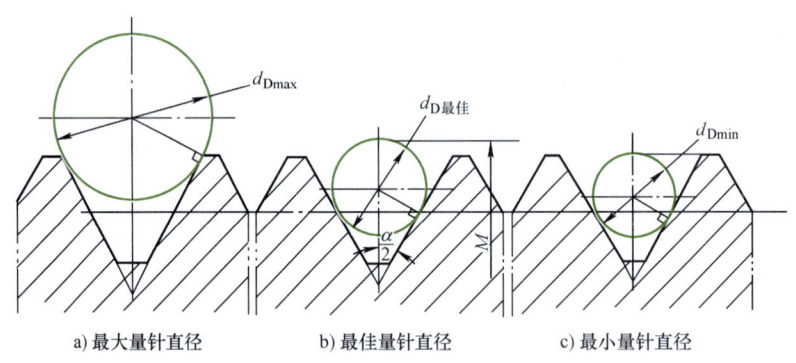

a) 最大量针直径　　b) 最佳量针直径　　c) 最小量针直径

图 7-26 量针直径的选择

7.3.2 螺纹综合测量

综合测量是指对螺纹的各项精度要求进行综合性的测量。螺纹的综合测量可使用螺纹量规（图 7-27、图 7-28），用螺纹塞规检验工件内螺纹，用螺纹环规检验工件外螺纹。

1. 螺纹塞规

图 7-27 所示是一种双头螺纹塞规（测量大尺寸的螺纹工件时，多用单头螺纹塞规），

项目 7　螺 纹 加 工

两端分别为通端螺纹塞规和止端螺纹塞规。其中，通端螺纹塞规是用于综合检验螺纹的，具有完整的外螺纹牙型和标准旋合长度。若通端与工件顺利地旋合通过，则表示通端检验合格。止端螺纹塞规是用来检验螺纹中径的上极限尺寸的，做成截短牙型，止端不能通过工件。

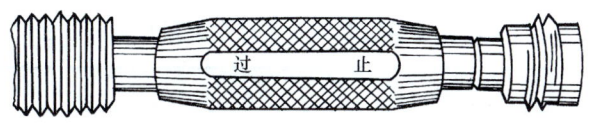

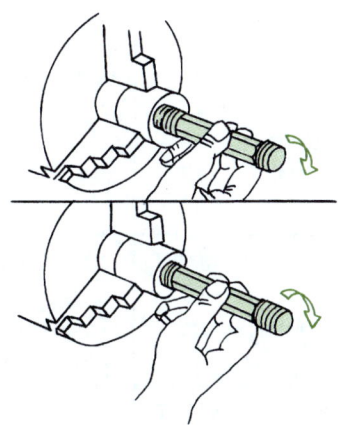

图 7-27　螺纹塞规

测量工件时，只有当通端能顺利地旋合通过，而止端又不能通过工件时，才表明该螺纹合格。

2. 螺纹环规

图 7-28 所示是一种常用的螺纹环规，其通端螺纹环规和止端螺纹环规是分开的。螺纹环规与螺纹塞规相仿，通端有完整牙型和标准旋合长度，而止端是截短牙型，去除两端的不完整牙型，其长度不小于 4 牙。

测量时，用螺纹环规的通端检验工件，应能顺利地旋入并通过工件的全部外螺纹，而用止端检验时，又不能通过工件的外螺纹，说明该螺纹合格。

用螺纹量规检验是一种综合检验方法。用螺纹量规虽然不能测量出工件的实际尺寸，但能够直观地判断被测螺纹是否合格（螺纹是合格品时，表明螺纹的基本参数如中径、螺距、牙型半角等均合格）。由于采用螺纹量规检验的方

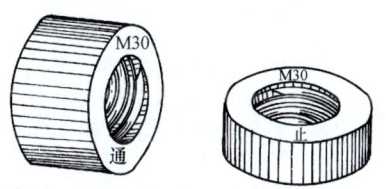

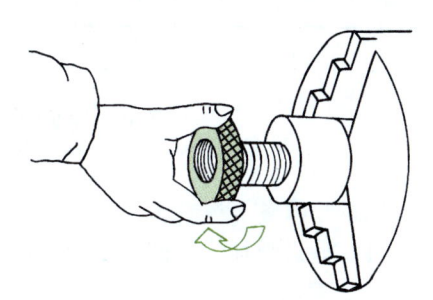

图 7-28　螺纹环规

法简便,工作效率高,使装配时螺纹的互换性得到可靠保证,因此螺纹量规在大批量生产中应用得十分广泛。

7.3.3 车削普通螺纹产生误差的种类、原因及预防方法

车削普通螺纹时废品的产生原因及防止方法见表7-8。

表7-8 车削普通螺纹时废品的产生原因及防止方法

废品种类	产生原因	防止方法
中径尺寸不正确	1)中滑板的刻度不准 2)高速切削时,切入深度未掌握好	1)精车时,检查刻度盘是否松动 2)应严格掌握螺纹的切入深度,并及时测量工件
螺距不正确	1)交换齿轮在计算或搭配时错误,进给箱手柄的位置放错 2)局部螺距不正确 ①车床丝杠和主轴的窜动量较大 ②溜板箱手轮转动时轻重不均匀 ③开合螺母的间隙太大	1)在车削第一个工件时,先车出一条很浅的螺旋线,停机后用金属直尺测量螺距是否正确 2)加工螺纹前,将主轴与丝杠的轴向窜动量和开合螺母的间隙进行调整,并将床鞍的手柄与传动齿条脱开,使床鞍能匀速运动
牙型不正确	1)车刀装夹得不正确,产生螺纹的牙型半角误差 2)车刀的刀尖角刃磨得不正确 3)车刀磨损	1)一定要使用螺纹样板对刀 2)正确刃磨和测量刀尖角 3)合理地选择切削用量和及时修磨车刀
牙侧表面粗糙度值大	1)高速车削螺纹时,切屑厚度太小或切屑倾斜方向排出,拉毛牙侧表面 2)产生积屑瘤 3)刀杆的刚性不够,切削时引起振动 4)车刀的刃口磨得不光洁,或在车削中损伤了刃口	1)高速车削螺纹时,最后一刀切屑厚度一般不小于0.1mm,切屑要沿垂直轴线方向排出 2)用高速钢车刀车削时,应降低切削速度,切屑厚度小于0.07mm,并加注切削液 3)刀杆不要伸出过长 4)提高车刀的刃磨质量
牙型乱	1)当车床丝杠螺距不是工件螺距的整数倍时,直接起动开合螺母车削螺纹 2)开倒顺车削螺纹时,开合螺母抬起	1)当车床丝杠螺距不是工件螺距整数倍时,采用开倒顺方法车削螺纹 2)调整开合螺母的镶条,用重物挂在开合螺母的手柄上
"扎刀"和顶弯工件	1)车刀的背前角太大,中滑板丝杠间隙较大 2)工件的刚性差,而切削用量选择太大	1)减小车刀的前角,调整中滑板的丝杠间隙 2)选择合理的切削用量,增加工件的装夹刚性

7.4 技能训练——螺杆轴的加工

1. 工艺准备

(1)分析图样 如图7-29所示的螺杆轴,毛坯为45热轧圆钢,毛坯尺寸为$\phi50mm \times 240mm$,每次车削数量为6~10件。图样分析如下:

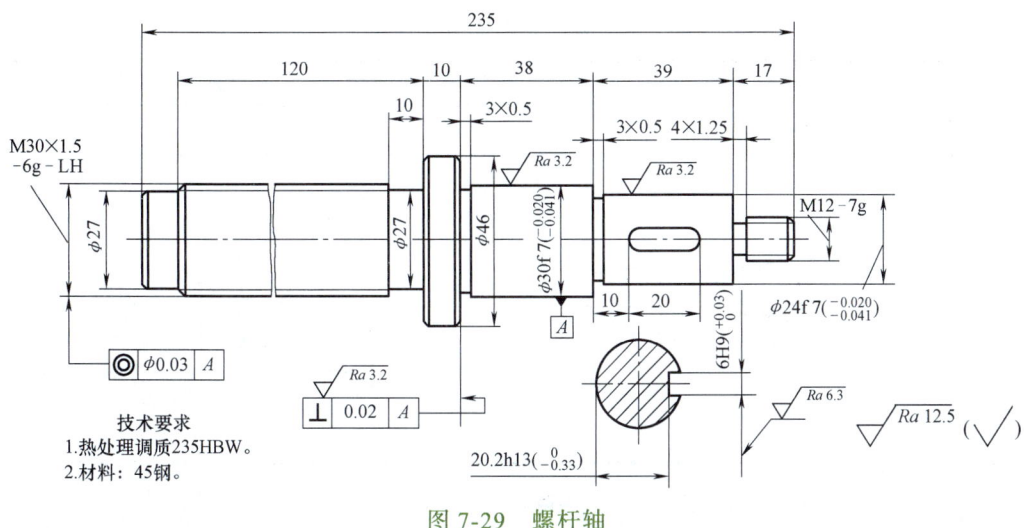

图 7-29 螺杆轴

1）外圆 $\phi 30f7 \left(^{-0.020}_{-0.041}\right)$、$\phi 24f7 \left(^{-0.020}_{-0.041}\right)$ 的精度要求较高。其中 $\phi 30f7$ 为基准外圆。

2）M30×1-6g-5LH 为左旋螺纹，其轴线与外圆 $\phi 30f7$ 轴线的同轴度公差为 $\phi 0.03$mm。

3）外圆 $\phi 46$mm 右端面对 $\phi 30f7$ 轴线的垂直度公差为 0.02mm。

（2）制订加工工艺

1）车削左旋螺纹主要是变换车床丝杠的旋转方向，主轴顺转，车刀由退刀槽处进刀，从主轴箱向尾座方向进给车削螺纹。根据 M30×1.5-6g-LH 螺纹的车削条件，可进行高速车削。

2）M12 外螺纹的精度等级要求较低，可用板牙套螺纹的方法加工。为了防止套螺纹时乱牙，车削 M12 外螺纹大径时，应比公称尺寸小 0.2～0.3mm，端面处倒角 C1.5 使板牙容易切入工件。

3）精车外圆 $\phi 30f7$ 时，对台阶面车一刀，是保证达到垂直度要求的措施。

4）螺杆轴的机械加工顺序如下：调质热处理→车削端面、钻中心孔→车削 M30×1-6g-5LH 螺纹大径→调头，车削端面，取对长度尺寸，钻中心孔→粗车外圆及车削 M12 螺纹大径→套螺纹→精车外圆→车削螺纹 M30×1.5-6g-LH→铣键槽→修毛→清洗入库。

（3）工件的定位与夹紧

1）粗车外圆及螺纹大径时采用一端夹住，一端用回转顶尖顶住的方法。

2）精车外圆时为了保证外圆的同轴度，使用两顶尖装夹。

3）车螺纹 M30×1.5-6g-LH 时，由于使用高速车削，为了增加装夹的刚性，所以用一夹一顶的装夹方法车削。但应注意，一端夹住长度要短些，不使工件被强制夹住而影响达到几何精度。

（4）选择刀具

1）车削 M30×1.5-6g-LH 螺纹时，可用 P10 牌号硬质合金螺纹车刀进行高速车削。

2）螺纹 M12-7g 用 M12 板牙套螺纹。

（5）选择设备　选用 C6140 或 C616 型卧式车床。

2. 工件加工

螺杆轴的车削步骤见表 7-9。

表 7-9 螺杆轴的车削步骤

工序号	工种	加工内容	简图
1	热处理	调质 235HBW	
2	车	用自定心卡盘夹住毛坯外圆 1）车削端面，毛坯车出即可 2）钻 ϕ3mm A 型中心孔	
3	车	用自定心卡盘夹住一端，一端用回转顶尖顶住 1）车削外圆 ϕ46mm 至尺寸要求，并车至卡爪根处 2）车削 M30×1.5-6g-LH 螺纹大径至 $\phi30_{-0.30}^{-0.20}$ mm，长度 131mm（即 131mm=235mm-17mm-39mm-38mm-10mm） 3）车削外圆 ϕ27mm 至尺寸要求，长度 120mm、11mm 4）车削外沟槽 ϕ27mm×10mm 至尺寸要求 5）倒角	
4	车	用自定心卡盘夹住 ϕ46mm 外圆 1）车削端面、尺寸 104mm（即 104mm=10mm+38mm+39mm+17mm） 2）钻 ϕ3mm A 型中心孔	
5	车	用软卡爪一端夹住，一端顶住 1）粗车 ϕ30f7 外圆至 ϕ31mm，将尺寸 10mm 车至 $10_{+0.10}^{+0.20}$ mm 2）粗车 ϕ24f7 外圆至 ϕ25mm，将尺寸 38mm 车至 $38_{-0.20}^{-0.10}$ mm 3）车削 M12-7g 螺纹大径至 $\phi12_{-0.30}^{-0.20}$ mm，保持尺寸 39mm、17mm 4）车削沟槽 4mm×1.25mm 至尺寸 5）倒角	

（续）

工序号	工种	加工内容	简图
6	车	按工序5装夹方法（去掉后顶尖）套螺纹 M12-7g 至尺寸	
7	车	装夹于两顶尖之间 1）精车 ϕ30f7 外圆至尺寸，并车出台阶面，长度 10mm、38mm 2）精车外圆 ϕ24f7 至尺寸 3）车削外沟槽2处 3mm×0.5mm 至尺寸 4）倒角	
8	车	软卡爪，一端夹住 ϕ30f7 外圆，一端顶住，卡爪处找正外圆的径向圆跳动量不大于 0.01mm 1）沟槽处倒角 1.5mm×30° 2）车削 M30×1.5-6g-LH 螺纹至尺寸 3）用锉刀修光螺纹顶面	
9	铣	工件装夹于V形台虎钳 铣键槽 6H9 ($^{+0.03}_{0}$)×20.2h13 ($^{0}_{-0.33}$) 至尺寸	
10	钳	修毛刺	
11	普	清洗、涂防锈油、入库	

3．精度检验及误差分析

1）外圆 ϕ30f7、ϕ24f7 的精度检验用外径千分尺沿工件的轴线方向测量3个截面，对每个截面都要在相互垂直的两个部位上各测一次，千分尺的读数在规定值的范围内即为合格。

2）螺纹 M30×1.5-6g-LH、M12-7g 的检验。用螺纹环规综合测量。

3）外圆 ϕ46mm 右端面对外圆 ϕ30f7 轴线垂直度误差的检验。在测量平板上进行，工件外圆 ϕ30f7 为检测基准，装夹在V形架上（图7-30），用百分表测量整个被测表面，并记录读数，百分表读数的最大差值不大于 0.02mm，说明端面对外圆的垂直度合格。

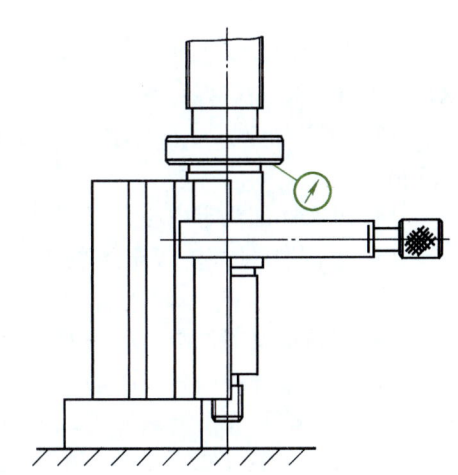

图7-30 检验螺杆轴端面的垂直度误差

附 录

车工（初级）理论知识模拟试卷样例

一、判断题（对的打"√"，错的打"×"；每题1分，共55分）

1. 对车床来说，如第一位数字是"6"，代表的是落地及卧式车床组。（ ）
2. 一级保养以操作工人为主，维修人员进行配合。（ ）
3. 车床尾座及中、小滑板摇动手柄转动轴承部位，每班次至少加油一次。（ ）
4. 选用切削液时，粗加工应选用以冷却为主的乳化液。（ ）
5. 背吃刀量是工件上已加工表面和待加工表面之间的垂直距离。（ ）
6. 刀具材料的耐磨性与其硬度无关。（ ）
7. 一般情况下，K01刀具用于粗加工，K10刀具用于精加工。（ ）
8. 精车时刃倾角应取正值。（ ）
9. 粗加工时，加工余量和切削用量均较大，因而会使刀具磨损加快，所以应选用以润滑为主的切削液。（ ）
10. 刃磨高速钢车刀用的是绿色碳化硅砂轮，刃磨硬质合金车刀用的是氧化铝砂轮。（ ）
11. 使用硬质合金刀具切削时，应在刀具温度升高后再加注切削液，以便降温。（ ）
12. 以WC为基，以Co为黏结剂的硬质合金（钨钴类合金）按不同含钨量可分为K01、K10、K30等多种牌号。（ ）
13. 为了避免振动，要求车刀的伸出长度要尽量短，一般不应该超过刀杆厚度的1~1.5倍。（ ）
14. 国家标准规定中心孔只有A型和B型两大类。（ ）
15. 车削外圆时，若车刀的刀尖装得低于工件轴线，则会使前角增大，后角减小。（ ）
16. 较高精度的外圆一般用游标卡尺测量。（ ）
17. 轴类工件各回转表面的形状精度和位置精度与中心孔的定位精度有关。（ ）
18. 一夹一顶装夹方法适用于工序较多、精度较高的轴类工件。（ ）
19. 两顶尖装夹粗车工件，由于支承点是顶尖，接触面积小，不能承受较大的切削力，因而该方法不好。（ ）
20. 用两顶尖装夹光轴，车出的工件的尺寸在全长上有0.1锥度，在调整尾座时，应

将尾座按正确方向移动 0.05mm 可达要求。（　　）
21．标准麻花钻的顶角为 55°。（　　）
22．麻花钻的前角主要是随着螺旋角的变化而变化的，螺旋角越大，前角也越大。（　　）
23．麻花钻横刃斜角的大小是由后角的大小决定的。后角大时，横刃斜角就减小。（　　）
24．修磨麻花钻横刃斜角时，工件材料越软，横刃修磨得越短。（　　）
25．麻花钻经过刃磨后，两条主切削刃应该对称，并且长度相等，顶角为 118°。（　　）
26．当工件的旋转轴线与尾座套筒锥孔的轴线不同轴时，铰出的孔会产生孔口扩大或整个孔扩大。（　　）
27．不通孔车刀的主偏角应小于 90°。（　　）
28．铰孔不能修正孔的直线度误差，所以铰孔前一般都经过车孔。（　　）
29．孔在钻穿时，由于麻花钻的横刃不参加工作，因此进给量可取大些，以提高生产率。（　　）
30．铰孔时，切削速度和进给量都应取得尽量小些。（　　）
31．为了保证铰孔后的表面粗糙度要求，车孔后表面粗糙度值应不大于 $Ra6.3\mu m$。（　　）
32．米制圆锥的锥度是固定不变的，即 $C=1:16$。（　　）
33．用偏移尾座法车削圆锥时，经检验如果工件的圆锥半角过小，则尾座应向操作者方向偏移。（　　）
34．角度尺既能检验圆锥的角度，又能检验圆锥的尺寸精度。（　　）
35．圆锥角是圆锥体表面的素线与轴线之间的夹角。（　　）
36．用转动小滑板车削圆锥面时，由于只能手动进给，工件的表面粗糙度难以控制。（　　）
37．用偏移尾座法车削圆锥时，如果工件的圆锥半角相同，尾座的偏移量即相同。（　　）
38．对于配合精度要求较高的圆锥工件，一般采用涂色检验法，通过测量接触面积的大小来评定圆锥的精度。（　　）
39．圆锥量规既能检验圆锥的角度，又能检验圆锥的尺寸精度。（　　）
40．用靠模法车削圆锥时，造成锥度（角度）不正确的原因是工件总长不一致。（　　）
41．成形车刀要装得对准工件轴线，装得高了容易扎刀，装得低了容易引起振动。（　　）
42．用靠模法车削成形面，生产率高，质量稳定，适用于成批量生产。（　　）
43．对于数量较少或单件的成形面工件，采用成形刀车削较合理。（　　）
44．滚花时应选择较高的切削速度。（　　）
45．标记 M10-5g6g 中，6g 是表示螺纹中径的公差带代号。（　　）
46．用高速钢车刀低速车削三角形螺纹，能获得较高的螺纹精度和生产率。（　　）
47．"乱牙"就是螺纹"破牙"，即在车削螺纹时，退刀后第二次进刀车削时，车刀的

刀尖不在第一次工作行程的螺旋槽内。（　　）

48. 螺距是指同一条螺旋线上的相邻两牙在中径线上对应两点之间的轴向距离。
（　　）

49. 公称直径相等的内、外螺纹中径的公称尺寸应相等。（　　）

50. 普通螺纹车刀在装夹时偏斜，车出螺纹的牙型角仍为60°，对工件的质量影响不大。（　　）

51. 用直进法车削三角形螺纹可以得到正确的牙型，因此适用于车削螺距较大的螺纹。
（　　）

52. 车床丝杠螺距为12mm，车削工件螺距为3mm时，是要产生乱牙的。（　　）

53. 用螺纹量规检验螺纹，不能量出工件的实际尺寸，只能直观地判断被测螺纹是否合格。（　　）

54. 在M10×6H标记中，6H表示中径公差带与顶径公差带代号相同。（　　）

55. 高速切削螺纹时，切削厚度太小，会造成牙侧表面粗糙度值高。（　　）

二、选择题（将正确答案的序号填入括号内；每题1.5分，共45分）

1. 主轴箱内部装有主轴及变速传动机构，其功能是支承（　　），以实现主运动。
A. 齿轮　　　B. 主轴　　　C. 轴承　　　D. 卡盘

2. 车床外露的滑动表面一般采用（　　）润滑。
A. 浇油　　　B. 溅油　　　C. 油绳　　　D. 油脂杯

3. 当车床转动（　　）h后，需要进行一级保养。
A. 100　　　B. 200　　　C. 500　　　D. 1000

4. 加工铸铁等脆性材料时，应选用（　　）类硬质合金。
A. P　　　B. K　　　C. N　　　D. M

5. 刀具的后角是后面与（　　）之间的夹角。
A. 基面　　　B. 切削平面　　　C. 前面　　　D. 后面

6. 精车刀的前角应取（　　）。
A. 正值　　　B. 0°　　　C. 负值　　　D. 无法确定

7. 刀具的前面和基面之间的夹角是（　　）。
A. 楔角　　　B. 刃倾角　　　C. 前角　　　D. 后角

8. 对于精度要求较高、工序较多的轴类工件，中心孔应选用（　　）型。
A. A　　　B. B　　　C. C　　　D. R

9. 软卡爪的最大特点是工件可以多次装夹，仍能保持一定的相互位置精度，一般可为（　　）mm。
A. 0.1　　　B. 0.5　　　C. 0.05　　　D. 0.01

10. 车孔的公差等级可达（　　）。
A. IT7~IT8　　　B. IT8~IT9　　　C. IT9~IT10　　　D. IT10~IT11

11. 硬质合金铰刀的铰孔余量一般是（　　）mm。
A. 0.2~0.4　　　B. 0.08~0.12　　　C. 0.15~0.20　　　D. 1.5~2.0

12. 铰刀铰孔的精度一般可达到（　　）。
A. IT7~IT9　　　B. IT11~IT12　　　C. IT4~IT5　　　D. IT5~IT6

13. 当麻花钻的顶角增大时，前角（　　）。
A. 减小　　　　　B. 不变　　　　　　C. 增大　　　　　　D. 不能确定

14. 钻孔时的背吃刀量是（　　）。
A. 钻孔的深度　B. 钻头的直径　　C. 钻头直径的一半　D. 钻头直径的2倍

15. 米制圆锥的号码是指圆锥的（　　）。
A. 大端直径　　B. 小端直径　　　C. 锥度　　　　　　D. 圆锥半角

16. 用靠模法车削圆锥体时，靠模装置能使车刀在作纵向进给的同时，还作横向进给，从而使车刀的移动轨迹与被加工工件的（　　）。
A. 圆锥素线平行　B. 圆锥素线垂直　C. 轴线平行　　　D. 轴线垂直

17. 检验精度高的圆锥面角度时，常使用（　　）来测量。
A. 样板　　　　　B. 圆锥量规　　　C. 游标万能角度尺　D. 正弦规

18. 莫氏圆锥分为（　　）号码。
A. 5个　　　　　B. 7个　　　　　　C. 8个　　　　　　D. 10个

19. 成批和大量生产锥齿轮坯时，可使用（　　）来测量角度。
A. 专用的角度样板　B. 圆锥量规　　C. 游标万能角度尺　D. 正弦规

20. 用双手控制法粗车圆球的方法是由中心向两边车削，中滑板的进给速度应（　　）。
A. 由慢逐步加快　B. 由快逐步变慢　C. 慢速　　　　　D. 快速

21. 用双手控制法车削圆球时使用的车刀，要求主切削刃呈（　　）。
A. 圆弧形　　　　B. 直线形　　　　C. 尖角形　　　　D. 锯齿形

22. 滚花的粗细由（　　）来决定。
A. 模数　　　　　B. 节距　　　　　C. 挤压深度　　　D. 进给量

23. 为了确保安全，在车床上锉削工件时应（　　）握锉刀柄。
A. 左手　　　　　B. 右手　　　　　C. 双手　　　　　D. 都可以

24. 滚花时因产生很大的挤压变形，因此必须把工件的滚花部分直径车（　　）。
A. 小（0.2～0.4）m　　　　　　　B. 小（0.8～1.2）m
C. 大（0.2～0.4）m　　　　　　　D. 大（0.8～1.2）m

25. 套螺纹前，工件的前端面应加工出小于45°的倒角，直径（　　），使板牙容易切入。
A. 小于螺纹大径　B. 小于螺纹中径　C. 小于螺纹小径　D. 等于螺纹大径

26. 螺纹千分尺是测量外螺纹（　　）的。
A. 大径　　　　　B. 中径　　　　　C. 小径　　　　　D. 螺距

27. 普通螺纹的原始三角形高度$H=$（　　）。
A. $0.866P$　　B. $d-0.6495P$　C. $d-1.0825P$　D. $d-0.866P$

28. 寸制螺纹的螺距是用约每（　　）长度内的螺纹牙数换算出来的。
A. 20mm　　　　B. 25.4mm　　　　C. 30mm　　　　　D. 35.4mm

29. 用带有较大背前角的螺纹车刀车削螺纹时，会产生一个较大的（　　）。
A. 主切削力F_c　B. 进给力F_f　　C. 背向力F_p　　D. 摩擦力

30. 普通螺纹的尺寸代号是指（　　）处的公称直径。
A. 外螺纹中径　　B. 内螺纹小径　　C. 外螺纹小径　　D. 内螺纹大径

车工（初级）理论知识模拟试卷样例答案

一、判断题

1.√	2.√	3.√	4.√	5.√	6.×	7.×	8.√	9.×	10.×
11.×	12.√	13.√	14.×	15.×	16.×	17.√	18.×	19.√	20.√
21.×	22.√	23.√	24.√	25.√	26.√	27.×	28.√	29.×	30.√
31.×	32.×	33.√	34.×	35.×	36.√	37.√	38.√	39.√	40.√
41.×	42.√	43.×	44.√	45.√	46.√	47.√	48.√	49.√	50.×
51.×	52.×	53.√	54.√	55.√					

二、选择题

1.B	2.A	3.C	4.B	5.B	6.A	7.C	8.B	9.C	10.A
11.C	12.A	13.C	14.C	15.A	16.A	17.B	18.B	19.A	20.A
21.A	22.B	23.A	24.B	25.C	26.B	27.A	28.B	29.C	30.B

车工（初级）操作技能模拟试卷样例

1．模拟试卷图样（图1）

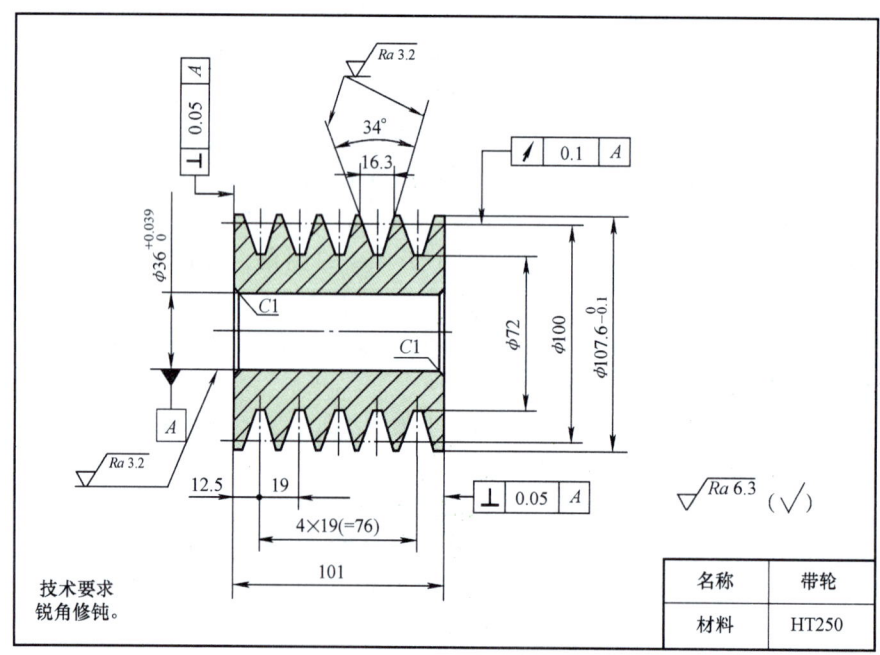

图1 带轮

2．准备要求

1）考件材料为 HT250 铸件，毛坯尺寸为 $\phi 115\text{mm} \times 110\text{mm}$。

2）相关工、量、刃具的准备。

3. 考核内容

（1）考核要求

1）考件的各尺寸精度、几何精度、表面粗糙度达到图样规定要求。

2）不准使用砂布对考件进行修整加工。

3）孔 $\phi 36^{+0.039}_{0}$ mm 不准使用铰刀加工。

4）不允许使用车心轴装夹。

5）允许使用锉刀对V形槽口锐角倒钝。

6）未注公差尺寸极限偏差按IT14加工。

7）考件与图样严重不符的应扣去该考件的全部配分。

（2）时间定额3.5h（不含考前准备时间） 提前完工不加分，超时间定额15min扣5分，超25min扣10分，超25min以上则应停止考试。

（3）安全文明生产

1）正确执行安全技术操作规程。

2）根据企业有关文明生产的规定，做到工作地整洁，工件、刃具、工具、量具摆放整齐。

4. 配分与评分标准（表1）

表1 配分与评分标准

序号	作业项目	配分	考核内容	评分标准	考核记录	扣分	得分
1	车外圆	5	$\phi 107.6^{0}_{-0.1}$ mm	超差0.05mm扣3分，超差0.05mm以上无分			
		2	Ra6.3μm	超差无分			
2	车内孔	6	$\phi 36^{+0.039}_{0}$ mm	超差0.01mm扣3分，超差0.01mm以上无分			
		1	C1（2处）	超差无分			
		3	Ra 3.2μm	超差无分			
3	车V形槽	10	34°（5处）	超差无分			
		10	16.3mm（5处）	超差无分			
		4	12.5mm（2处）	超差无分			
		8	19mm（4处）	超差无分			
		10	ϕ72mm（5处）	超差无分			
		20	Ra3.2μm（10处）	超差无分			
		5	Ra6.3μm（5处）	超差无分			
4	几何公差	4	径向圆跳动公差0.1mm	超差无分			
		8	垂直度公差0.05mm（2处）	超差无分			
5	车总长	2	101mm	超差无分			
		2	Ra6.3μm（2处）	超差无分			
6	安全文明生产		遵守安全操作规程，正确使用工、量具，操作现场整洁	按达到规定的标准程度评定，一项不符合要求在总分中扣2.5分			
			安全用电，防火，无人身、设备事故	因违规操作发生重大人身、设备事故，此卷按0分计算			
7	合计	100